139

新知
文库

XINZHI

The True
History of Tea

Published by arrangement with Thames and Hudson Ltd, London,

©2009 Thames & Hudson Ltd, London

This edition first published in China in 2021 by SDX Joint publishing Co., Ltd, Beijing

Chinese edition ©SDX Joint Publishing Co., Ltd

茶的真实历史

[美]梅维恒 [瑞典]郝也麟 著
高文海 译 徐文堪 校译

生活·讀書·新知 三联书店

Simplified Chinese Copyright © 2021 by SDX Joint Publishing Company.
All Rights Reserved.
本作品简体中文版权由生活·读书·新知三联书店所有。
未经许可，不得翻印。

图书在版编目（CIP）数据

茶的真实历史／（美）梅维恒，（瑞典）郝也麟著；高文海译；
徐文堪校译．—北京：生活·读书·新知三联书店，2021.4 （2022.3 重印）
（新知文库）
ISBN 978-7-108-07053-1

Ⅰ．①茶…　Ⅱ．①梅…②郝…③高…④徐…　Ⅲ．①茶文化-文化史-中国
Ⅳ．① TS971.21

中国版本图书馆 CIP 数据核字（2021）第 006100 号

责任编辑	赵庆丰
装帧设计	蔡立国
责任校对	张　睿
责任印制	卢　岳
出版发行	生活·讀書·新知 三联书店
	（北京市东城区美术馆东街 22 号 100010）
网　　址	www.sdxjpc.com
图　　字	01-2019-4337
经　　销	新华书店
印　　刷	三河市天润建兴印务有限公司
版　　次	2021 年 4 月北京第 1 版
	2022 年 3 月北京第 3 次印刷
开　　本	635 毫米 × 965 毫米　1/16　印张 20
字　　数	233 千字　图 82 幅
印　　数	08,001-11,000 册
定　　价	49.00 元

（印装查询：01064002715；邮购查询：01084010542）

新知文库

出版说明

在今天三联书店的前身——生活书店、读书出版社和新知书店的出版史上，介绍新知识和新观念的图书曾占有很大比重。熟悉三联的读者也都会记得，20世纪80年代后期，我们曾以"新知文库"的名义，出版过一批译介西方现代人文社会科学知识的图书。今年是生活·读书·新知三联书店恢复独立建制20周年，我们再次推出"新知文库"，正是为了接续这一传统。

近半个世纪以来，无论在自然科学方面，还是在人文社会科学方面，知识都在以前所未有的速度更新。涉及自然环境、社会文化等领域的新发现、新探索和新成果层出不穷，并以同样前所未有的深度和广度影响人类的社会和生活。了解这种知识成果的内容，思考其与我们生活的关系，固然是明了社会变迁趋势的必需，但更为重要的，乃是通过知识演进的背景和过程，领悟和体会隐藏其中的理性精神和科学规律。

"新知文库"拟选编一些介绍人文社会科学和自然科学新知识及其如何被发现和传播的图书，陆续出版。希望读者能在愉悦的阅读中获取新知，开阔视野，启迪思维，激发好奇心和想象力。

生活·讀書·新知三联书店
2006年3月

惠山谒钱道人烹小龙团登绝顶望太湖

苏　轼

踏遍江南南岸山，逢山未免更留连。
独携天上小团月，来试人间第二泉。
石路萦回九龙脊，水光翻动五湖天。
孙登无语空归去，半岭松声万壑传。

推荐序一

有关茶的历史的书很多。最近在高文海先生的推荐下,有机会读到了梅维恒和郝也麟合著的《茶的真实历史》一书的中译本。高先生将其译成中文。我有幸读到了这本书,读后感到内容丰富,耳目一新。

全书共 18 章。作者以时间变迁为经线,以全球的地域传布为纬线,为我们展现了一幅栩栩如生的茶史全图。作者先从巡礼植物园开始,回顾历史,巡视了漫长的历史长河中人类钟爱的多种植物,包括麻黄、古柯叶、槟榔、卡瓦、可乐、大冬青、瓜拉那、马黛茶、可可、咖啡,最后就是茶。接着以一章的篇幅谈了 1—6 世纪的茶史,内容包括东汉、西晋、南北朝中国古代茶饮的历史;再用了四章的篇幅分别介绍唐、宋、明和清朝的茶史,包括介绍了陆羽的《茶经》。对日本的茶史作者用了两章的篇幅,一章集中介绍了 12—15 世纪的日本茶史,包括荣西禅师将茶籽从中国带往日本,最先种在长崎平户岛的富春院以及日本九州岛的背振山麓的肥前(今佐贺县)的记述。另一章介绍了日本茶道的发展。作者用"达赖喇嘛封号的由来"为一章的题目来介绍蒙藏的砖茶;用四章的篇幅记述了中国茶叶通过三条途径向外传布:向东传到日本;向西通过陆路传到中国西藏、蒙古地区，进入中亚和伊朗，并进一步传到俄罗斯和邻近的斯拉夫国家；再一条途径是通过英国（和其他欧洲国家）传到世界各地，包括西欧、南北美洲、印尼、印度、锡兰（今斯里兰卡）、澳大利亚、新西兰、斐济群岛、摩洛哥、东非。作者用"优质精选黄金花橙白毫"为标题来介绍印度和锡兰的茶史；用"快剪船的黄金时代"为题介绍英国的茶叶发展史；用"波士顿倾茶事件"为引子介绍了茶叶在美国的发展，并认为这次事件"为美国的诞生奠定了基石"。作者用很长篇幅的一章介绍了"茶与鸦片战争"。由于茶叶大量进入英国，迫使英国向西班牙购买白银来支付茶款。为了应付由于购买茶叶而出现的大量白银外流，1720年起英国通过东印度公司向中国输入鸦片，其后日益增多，最终在1840年引起鸦片战争的爆发。在书的最后一章以"地球村里的香茗"为题介绍了世界各地的茶风俗。书后还附有三个附录：《陆文学自传》、王敷的《茶酒论》和《茶的词源考》。最后一个附录是作者的一篇考证"茶"的词源的论文，很值得一读。

总的来说，我认为这本书是一本难得的好书。全书收集了大量的资料，内容涉及社会、宗教、文化、历史、经济、文学、科学、语言等许多方面。作者具有中西兼修的学术功底，叙述的茶史内容遍及地球上的各个角落，包括近30个国家、360名中外人士和许多在历史长河中与茶有关的大小事件，读后受益颇丰。我想即使读者未必会全部接受作者的观点，但仍然可以从中吸取很多新的观点和见解，获得许多新的知识和信息。

最后，我向译者高文海先生致以深深的谢意，是他使得茶叶界的人士有机会读到这本好书。是为序。

陈宗懋于2016年春节

推荐序二

梅维恒教授和郝也麟先生合著的《茶的真实历史》由 Thames & Hudson 出版社于 2009 年出版。这是一部经过多年精心积累、内容丰富充实、资料翔实准确、文字流畅生动的佳作，出版后受到全球读者的热烈欢迎。

茶是全世界传播最广的植物之一。植物学家把茶树分为两个主要品种，即中国种和阿萨姆种。中国种的主要原产地位于中国华南地区；阿萨姆种的主要原产地为南亚和东南亚的湿热地带，现在主要栽种在中国、印度和斯里兰卡。作者在书中追溯了茶的栽培的起源，着重讲述从汉代至明、清和近现代有关茶的制作、运输、销售、传播等方面的历史状况，说明茶如何逐渐成为中国历史上最重要的饮料作物，被中国境内各个民族接受，并东传日本、朝鲜，西传中亚、西亚、俄国、欧洲诸国和美洲、澳大利亚、非洲，对全人类的活动产生了巨大的影响。书中内容涉及植物学、医药学、宗教、文化、经济、人类学、社会学和政治学等诸多领域，可谓千头万绪。作者以简驭繁，在不太长的篇幅里娓娓道来，使读者如入宝山，兴味盎然。书末还对有关茶的词语的语源作了详细考释，是一篇可读性很强且富有趣味的语言学论文。总之，本书不但可供广大读者阅读，而且对从事相关研究的专家也有参考价值。

现在这本好书经高文海先生的不懈努力，已经全部译为中文，即将出版。译文稿凡数易，尽可能做到信达雅兼备，认真细致的态度，确实令人佩服。

梅维恒先生现任美国宾夕法尼亚大学东亚语言和文明系教授，是著名汉学家，对古代中外文化交流史也有广泛、深入的研究。笔者与他交往近三十年，相知甚深。郝也麟先生是有华裔血统的瑞典记者和作家，学识渊博，笔者曾与其在上海见面畅谈。现在他们合著书的中译本即将付梓，承译者高先生好意，笔者得以将译文通读一过，稍作校订，并向读者郑重推荐。是为序。

徐文堪
2016 年 1 月 6 日于上海

中文版序

得知我们合著的茶史的中文简体版即将出版，非常高兴。中国是茶树栽种和喝茶风俗的发源地，我们的书得以译成中文并在茶的故乡出版是再合适不过的了。

和已经出版的有关茶史的论著相比，《茶的真实历史》截然不同。我们的目的是以全球的视野，从发掘茶的起源落笔，探讨茶文化和茶产业的发展。同样，我们论述的内容涵盖了世界上生产茶和消费茶的所有国家和地区。

人类和茶的互动涉及方方面面，《茶的真实历史》在语言、文学、美学诸方面的探讨着墨很多。本书中的很多内容和观点在其他茶史论著中从未出现过。我们真诚期待，这本书的读者在享受阅读的同时，也能扩展视野。

最后，借此机会，向本书译者高文海先生和负责审校的徐文堪先生表示衷心感谢。

梅维恒、郝也麟
2016 年 2 月 12 日

目 录

推荐序一 1
推荐序二 3
中文版序 5

前言 1
第一章　植物园巡礼　茶的竞争者 1
第二章　国之荣耀　东南亚和茶之发源 9
第三章　与酪作奴　1—6世纪的茶史 17
第四章　吃茶去！　唐朝茶史 24
第五章　兔毫盏里的云脚　宋朝茶史 41
第六章　以仙茗易太平　茶马互市 54
第七章　禅茶一味　12—15世纪日本茶史 66
第八章　茶道师范千利休　日本茶道臻于极致 76
第九章　韩信点兵　明、清茶史 90
第十章　达赖喇嘛封号的由来　藏蒙的砖茶 102
第十一章　我们发明了茶炊！　俄罗斯大篷车茶叶贸易 114

第十二章	征服新世界 伊斯兰世界茶史	129
第十三章	获得医生认可 茶开始在欧洲传播	142
第十四章	茶叶的扩张之路 茶与鸦片战争	160
第十五章	制壶工匠的星夜驰奔 茶在美国	177
第十六章	优质精选黄金花橙白毫 印度和锡兰19世纪茶史	189
第十七章	快剪船的黄金时代 英国茶史	205
第十八章	地球村里的香茗 世界各地的茶风俗	223
附录一	陆文学自传	241
附录二	茶酒论	243
附录三	茶的词源考	246

致谢	263
中文参考书目	269
英文参考书目	271
索引	277
译后记	293

前　言

1773年12月的一个清冷之夜，一队崇尚自由的波士顿人装扮成当地土著，朝着港口码头进发。在这里，三艘商船（"达特茅斯号"、"埃兰娜号"、"海狸号"）满载着茶叶，静静地停泊着。这群自由之子登上商船，打开船舱里的茶叶箱盖，把茶叶倒入大海中。瞬间，整个港口弥漫着9万磅（约40吨）茶叶的芳香。后来成为新独立共和国第二任总统的波士顿商人约翰·亚当斯记录了这一历史事件，"这是伟大的时刻……倾茶事件非常果断、勇敢、坚定无畏、不屈不挠，影响深远。我想不出更好的词来描述这一事件，只能将其概述为划时代的历史事件"。

这历史性的一夜，倒入波士顿港的茶叶来自中国福建。破晓时分，中国茶农就开始在远离市镇的山上采茶，历经萎凋、揉捻、发酵、烘炒、滚卷、木箱装箱、铅皮封边等诸多工序后，穿着草鞋的苦力把茶叶搬上船，大腹便便的商人一边品茶，一边大声地砍价。一箱箱茶叶稳妥地码放在东印度公司租赁的船舱里。商船经过四个月的颠簸航行，绕经好望角，抵达伦敦。码头装卸工人将茶叶卸船、入仓，再搬上下一程的商船，茶叶开始了其横渡大西洋风淘浪簸的旅程。最早生长在山麓的茶树出身卑微,其叶子却对人类的健康大有裨益。历经商人贩夫的辗转买卖,茶叶传遍了地球上每一个角落,也被太阳底下的人们广为接受。在成为美国独立战争的导火索之前,茶就曾激发了无数中国诗人的灵感,留下千古名篇。茶还是日本人文化性灵的归宿所在,疲倦的藏族牧民的慰藉所在,英国大发明家午夜深思时的灵感所在,也是无数俄罗斯农民寻求精神宁静的捷径所在。数百年来,茶饮作为安全的提神醒脑的饮料,在减少人类疾病方面一直扮演着重要角色,同时也使拥挤喧闹的城市生活有了些许宁静。在当今社会,不论是俄罗斯堪察加半岛的科里亚克人,还是肯尼亚北部的萨布鲁人,茶掌握着数亿人的生活节奏。

由于茶事史诗如此恢宏壮丽,记述茶史的落笔总显得很艰难。一方面,探讨茶的角度林林总总,可以是植物学、医学、宗教、文化、经济,也可以是人类学、社会学、政治学等等。另一方面,数百年来,茶树的生长从来不在意时空和人类语言的差异,到处都枝繁叶茂。因此,对西方学者,抑或东方学者来说,将有关茶的方方面面归聚在一本小书里满足广大读者的需要,都不是一件容易的事。在世界各地的图书馆书架上,在互联网的数据库里,诗人、历史学家、科学家和人类学家精心创作的有关茶的著述可谓汗牛充栋、瀚若烟海。每一部著作都对茶史的某一议题作了深刻阐述。本书撰写过程中,作者参考了用东西方数种文字写成的大量文献资料与实物,努力区分史实和坊间传闻,去除人们对于茶饮的种种误解;仔细斟酌文字段落,务使读者能够享受本书的阅读过程,并因此对茶本身及其在历史上的地位产生浓厚兴趣。

人们曾经尝试过大自然的诸多花草植物,以实现提神醒脑、免除饥饿劳累、宗教祭祀、追逐艺术灵感的目的。本书的第一章将概要介绍人们尝试过的花草植物。第二章将概要介绍作为植物的茶,探索其在东南亚的发源，介绍澳大利亚和亚洲的居民早期嚼用和腌制茶叶的历史以及茶的知识向北传播给居住在中国四川盆地的巴人的历史。第三章讲述茶沿着长江，由西南向东北传播的历史。这一时期，僧人、道士和医士逐渐接受了茶饮。这一章还记载了以茶代酒和以茶禁酒的故事。在中国北方，拓跋氏统治者一开始拒绝茶饮，他们认为发酵的马奶要比茶好喝得多。

到唐朝时，饮茶之风已非常盛行（第四章）。法门寺出土的光彩夺目的茶具充分说明了茶在中国的普及程度。这一期间，官府开始征收茶税，陆羽的《茶经》也成书了。宋代（第五章），中国的主要产茶区南移到了东南沿海的福建，茶成了人们日常生活的必需品——"开门七件事，柴米油盐酱醋茶"。政府实施茶叶专卖（榷茶），藏人、蒙古人、回鹘和周边的其他少数民族都接受了来自中原的茶叶并嗜茶成瘾。茶马互市成为中国中原与边疆少数民族交往的基石（第六章）。

茶叶从中国向外传播主要通过三条途径：向东传到日本；向西通过陆路传到中国西藏、蒙古地区，进入中亚和伊朗，并进一步传到俄罗斯和邻近的斯拉夫国家；通过英国（和其他欧洲国家）传到世界各地，包括西欧、南北美洲、印尼、印度、锡兰（今斯里兰卡）、澳大利亚、新西兰、斐济群岛、摩洛哥、东非。茶传到日本（第七章）后，当地人在栽种茶树的同时，还培育了独树一帜的茶文化，这一文化几乎囊括了岛国人民的所有特性。15—16世纪，日本茶道的集大成者千利休（第八章）将茶道哲学与美学思想发挥到了极致。千利休在《一页书》中，将数代人流传下来的繁杂肤浅的茶道形式精辟地概括为一句话："煮水止渴，是谓喝茶，无他。"

到了明朝（第九章），散茶在中国占了主导地位。随之，人们逐渐掌握了控制茶叶自然氧化（发酵）的技术，并开发了半发酵的乌龙茶和全发酵的红茶。而今，茶的世界主要分为：以中国内地、日本、摩洛哥为代表的绿茶文化；以英国和其前殖民地、俄罗斯、中东和东非为主力的红茶文化；以中国台湾为代表的乌龙茶文化；以中国蒙藏和中亚为代表的砖茶文化。藏人以牦牛肉和青稞为主食，砖茶有助于解油腻，促消化，深受藏人喜爱。藏人喝茶时，常加较多的酥油和盐（第十章）。16世纪，藏传佛教格鲁派（黄教）在各教派中势力大增。16世纪末，蒙古人第二次接受了藏传佛教，同时也接纳了藏人煮奶茶的习俗。蒙古人煮奶茶耗时很长，茶里加入马奶（而非酥油），每一滴都劲道十足，芳香浓郁。这一期间，生活在莫斯科地区的俄罗斯民族正在形成并迅速向东方扩张（第十一章），不久便和东方帝国（中国）相遇了。在经历了几场小规模的战争后，两个国家开始和平相处，贸易空前繁荣。满载着茶叶的驼车和牛车商队穿过戈壁沙漠，来到贝加尔湖以南的俄蒙边界。1727年建市的边境城市恰克图发展成为沙俄帝国最富庶的城市之一。

沿着塔克拉玛干沙漠蜿蜒向西的古丝绸之路，穿过帕米尔高原，便进入了富饶的费尔干纳谷地。在这条贸易通道上，茶叶逐渐取代丝绸，成为主要的大宗商品。从撒马尔罕和布哈拉的大集市，茶饮向西传到了波斯和阿富汗（第十二章）。伊斯兰教禁止饮酒，对是否可以喝咖啡则各执一词，争执不休。19世纪，价格低廉的印度茶出现在中东，这里便成了铁杆嗜茶者的乐园。11—15世纪的五百年间，马背上的蒙古族和突厥民族一直在向西征伐。随着安纳托利亚的奥斯曼土耳其帝国的兴起，运送印度香料前往欧洲的骆驼商队便落入了虎视眈眈的强敌手中。这也是欧洲进入航海探险时代的催化剂。哥伦布向西，达伽马向东，途殊而归同，都为了找到一条没有中间商骚扰的通往印度的海路（第十三章）。当来自葡萄牙、荷兰和英国的海船出现在中国和日本附近的海域时，他们满载而归的诸多东方奇珍中，茶叶是必不可少的大宗商品。在欧洲，医师对见所未见的茶叶的裨益和害处争论不休。在结识咖啡并浅尝辄止的同时，英国人对茶却一见倾心。英国后来成为地球上的茶饮大国。18—19世纪，英国人的茶叶消耗量与日俱增，经济学家甚至担心国库里的白银不够用来购买茶叶（第十四章）！瑞典植物学家卡尔·林奈试图在家乡种植茶树，终因北欧冬季气候恶劣而以失败告终。英国人在印度种植鸦片，试图以此代替白银，换取中国的茶叶，从而导致中国与英国的冲突不断升级。1840年，鸦片战争爆发。

和人们通常的想法不同，尽管茶叶在美国寻求独立的过程中扮演了不光彩的角色，年轻的共和国并没有因此成为咖啡的国度。在整个19世纪，茶一直是美国人热衷的饮品（第十五章），他们多好绿茶，在新发明的冰箱中冰镇后再饮用。招待客人时，还要在茶汤里兑点果汁和酒，使之成为混合茶饮。同一时期，英国开始在印度阿萨姆地区大规模开垦茶园，种茶之风随后又蔓延到了锡兰（今斯里兰卡）。19世纪末，印度已超过中国，成为世界上最大的茶叶出口地区（第十六章）。英国对华茶叶贸易最后一幕的主角是快剪船，这是在七大洋中穿梭航行的最美丽的风帆船（第十七章）。每年5月，新茶采摘，在福州罗星塔码头装船后，主体由柚木做成、饰满了闪闪发光铜饰件的快剪船便扬帆竞发。在好望角，终年可见快剪船竞逐而过的场面。1869年，苏伊士运河开通，远东到伦敦的距离缩短了数千英里。同时，蒸汽轮船应运而生，快剪船退出了历史舞台。

进入新时代的茶犹如毕加索笔下的画面一样多彩迷人（第十八章）。在澳大利亚，锡制水罐里的茶汤煮开后，要画着圈把水罐晃三下，等茶汤摇匀后，才能倒入茶杯。在日本，准备一盏茶的规矩多达一千余条，这些规矩（手前）多是日本茶道中对于身体姿势和动作方面的要求。"二战"期间，在英国反击第三帝国的里程碑似的战役中，茶发挥了关键作用。在中国，毛泽东用绿茶漱口，北京的雅皮士酷爱的饮品是芝华士和绿茶兑成的鸡尾酒。在美国引领时尚的大都市里，香味茶和咖啡为争夺年轻人的市场展开激烈竞争。撒哈拉以南的图阿格雷人冲沏绿茶时总是将茶壶高高提起，茶杯里泛起浓浓的泡沫。而今，全世界的饮茶方式多达百余种。

为纪念茶学（茶的艺术和科学）之祖陆羽，本书（附录一）收录了陆羽自传全文。1900年，在万里长城的最西头，自命为敦煌佛窟看护人的王圆箓在洞窟内发现了一千年前甚至更早时候的大量手卷遗书，其中包括现存最古老的木版印刷书《金刚经》（现存大英图书馆），还包括读来令人忍俊不禁的《茶酒论》（附录二）。另外，我们还为文字爱好者准备了一份大餐———一篇深入权威却并不枯燥的论文，解读世界上各种语言中有关茶的词汇家族（附录三）。

茶还代表着战胜怯弱的能量之源。喝茶要用到壶、杯等多种器具。器具之多，非其他任何一种饮料可比。喝茶还有一系列繁杂的程序礼节，亦非其他任何一种饮料可比。这些喝茶礼节实质上是发明茶道的民族文化的映象。种茶业为跨国大公司创造了丰厚的利润，也为世界各地（包括东非、印度、斯里兰卡、印尼、中国、伊朗、土耳其、格鲁吉亚等诸多产茶地区）的茶农和茶厂工人提供了生计。你手中的那杯茶，无论是英国著名茶商PG公司推出的芽尖茶，抑或冻顶乌龙、珠茶、碧螺春，还是格雷爵士茶、日本的玉露茶，他们都采自不起眼的茶丛。因此，在品茗的间隙，感受茶汤丰富的色彩，想象茶叶经过的时空路程，回味茶的厚重历史，体会茶带来的力量和自信，思索茶引起的文化变革，体会茶带来的平和心，或许是很有裨益的。毕竟，这个星球上数以百万计的人们，无论在办公室、茶馆，还是在沙漠，都和你一样，正撇开日常琐事的烦扰，享受只有茶才能带来的片刻清新和宁静。

第一章
植物园巡礼
茶的竞争者

　　地球上的生物分为动植物两界以来，花木的根、茎、叶、花、果实、种子便多成为鸟兽虫鱼的佳馔。恐龙以裸子植物为生，其兴亡也与裸子植物的盛衰息息相关。哺乳动物、传授花粉的昆虫以及花粉植物之间形成了相辅相成的三角关系。在某种意义上，动物或多或少地品尝过地球上的各种植物。植物对我们来说，或敌或友，有苦有甘。花木有的使我们浮想联翩，有的使我们酣畅淋漓、欣喜异常，有的则激励我们驱除饥饿与困顿，使我们的内心感觉更加强大勇敢，充满活力。

　　茶是本书的主题。在开篇之前，我们先回顾历史，看看历史上有哪些植物曾经成为人类的钟爱之物。

　　塔里木盆地的居民早在远古时期就已经掌握麻黄的药效功用。塔克拉玛干沙漠曾出土四千年前青铜时代的干尸，出土的墓葬中包括麻黄。安第斯的数百万居民有嚼食古柯叶提神的习惯。他们将古柯叶和石灰混在一起咀嚼，以获取叶子中的活性生物碱。同样，在亚太很多地区，人们在嚼食槟榔时，也会用到石灰，以获得槟榔果的活性成分，也为了更好地品尝槟榔果。在南亚和东南亚，人们认为，槟榔既能提神，又有滋养。嚼食时，人们将石灰浆包在槟榔叶里，和槟榔一起放入嘴里，大快朵颐。嚼槟榔已成为这一地区的传统，有许多风俗甚至传说和这一传统有关。

在也门，人们每天都会咀嚼新鲜的阿拉伯茶叶以养精蓄锐，也颇为享受这一过程。阿拉伯茶原产东非。13世纪，苏菲教派（伊斯兰教中主张苦行禁欲的神秘教派）及其博学的长老们将其带入也门。长老们用这一植物来减缓其担负的宗教事务的重荷，并借此专注于他们的神秘修行。19世纪，锡兰、爪哇和巴西开始大规模种植咖啡。但在也门，种植园却开始砍倒咖啡树，改种茶树。嚼茶也逐渐成为整个社会的风尚。嚼茶是在专门的一间休憩室（马法拉格）里开始的。作为社交的润滑剂，阿拉伯茶同时带来三重功效：提神醒脑、通体舒泰和精神上的热望。

在一些地区，咀嚼草木的叶、根、种子的习俗依然存在，顺其

南太平洋汤加（别名友爱群岛）普拉和国王喝卡瓦酒
图片来源：引自 Captain James Cook, *Voyage to the Pacific Ocean*, London, 1785。

自然的变化就是将它们泡在水里，做成汤汁。如果说食物代表了人的生理需求，汤汁饮料则和人的精神生活密不可分，甚至充满了仪轨、社交、政治、宗教和神秘的色彩。酒精饮料是人类最早的社交饮品。人们把他们钟爱的植物浸渍在水中，享用汤水的过程因社会的资源和性格不同而异，但都被精心演绎。1773年9月，詹姆士·库克前往太平洋寻找未知的南方大陆，探险途中登上了社会群岛，目睹了汤加人享用卡瓦酒的过程：

> 我差一点忘了说卡瓦树根的事了。卡瓦是一种胡椒植物，当地人用其根酿酒，酒味醉人。酿酒或做酒的方法非常简单，对欧洲人来说简直不堪入目：好几个人将树根和靠近根部的树枝用劲儿咀嚼，嚼成浆后吐入盘子或其他容器中。所有人都对着同一个容器唾，达到一定量后，兑入适量的水。再用精细的纤维（比如刮下来的胡须）将混合物过滤，滤后的液体就可以拿来喝了。卡瓦酒有点胡椒的味道，很淡，并不好喝，但也能醉人。（Cook, *The Journals of Captain Cook on His Voyages of Discovery*, ed. J. C. Beaglehole, 1967.）

卡瓦是一种和黑胡椒很相似的植物。和库克的理解并不一样的是，卡瓦酒不含酒精。在南太平洋地区，喝卡瓦酒的习俗风行至今。在斐济，战士们会分到一壶卡瓦酒。据说这会使他们身手更敏捷，心情更轻松。另外，人们还相信，卡瓦酒会让人觉得通体舒泰、飘飘欲仙。然而，在日常生活中，为了提神醒脑而养成喝卡瓦酒的习惯并不足取。和烟草、古柯叶、麻黄、阿拉伯茶、槟榔子一样，过度饮用卡瓦酒会产生很大的副作用（如皮肤瘙痒、损伤肝脏等等），显然弊大于利。

所有这些令人兴奋的饮料中的活性成分，都属于生物碱家族，是含氮的碱性物质在自然界的存在形式。19世纪中期，科学家提取并确认了这一物质。我们还不十分清楚生物碱对于植物的作用，其对于人体的药性和致命作用也还在深入研究中。吗啡、士的宁、奎宁、麻黄素、墨斯卡灵、可卡因、尼古丁都属于生物碱。迄今，人类已在四千余种植物中发现了一万多种生物碱成分。生物化学家还在植物王国里孜孜以求，寻找新的药用成分。

在这一万余种生物碱中，有一种已成为人类日常生活中不可或缺的伴侣——咖啡因。德国诗人歌德曾经给了化学家弗利特利伯·费迪南·伦格一把咖啡豆，请其分析其中的成分。1820年，伦格从中分离出了咖啡因。七年以后，法国化学家乌德里从茶里也提取出了同一物质。科学家发现，含咖啡因的植物超过了一百种。有人认为，植物中的咖啡因是一种自我保护的化学物质，主要是防御

美洲土著妇女用陶器盛制黑色饮料。欧洲殖民者将其称为卡辛，将其作为咖啡和茶的替代品
图片来源：引自 Joseph-François Lafitau, *Moeurs des Sauvages Ameriquains*, Paris, 1724。

外来的入侵者，如昆虫、真菌以及生长在附近的其他植物。咖啡因对人体的作用比较温和，会刺激神经系统，促进血液循环。如果适量服用，并不会伤害身体。值得庆幸的是，对地球上生长的任何一种含咖啡因植物，人类都能扬其利善，积极利用。

在尼日利亚的伊格布，当地人认为和客人分享可乐果（含有2.5%咖啡因）是非常重要的礼数。在秘鲁北部和厄瓜多尔人迹罕至的亚马逊丛林中，阿楚济巴洛部落的男人们一大清早就要喝2至4品脱（约1至2升）号称世界上最浓的咖啡因饮料。这种饮料是通过浸泡大冬青树叶（含有7.6%咖啡因）制成的。民族学家介绍，这一风俗有利于男人之间培养感情，也有益于开始一天的体力活儿。喝过这种饮料三刻钟后，阿楚人又会把饮料呕吐出来，将身体中的咖啡因维持在正常水平。

18世纪，美国自然学家威廉·巴特拉姆发现，卡罗来纳的克里克族土著人也有类似的习俗。他们喝一种含咖啡因的黑色饮料，是用代茶冬青树的叶和芽浸泡的。

> 他们呕出，或者说喷出黑色饮料的方式堪称独一无二，丝毫没有文雅可言。喝入大量饮料之后，武士们双手抱腹，身体前倾，如水龙般从口中喷出饮料，远可达6至8英尺（约2至4米）。如此这般，每喝完饮料，他们便围坐在广场四周，从各个方向比拼喷射本领。在这一土著区甚至其他开化一些的土著区，对一个年轻人来说，掌握高超的喷射技艺是非常了不起的成就。

这种黑色饮料不光在克里克族中非常流行，其他的土著如彻罗基族、巧克陶族、阿衣族也很喜欢这种饮料，每天例行的部落会议、净洗礼数和宗教仪式中，这种饮料不可或缺。在彻罗基族迁移到俄克拉荷马以前，为各种仪式准备这种黑色饮料是蓝冬青部落的职责。这一部落代表着修炼（灵魂、肉体和精神的净化）已进入第五层。克里克人相信，这种饮料能洗涤他们所有的罪愆，使他们还原到本真状态，在战场上能够勇往直前，不可战胜。另外，本真状态也是仁爱礼善的唯一载体。

17世纪，安迪拉兹族、毛埃乌族、皮亚波克族，以及委内瑞拉南部阿塔巴波河沿岸的雅维塔族土著都曾用过瓜拉那。人们将这种蔓藤植物的果实烘焙研磨，和木薯粉混在一起揉成面团，搓成面棍晾干备用。要做饮料时，当地人用生长在亚马逊河里的海象鱼的舌骨作为小刮刀，从面棍上刮下粉，在热水或凉水中化开即可饮用。人类学家指出，安迪拉兹人相信，瓜拉那给了他们长途狩猎所需的能量，使他们不再受饥饿乏力之困。瓜拉那生长在委内瑞拉和巴西北部，人们用其果实作为主要配方，生产了一系列能量饮料，包括全力、无畏、激情飞扬等知名品牌。在巴西，南极瓜拉那饮料大受欢迎，销量据说仅次于可乐。

1516年，西班牙探险家胡安·迪亚斯·德·索利斯沿拉普拉塔河逆流而上，来到瓜拉尼部落（幸存的探险同伴称迪亚斯被部落民分食）。有史记载以来，这一部落一直用冬青科的另一植物南美冬青煎制茶汤，主要用于萨满教的祭礼。这种提神醒脑的饮料即马黛茶，又名巴拉圭茶。随着西班牙的征服者跟着迪亚斯的脚步踏上这片土地，马黛茶在殖民者中日渐盛行。耶稣会传教士到来后，偷学了利用野生马黛茶树籽种植的技术。他们发现，必须捡拾巨嘴鸟吞食、经过其肠道再排出的种子，才能发芽生根。发现这一秘密后，人工种植成为可能。随着贸易网络的不断延伸，马黛茶传到了南美洲其他地区，至今仍是非常流行的社交饮品。马黛茶装在挖空的葫芦里（葫芦多镶有银饰），上面插着一根金属吸管滤去碎叶渣滓。

马黛茶（巴拉圭茶）属于冬青属，深受南美人的喜爱
图片来源：E. Coffman。

一群朋友围坐在一起，分享一壶马黛茶。

可可是深受人们喜爱的高能量饮品。它咖啡因含量不高，但可可碱（一种和咖啡因功能相似的活性碱）的含量较高，有助于恢复体力。可可采自可可树（一种与可乐树同属的植物）。可可树最早产自亚马逊流域，在中美洲实现了人工种植。在墨西哥太平洋沿岸的奥尔梅克考古发掘中，曾经发现公元前1750年左右的古陶器碎片上面就有可可的残留物。3世纪中叶至9世纪末，玛雅人曾广泛生活在墨西哥东部和今危地马拉北部。他们发现可可饮料和血非常相似，遂将其用于祭祀仪式。可可豆被尊为"神仙的食物"。阿兹特克人曾将可可豆用作货币，缴纳税赋。他们还将可可、玉米和红椒混在一起做成饮料，用于宗教仪式。

1585年，第一艘满载着巧克力的商船从新大陆来到欧洲。以往，商船总是满载香料来欧洲换取糖。1657年，法国人在伦敦主教门大街上开了一家可可糖浆店，滚热的糖浆很快风行欧洲。1847年，福雷在布里斯托尔的巧克力工厂第一次大规模生产条形巧克力。随着巧克力糖果风靡西方世界，糖果业消化了来自世界各地的可可豆。

在欧洲大部分地区，每天一杯可可糖浆的风俗也渐渐消失了。然而，在巴塞罗那、马德里、墨西哥城、布宜诺斯艾利斯的咖啡店里，依然可以买到滚烫浓酽的可可糖浆，人们享用时通常会佐以奶和糖。

和茶一样，咖啡也是人类酷爱的咖啡因饮料。咖啡的历史可以追溯到9世纪的阿比西尼亚（今埃塞俄比亚）高原。从阿比西尼亚，咖啡（最主要的两大种植品种为中粒种咖啡和小粒种咖啡，后者即阿拉伯咖啡）经过曼德海峡传到了阿拉伯半岛南端的也门，最早在沿海山区摩卡种植。随后苏菲教派接受了咖啡这一兴奋饮料。到16世纪，大大小小的咖啡馆在开罗、伊斯坦布尔等中东主要城市陆续开张。1614年咖啡传到了意大利，1644年传到法国。1720年，光巴黎就有380家咖啡馆在营业。法国著名的社会评论家孟德斯鸠尖锐地指出："咖啡已成为巴黎的时尚。咖啡店的主人知道如何调制咖啡，让进店的客人喝了以后可以增长智慧。客人离店时，每个人都觉得脑筋好使了，比到店时至少好了四倍。"

茶和咖啡首度相遇是在中东，两者在欧洲相遇则是17世纪的事情。从此，两种饮料像阴阳一样如影随形。在航班上，我们还会遇到"茶还是咖啡"这样的二选一问题。在西方，咖啡似乎扮演着阳刚的角色，而茶则显得阴柔些。在撒哈拉以南的毛里塔尼亚，男人们会坚持要绿茶，不要咖啡。他们迷信地认为，喝咖啡会使男人丧失阳刚精气——在19世纪，这一说法也曾在欧洲流传。在中亚，人们相信，大碗喝茶是男人生活的一部分。2004—2005年，全球咖啡产量为720万吨，茶叶产量则为320万吨。钻数字牛角尖的专家辩称：沏一杯咖啡需要15克咖啡，而沏一杯茶只要5克茶叶就足够了。另外，咖啡只能沏一次，而茶叶至少能冲泡两回——如果是乌龙茶，沏六回依然茶味十足。因此，这些专家的结论是，名目繁多的茶汤是继水之后，全球饮用量最大的饮品。我们的故事从现在开始。

第二章

国之荣耀

东南亚和茶之发源

谁谓荼苦，其甘如荠。——《诗经》

如果用植物学家的语言来表述，茶叶的形状分两类：披针椭圆形（对称椭圆形，叶端带尖）和披针倒卵形（状如鸡蛋，叶端和叶茎渐尖，叶的先端比基部略宽）。叶缘呈齿状；叶面光滑，有皮革的感觉；叶在茎上，绿色间深间浅互生排列。茶树花形小，色白，微香，直径1英寸左右，有花瓣5枚至7枚，环状排列。花萼5片，呈叶状，保护着花冠。茶花有雄蕊数百枚，包围着雌蕊。一个雌蕊有柱头3个至4个，在授粉期间接受昆虫传授的花粉。茶树果带壳，表面光滑，绿褐色。茶树籽深棕色，或圆或扁。

野生状态的茶树有的以灌木形式生长，有的则长成高大的乔木（高可达45英尺，约13.7米）。这主要取决于不同的生长条件，包括树种、土壤、降雨量、湿度、光照、气温、海拔、纬度等等。茶的发源地之争甚至上升到了涉及国家荣耀的高度。植物学家考证后认为，茶树自然分布的中心主要有：印度阿萨姆邦布拉马普特拉河上游、缅甸和泰国北部、中南半岛和中国西南地区。这些地区多在

茶树是山茶属植物,花中有黄色雄蕊数百枚;在片麻岩和花岗岩风化而成的积淀岩土中,生长旺盛。茶树喜阴,在雨量丰沛地区长势尤好。在中国,人们用茶籽榨取食用油,还曾将脱落的茶籽碾成粉末后洗头。在越南,法国人还曾用白色的茶花沏茶,其味幽香。高海拔地区(如印度大吉岭和中国台湾中部山区)生长的茶树所产茶叶质量上乘,所沏茶汤香味馥郁

图片来源:引自 Franz Eugen Köhler, *Medizinal-Pflanzen*, Germany, 1887。

喜马拉雅山麓。五千万年前，印度次大陆撞击欧亚板块，地势隆起，形成一系列山脉、河谷和高原，其状类体内肠道的褶积盘旋。这些地区属于亚热带气候，气温很少降至冰点以下，年内降雨分布均衡，植物葱茏。除了茶以外，不少重要的经济作物，如稻米和柑橘类水果，据说最早也生长在这些地区。

1753年，瑞典伟大的植物学家卡尔·林奈编著《植物种志》时，还没有见过活体的茶树，他将茶的拉丁学名命名为 *Thea sinensis*（茶属茶种）。1762年，《植物种志》第二版中，林奈将茶分为两类：*Thea bohea*（红茶）和 *Thea viridis*（绿茶）。这些分类现在都统一归入 *Camellia sinensis*（山茶属中国种）。山茶的英文名 Camellia（卡米莉亚）源自捷克植物学家和耶稣会传教士卡默尔（G. J. Camel）。山茶共有120余个品种，花内都有大量雄蕊，围成一圈。有意思的是，15、16世纪中国的植物学家在云南山地跋涉时，把茶和山茶都归为一类。云南山茶（*Camellia reticulata*）历来被花农喜爱，其花直径可达6英寸，花色深红粉红不一。1453年，赵璧曾撰有《茶花谱》，该书惜已失传。16世纪，明人冯时可撰《滇中茶花记》，列举了茶花品种72个，其中大多属于云南山茶。山茶中另一重要品种为油茶（*Camellia oleifera*）。中国人栽种油茶取籽榨油，用以佐餐。油茶籽油和茶树油并非一物，不可混为一谈。前者是从白千层属中榨取的。就观赏而言，茶树和同一属的山茶花相形见绌，相去甚远。经过人工栽培，山茶花已有两千余个品种。山茶还有自己的研究机构。美国山茶协会专事山茶展览与推广。

论娇妍，茶树自然比不上同属的其他植物，但茶叶含有的咖啡因使其成为全世界最受宠爱的植物之一。植物学家将茶树分为两个主要品种：中国种（*Camellia sinensis sinensis*）和阿萨姆种（*Camellia sinensis assamica*）。中国种主要原产地为中国华南地区；阿萨姆种的主要原产地为南亚和东南亚的湿热地带，现主要栽种在中国、印度阿萨姆邦和斯里兰卡。中国种茶树多为耐寒灌木和低矮乔木（高3英尺至18英尺，约1米至6米），枝干较粗，茎短，叶小而嫩；其野生者多生长在杂木树丛、矮树灌木丛、乱石山坡和少雨多石的山腰。中国种茶树能经受较短时间的霜冻期，故也能栽种在较高海拔地带，如喜马拉雅山麓的大吉岭、中国台湾山区和斯里兰卡中部。有意思的是，采自这一树种的茶叶一般都比较柔嫩，适合焙制绿茶、乌龙茶和上等红茶。阿萨姆茶树生长可达45英尺（约15米），不耐霜冻，叶大，产量高，汤味浓酽。

植株部位	咖啡因含量
第一、第二叶	3.4%
第五、第六叶	1.5%
第五、第六叶间茎	0.5%
花	0.8%
茶籽壳	0.6%
茶籽	0.0%
嫩叶绒毛	2.25%

茶植株不同部位的咖啡因含量。有专家认为，咖啡因具有天然杀虫剂的功效，使植株免受病虫飞鸟的侵害

6万年前，现代人开始从非洲往世界各地迁徙，并逐步向东，到达今沙特阿拉伯、伊拉克、伊朗、巴基斯坦、印度等地区。迁徙中，现代人以渔猎、采摘为生，并学会了缝补和养殖。随着现代人的智力不断发展，使用的工具和武器不断更新，现代人的属种也在不断进步。现代人对植物世界的了解是百科全书式的。人们通过观察其他动物，不断积累自身经验，在早期便学会了区分可食用植物和不可食用植物。5万年前，现代人类到达澳大利亚，缅甸北部是

人类迁徙到澳大利亚的中间一站。我们可以推测，早期人类到达生长茶树的缅甸北部的时间距今约5.5万年。

在中国，有一些并不足信的传说有时候被视作历史的一部分。根据传说，中国的第二位上古帝王兼最早的农学家神农在公元前2737年至前2698年统治着九州，他曾经遍尝百草，日遇七十二毒（在欧亚地区，72是极为神奇的数字），只有一种植物救其于病厄——茶。好奇和爱好美食是人类的两大特征。不难设想，早在神农以前，人类就发现了茶叶具有健康营养功效。当然早期的人类是通过咀嚼茶叶原叶发现其功效的。在一些原住民中，依然保留着咀嚼茶叶的风俗。

在茶树的原生地居住着不同民族的人：哈尼、彝、白、傣、布朗、佤、德昂等等。这些民族中的很多人还在用先人流传下来的方式采摘、腌制、食用原生茶叶。1823年，英国商人罗伯特·布鲁斯沿布拉马普特拉河（中国境内称雅鲁藏布江）溯游而上，结识了信颇族[①]居民。当地人有的将茶叶放在竹节中烘烤干后保存，也有的在地上挖坑，将煮过的茶叶放入坑中发酵，以利收藏。19世纪末，沃尔特·阿姆斯特朗·格拉汉姆介绍了缅甸发酵茶餐"乐庇特"的传统做法：在长颈大锅（专用于煮茶）中放入新鲜茶叶煮开，地上掘坑，四周缘以蕉叶。茶叶置坑中，覆盖后任其发酵数月。"乐庇特"是重要场合必上的一道菜。发酵茶叶经油淋后，可以和蒜、鱼干等一起享用。佤族祭祖时多用茶叶，死者的陪葬品中，茶叶也必不可少。母系氏族的德昂人将茶叶作为图腾崇拜，若有喜事需邀请亲朋光临，扎着红线的一小包茶叶便成了"请帖"；邻里之间发生

---

① 景颇族是一个跨境而居的民族，在中国称为"景颇族"，在缅甸称为"克钦（kachin）族"，在印度阿萨姆邦称为"新福族"或"信颇族"。——译者注

纠纷时，有过失的一方会主动送一包茶叶请求和解。20世纪30年代，瑞典人类学家卡尔·古斯塔夫·伊西科维茨曾在老挝北部的拉棉人部落（属孟—高棉语族）实地考察。伊西科维茨记载：

> 拉棉人拿一小撮已发酵的茶叶，撒上盐后就送入口中嚼食，唾液很快变成深褐色。茶味极佳，还有保健提神的作用。拉棉人称：不习惯嚼食茶叶（当地人称为"蒙"）的人如果晚上吃茶会整夜清醒不睡。"蒙"在当地深受喜爱，并作为一种如同槟榔的刺激物，获得很高的评价。

法国人简·贝里是勇于探险的人种史研究专家，曾经在中缅交界的西双版纳考察。他发现，哈尼族（藏缅一支）妇女一直有采摘野茶叶的习俗。每年2—5月，哈尼族妇女会从野生老茶树上采茶，每天多达8磅（约3.6千克）。哈尼族是生活在这一地区最古老的民族。贝里认为，要想了解人类最早用茶的历史，就应该向哈尼族人求经问道。

云南北面与四川交界。这里也是中国地理阶梯状地形的分界线，往西是高耸入云的喜马拉雅山脉，往东是富饶的四川盆地。古巴蜀人曾经统治着这一地区。3000年前，古蜀国创造了辉煌的三星堆（今成都东北）文化，其中包括令人叹为观止的青铜人面像。巴国人则保留着悬棺葬的习俗，把安放着先人尸体的棺木悬置在壁立千仞的悬崖上，以使先人安息。在今天长江边的悬崖上，依然可以发现用木桩支撑着的悬棺遗存。巴人性好斗，以虎为图腾，他们的图形文字至今无人能解读。巴人以稻米为生，养蚕织丝，汲井取盐，猎捕巨犀，还是有历史记载以来，第一个使用茶的民族。

《华阳国志》是中国第一部地方志，专门记述古代中国西南地区历史、地理、人物，著者是东晋（317—420）人常璩。在卷一《巴志》中，常璩记载了巴国派出军队，帮助北方的周王朝讨伐商纣王，大战于牧野的历史。是役中，商纣帝辛的军队大败，周灭商。武王克殷商后，巴国成为周王朝的属国。《华阳国志》详细记载了巴国向周王朝纳贡的清单：桑、蚕、麻、纻、鱼、盐、铜、铁、丹、漆、蜜、灵龟、巨犀、山鸡、白雉、黄润、鲜粉。贡品中还有一种名"荼"的植物。汉字的荼和茶有一横之差。荼是否为茶的古体字，巴国进贡的是否就是茶，一直困扰着中国的词源学家，也是中国唐前茶史研究中争论不休的问题［本书（附录三）详细介绍了历史上的争论和有关茶的汉字］。

蜀人制茶在今成都以南100英里（约150公里）的乐山地区。公元前5世纪，周王朝分崩离析，兄弟阋于墙，战乱不断，是所谓战国时期（前475—前221）。这一时期，地处西北的秦日益强大，不断蚕食周边小国。公元前316年，秦攻巴蜀，觊觎这一天然粮仓物产之丰，将其并入秦国版图。公元前221年，秦始皇创立了中国历史上第一个统一王国。17世纪的大学问家顾炎武在其《日知录》中写道："秦人取蜀而后，始有茗饮之事。"

有关煮茶的记载最早出现在公元前59年王褒的《僮约》。这篇谐趣横生的韵文讲述了名叫便了的僮奴的命运。王褒有事到湔河，途中停留在寡妇杨惠家里，请便了上街买酒。这位性格暴躁的僮奴却手持棍杖，踩上他已故主人的坟头，大声嚷嚷："大夫买便了时，契约上只写明守墓冢，没有约定要替别人上街打酒哇！"

王褒问寡妇为什么不把僮奴卖了。当听到寡妇说没有人想买时，他当场决定买下。

僮奴说："要使唤便了，都应该写在契约上。不上契约的话，我便了是不会做的！"

王褒满口应承，即开始执笔写券文。契约洋洋千言，差事无论巨细，悉纳其中。听王褒念完这篇超级详细的契约，便了不住磕头，两眼泪汪汪，清鼻涕长一尺。

在契约所列的一长串杂役差事中，其中有"烹茶尽具"和"武阳买茶"两句有关茶的记载。武阳靠近当时中国第二大城市成都。历史上最早有关种茶的记载也出现在这一时期。汉宣帝甘露年间（前53—前50），县人吴理真在蒙山种植了七棵茶树。随之，在蒙顶五峰附近出现了众多佛家寺院。在由唐至清的一千多年中，当地僧侣采制的甘露茶一直是送往京城的皇家贡品，每年初春最早采摘的360叶新茶更是专门贡奉给皇帝的正贡茶。16世纪，李时珍《本草纲目》记载，一般的茶"性冷"，唯独蒙山茶"温而主祛疾"。直到今天，嫩绿鹅黄的蒙山茶在中国依然是茶中珍品。我们可以确定，遥远的西南地区就是中国茶的发源地。

第三章

与酪作奴

1—6 世纪的茶史

1 世纪，东汉明帝当政。有一次，明帝做了一个梦，梦见一座高大的金人，头顶上放射白光，相貌庄严美好。次日早朝，明帝问梦于群臣。太史傅毅答曰：西方大圣人，其名曰佛。明帝遂派遣使臣前往天竺（今印度）和今阿富汗地区访求佛道。使臣求佛回国时，不仅取回了佛像和梵文佛经，还邀请了印度两位高僧摄摩腾和竺法兰一起回到东土。两位高僧是最早将佛经由梵文译成汉文的人。

东汉末年，朝政日益衰败，宦官和朝臣之间的矛盾日益突出。朝中官僚对宦官不学无术、靠耍手腕争权夺利深感愤懑。此起彼伏的社会动荡因为寻求长生不老的各教派、1 世纪前后的农民起义、各种道教组织的火上浇油变得更加混乱不堪。这些起义的教派包括黄巾军、五斗米教（五斗米是入教的供奉）。这些教派以赦罪、解厄、延生等迎合苍生百姓的道法吸引了一大批信众。184 年，黄巾军信众在洛阳起义，但很快受到镇压而告失败。随后的军阀纷争导致中国分裂，进入魏、蜀、吴三国分治时期，北方则由匈奴、党项、古蒙古等游牧民族统治。在这一大动荡、大迁徙时期，中国人口从 5600 万缩减至 1600 万。大动荡的中国为佛教东传提供了沃土，因为佛教的教旨就是从生之艰难中度人，以求彻底解脱。

这一时期，有关茶种植和饮用的知识逐渐传入长江中下游地区。1972 年，考古学家在湖南马王堆挖掘了轪侯（公元前 186 年卒）的墓葬。对于陪葬品中是否有茶，考古学家说法不一。但有文献记载，湖南早在 168 年就设置了茶陵县。在江苏太湖流域，人们已经开始栽种茶树。成书于 3 世纪的《广雅》对当时茶的加工、制作、饮用作了详细记载：

> 荆巴间采叶作饼，叶老者，饼成以米膏出之。欲煮茗饮，先炙令赤色，捣末置瓷器中，以汤浇覆之，用葱、姜、橘子芼之（今四川东部、湖南、湖北西部，当地人采茶叶做饼。如果叶老，就用米汤拌和处理使能成饼。想煮茶时，先灼茶饼直到发红，再捣成末后放入容器中，冲入沸水。或放些葱、姜、橘皮，搅和后饮用）。

我们注意到，在这一时期的制茶过程中，并没有出现烘烤杀青（即以高温终止茶叶自然发酵），而杀青对于保证茶叶不变质是至关重要的。

当时，中国社交场合的主要饮品是酒。无论祭祖还是宴乐，都离不开酒。古时的中国人喝的米酒分酒和醴。在汉代的宴会上，酒和醴是盛放在不同的酒器中的。醴和酒都由米饭发酵而来，前者色白味甜，酒精含量低；后者清冽，酒精含量高。酒在各种礼仪场合扮演着重要角色。数百年来，有关因喝酒而大腹便便以及酒能伤身夺命的记载数不胜数。而历史上以茶代酒的记载最早见于《三国志·吴书·韦曜传》。韦曜是三国时期吴国末代君主孙皓帐下的重臣。史书记载，孙皓专于杀戮，沉溺于酒色，昏庸暴虐。孙皓每有飨宴，凡参宴者必须喝足7升酒，如果喝不下，就派人强行把酒灌入口中。韦曜酒量只有2升，孙皓对这位博学多才的大臣格外眷顾，总会密赐茶荈以代酒。

这一时期另一则与茶有关的趣闻见于《世说新语·纰漏》（成书于5世纪）。故事主人公任瞻年少时甚有令名，时人认为其身影都非常漂亮。武帝崩时，宫廷选百二十挽郎。任瞻以其神明风采，亦在其中。王戎选女婿，任瞻亦是候选者之一。但他渡江南下后，便失志。丞相王导曾在石头城设宴款待他，一见便觉有异。大家坐定后，仆人上茶，任瞻便问旁人："这是茶，还是茗？"觉得大家神色有异，他赶紧申辩："我刚才只是问茶是冷还是热罢了。"

三国以后的西晋朝是中国历史上相对短暂的统一时期。曹魏时期，司马家族登上历史舞台，但随后不久，意图反叛的各路军阀和此起彼伏的起义军相继攻陷洛阳（311）和长安（316），司马皇族和士绅大夫仓皇南逃，并于317年将都城迁至南京，史称东晋。随后，中国历史进入南北朝时期（420—589）。这一时期，道士炼制的圣水和长生不老丹风靡不衰，珍贵的金石都炼成了昂贵丹药。4世纪道教真人葛洪《神仙传》记载：

> 药之上者，唯有九转还丹及太乙金液，服之，皆立便登天，不积日月矣；其次云母雄黄之属，能使人乘云驾龙，亦可使役鬼神，变化长生者；草木之药，唯能治病补虚，驻年返白，断谷益气，不能使人不死也，高可数百年［任何人服用了这些金石仙丹，马上可以升天，不用再长年累月地修炼。功效次之的是云母（一种含硅矿石）和雄黄（含砷和硫的矿石，剧毒），服用以后能腾云驾龙，也可以修身养性，延年益寿。再次的是草药，草药可治百病，却不能使人长生不死］。

这些通常要用酒送服的金石仙丹,既贵又稀少(还有毒),是社会上层享用的奢侈品。相反,草药既廉价又易得,满足了普通民众的需要。道家风行喝茶,道士经常出入山林,采摘新茶,吹嘘茶的药用功效,也把喝茶的习俗推广到民间。道教真人陶弘景《杂录》记载:"苦茶能使人轻身换骨。"南朝刘宋时期(420—479),豫章王子尚到八公山去拜见昙济道人,道人以茶饮招待客人。子尚尝了茶汤后说:"此甘露也,何言荼茗(这是甘露啊,怎么能叫它荼茗呢)?"

魏晋南北朝期间,人工栽种茶树逐渐得到推广,但采摘野茶叶依然很常见。人们将茶叶蒸煮后捣烂,做成茶饼,中间穿孔,以绳穿成串,封藏,冲沏饮用。晋朝诗人和文官杜育写有中国历史上最早的茶诗赋作品《荈赋》。《荈赋》中记载了新发酵的茶饼末沉到碗底,乳花则上升到茶汤面,犹如冰雪一般美丽("沫沉华浮,焕如积雪")。同一时期成书的《桐君采药录》还特意记载了茶汤乳花的医药疗效。点茶虽是宋朝非常流行的饮茶方式,但其雏形在这一时期已基本形成。北魏时期,贾思勰在《齐民要术》中,详细介绍了淡米酒(白醪)的酿造过程,其中:"取鱼眼汤沃浸米泔二斗,煎取六升,着瓮中,以竹扫冲之,如茗渤。"

是时,中国的各朝皇帝都笃信佛教,随着无数的农民为躲避地主逼债而投身佛门,佛教空前繁荣。北魏末期,整个国家有寺院4万座,僧尼200万。而在江南的梁朝,则有寺院2846座,僧尼82700人。官府以公帑和土地施舍寺院,甚至给予寺院租税权利。寺院还可以从事农耕、买卖、手工艺、算命、问诊抓药等等,有的聚财甚丰。

云游化缘是佛门弟子必不可少的一课,也是僧人从寺院日常事务中暂得解脱的一种方式。每天无休止的诵经令人昏昏欲睡,没完没了的译经（从梵文译成汉文）令人烦躁不堪，内讧与争吵让人从来没有清净的时候。云游可以让僧人呼吸一些新鲜空气。僧人走出山门，云游四方，结识官民。这些精神乞丐还是重要的文化传播者，他们将某一地的见闻和风俗传到其他地方。托钵僧的行囊中，茶必不可少。这也是在炎炎夏日，僧人在崎岖的山路上前行，路遇清溪时小憩一番的绝佳理由。

印度王子菩提达摩就是这众多云游僧中的一位。达摩是中国早期佛教史上非常重要并被部分神化的人物。在众多的达摩画像中，其基本形象几无二致，很容易辨认：坦腹宽大，浓黑的眉毛紧锁，多显愁容。一苇渡江是众多关于达摩的传说故事中广为人知的一段。传说达摩渡江北上，到达黄河南岸的洛阳城后，又前往少林寺建立了佛教禅宗，还开创了少林功夫。达摩在寺院边的一个山洞中面壁禅坐九年，高大的身影被映射在洞中石壁上。少林僧众后来将这面石壁从洞中移出，安放在寺院中。今天去少林寺参观，仍然可以见到这一石壁。在诸多关于达摩的传说中，德国人恩格尔伯特·肯普费在《日本史》（1727年刊行）中的记述似乎有点荒诞不经：责己甚苛的达摩有一次在面壁思禅时昏昏睡去。次日清晨，达摩醒来时，为违背立下的宏愿而深深自责，把两截眉毛（他自认过失的发端）剪掉，非常羞愧地扔在地上。第二天，就在达摩扔眉毛的地方长出了两棵茶树。达摩满心欢喜，嚼食了几瓣茶叶，聚精会神，继续他的思禅。

茶很快就为信佛僧俗所接受。但在北方，人们一开始并不认可茶饮。傅咸（329—394）《司隶教》记载："闻南市有蜀妪，作茶粥卖之，廉事打破其器具，使无为卖饼于市，而禁茶粥，以困蜀姥，独何哉！"

5—6世纪，拓跋氏游牧民族（发迹于今内蒙古一带）统治着中

根据传说,提神醒脑的茶树苗由佛门神僧达摩的眉毛幻化而来

图片来源:台北故宫博物院。

国北方。为加强对汉族(汉族人口占中国总人口的 90% 以上)的统治,拓跋氏统治者实施汉化革新,大力推广汉人的文字、服饰和习俗。北魏孝文帝(471—499 年在位)甚至因儿子坚持穿传统服装和拒绝搬到湿热的洛阳而将其处死。在汉化革新中,北方的饮食方式依然保留。拓跋鲜卑的贵族统治者依然以羊肉和奶酪为主食,还不时讥讽来自南方的汉人总是吃一些没有能量的食物:莼羹、蟹子、藕、蛙、龟,还有茶。

曾在南齐担任秘书丞的王肃,其父兄皆在 493 年被南齐皇帝无端杀害,遂北奔洛阳,投北魏拓跋氏,谋复仇之计。服父兄丧期间,王肃卑身素服不思声乐。刚到北魏时,王肃不食羊肉酪浆,还依南方食性,常饭鲫鱼羹,渴饮茗茶。洛阳士子以其嗜茶,号为"漏卮"。数年后,王肃赴高祖宴会,食羊肉酪浆甚多,几与北人无异。

高祖很奇怪,就问王肃:"卿中国之味也。羊肉何如鱼羹?茗饮何如酪浆？"

　　王肃对答："羊是陆产之最，鱼乃水族之长。因为口味喜好不同，各自认为的佳馔也不一样。单就味道而言，当然有优劣之分。羊堪比齐、鲁大邦，鱼则类邾、莒小国。茶就不成器了，只配做酪浆的奴僮（唯茗不中，与酪作奴）。"（杨衒之：《洛阳伽蓝记》）

　　随着茶树栽种技术和饮茶风俗向长江下游地区传播，文人官员将茶作为酒的替代品，喜好之风日盛；寺院僧人在悟性坐禅之前也会喝一碗茶。但统治着中国北方的游牧民族对淡而无味的茶汤依然不屑一顾，他们对世世代代都在喝的发酵马奶（酪浆）一直钟爱有加。隋朝结束了中国南北朝的分裂局面，大运河将江南和北方紧密连接，茶叶通过运河运到黄河流域，又沿着黄河逆流而上运往都城大兴（今西安）。大唐王朝很快取代了隋朝的统治。唐朝是中华文明百花争妍的时代，茶饮在唐朝得到进一步推广，被视为国饮。

第四章
吃茶去！
唐朝茶史

610年，大运河凿成通航。长1100英里（约1760千米），宽100英尺（约33米）的大运河连通了黄河与长江，也把中国北方和南方地区连成一体。运河两岸是宽阔的官道。通过运河这条繁忙的大动脉，谷物、盐，以及来自南方见所未见的时鲜（姜、橙、荔枝、茶等等）迅捷运往中国北方，供应市场和军队。运河连通了中国两个主要地区，创造了统一的大市场，为唐王朝（618—907）——中国文化史上的黄金时代奠定了基础。

唐王朝定都长安。这里埋葬着中国的始皇帝——秦始皇，他的陵寝就在都城的郊外。守卫着陵寝的，是庞大的地下军团（兵马俑）。唐朝的长安是当时世界上最繁华的都市之一，人口超过百万。都城呈长方形，长6英里（约10千米），宽5英里（约8千米），四周砌筑着城墙。波斯、阿拉伯和犹太商人云集其中，纷纷攘攘；僧侣、道士、聂斯托里教派的基督教徒随处可见。茶汤要求水质清冽洁净。从这个意义上说，沸腾的汤水或许促进了都城和其他大城市的发展。在巍峨堂皇的京城，唐王朝的皇帝发号施令，统治着广袤的疆域。庞大的王国西起帕米尔高原，东至朝鲜半岛，北包贝加尔湖,南至交趾(今越南)。运行顺畅的官僚制度密切监视着五千万子民的劳作与生息,征收的赋税使皇帝建设庞大工程的设想成为现实,也保障着皇帝无与伦比的奢华生活。这一时期也是文学艺术发展的全盛时期。诗人们写下不朽的诗篇,一千多年后的学子们依然能烂熟于心,朗朗背诵。丝绸、瓷器和漆器精美绝伦。横跨欧亚大陆的骆驼商队和绕行印度海岸线的阿拉伯商船将这些奢侈品带到波斯、美索不达米亚和埃及的富贵人家。中国,这个遥远的国度,充满了神秘和异域风情。直到今天,人们还会用同样的口吻来形容这个东方古国。

唐朝初年,佛教和茶依然维系着两者偶然建立起来的联系,从长安传到了青藏高原。在松赞干布的领导下,吐蕃王国统一了各个游牧部落,建立了统一政权,并开始进犯大唐王朝的疆土。为了娶一位有皇家血统的女子为妻,松赞干布向太宗朝贡了数百斤金银。

赵州和尚的机锋:似非而是,醍醐灌顶

赵州(唐代高僧从谂的代称)问新到的和尚:"曾到此间?"

和尚说:"曾到。"

赵州说:"吃茶去。"又问另一个和尚。

和尚说:"不曾到。"

赵州说:"吃茶去。"

院主听到后问:"为甚曾到也云吃茶去,不曾到也云吃茶去?"

赵州说:"吃茶去。"

唐朝全套石制茶具，包括炉、碾、壶、罐、盏和碟
图片来源：台湾自然科学博物馆。

唐太宗应允了松赞的和亲请求，好言安抚这位好战的吐蕃王。641年，文成公主进藏，来到拉萨，随来的嫁妆包括蚕种和一尊佛像。作为母仪天下的王后，文成公主深受当地人景仰。公主在吐蕃传播佛教，并说服她丈夫脱下毡和兽皮做的外套，穿上丝织的内衣。史书记载，在牦牛拉来的嫁妆中，还有成串的茶糕。

武则天篡位当政（684—705）期间，佛教得到空前发展，在无一例外地对政敌施以死罪的同时，皇帝为表现礼佛之虔诚，在长安广修佛寺，甚至诏令全国禁食鱼肉荤腥长达八年之久。这一时期，茶成为僧侣寺院生活的重要部分。僧侣不许喝酒，午后也不再进食，他们自辟茶园，静修念经时喝茶，做法事时向佛祖礼茶，作为礼物给香客赠茶，上市场卖茶，还向宫廷贡茶（宫廷自然多有赏赐）。

唐代宗曾敕令佛法名僧齐集京城，重新评定《四分律》新旧疏，并向高僧们赐供了藤纸笔墨、九十日斋食、茶二十五串。

茶在僧人生活中的重要地位，从《封氏闻见录》（成书于800年前后）中可见一斑：

开元（713—741）中，泰山灵岩寺有降魔师，大兴禅教。学禅，务于不寐，又不夕食，皆许其饮茶，人自怀挟，到处煮饮，从此转相仿效，遂成风俗。自邹、齐、沧、棣（今山东、河北境内），渐至京邑，城市多开店铺，煎茶卖之，不问道俗，投钱取饮。其茶自江、淮而来，舟车相继，所在山积，色类甚多（在唐朝开元年间，灵岩寺里的降魔大师重视禅定修行，在降魔大师及众弟子禅定修行的时候，夜晚不睡觉坚持不懈不怠地坐禅修行，甚至连晚饭也不吃，只允许靠饮茶醒神。自此，人们相互效仿，渐成风俗，从山东、河北逐渐传播到京城。城里有很多茶肆卖茶，路人自己付钱自己取茶喝。茶叶多来自江淮一带。运茶舟车前后相连，运来的不同品种的茶堆成了小山）。

随着佛教的传播，中国的茶叶在唐朝传入日本。804年，日本僧人最澄和空海随遣唐使来到中国学习佛法。历经50天的风淘浪簸，最澄和尚横渡大海，抵达宁波。在天台山佛陇寺，最澄师从行满法师研习牛头禅要和天台宗教义。行满法师曾是寺院的茶师，负责向菩萨礼茶、主持茶道程仪、向香客敬茶等等。805年春，最澄学满返回日本。在离开佛陇寺前，寺院僧侣向他奉送的不是米酒，而是香茗。回到日本后，最澄把带来的茶籽种在京都比睿山草庵旁的山坡上——这是日本历史上最早有关种茶的记载。

空海则来到了长安的西明寺。这所寺院还向外来的僧人教授汉字。在长安期间，空海苦心研习密宗教义（西藏佛教亦为密宗，属另一派）。809年，空海法师满载着佛经、佛像和精美的曼陀罗彩绘（以圆形代表宇宙的图形）回到日本，包括他在809年供奉给嵯峨天皇的书法。空海回忆他的学佛经历时写道："事佛之余，每有闲暇，辄苦学梵语，手边常有香茗相伴。"最澄和空海被认为是日本平安时代（794—1185）的佛门宗师。然而，当最澄的高足泰范改投空海门下学法时，这两位高僧却彻底决裂了。最澄曾向泰范寄赠十斤茶叶，希望泰范能回到自己身边，但这一次他的愿望落空了。

玄宗时期（712—756），唐朝经济空前繁荣，疆域空前广袤。但这一切在751年陡然改变了。是年，唐朝军队和阿拉伯军队在怛逻斯（今哈萨克斯坦江布尔城附近）短兵相接。在这场历史上空前绝后的五日战役中，由于突厥葛逻禄部临阵倒戈，唐朝军队溃不成军，被逐出中亚。在随后的一千年中，中国军队再没有踏足中亚一步。怛逻斯战后几年间，大唐王朝四面受敌：西有吐蕃、北有突厥、东有高丽、南有泰民族统治的南诏王国。这些政权都曾击退王朝的军队。

在这多事之秋，藩镇显贵安禄山开始登上东亚历史舞台。这位大腹便便、粟特和突厥人的后代在宫中是玄宗爱妃杨贵妃的宠臣。由于被指带兵不力、仓促应战而损兵折将，安禄山面临死罪，但皇

陆羽像（10世纪）
图片来源：北京朝华出版社。

帝免除了这一刑罚。安禄山随后反叛，引发内战，其破坏程度在中国历史上极为罕见。朝廷的军队苦战八年，甚至借助回纥军队的力量，才平定叛军，恢复秩序。在皇帝逃亡四川途中，杨贵妃被随军视作叛逆，皇帝只好放弃了她。杨贵妃被随从宦官绞死。

安禄山叛军围攻睢阳（在开封东南）时，城中粮食消耗殆尽，城内军民以茶、纸、树皮为食。难民纷纷南逃，来到东南沿海的福建落脚。这一地区人口剧增，也促进了茶的发展。受安禄山之祸，逃离家园的难民以百万计，其中就有遁居世外的诗人陆羽。陆羽733年生于复州竟陵，原是个被遗弃的孤儿，早年被龙盖寺住持智积禅师拾得收养。几年后，陆羽逃离龙盖寺，跟随一个戏班子学习演戏。据陆羽《陆文学自传》（写于760年，安史之乱最炽时期）记载：

　　［陆羽］结庐于苕溪之湄，闭关对书，不杂非类，名僧高士，谈宴永日（陆羽在湖州苕溪边建了一座茅屋，闭门读书，不与非同道者相处，而与和尚、隐士整日谈天饮酒）。

结于苕溪边的草庐，或许就是陆羽完成他的茶学经典著作《茶经》的地方。758—775年间，这部茶学的奠基性著作三易其稿。在洋洋七千余言的《茶经》中，陆羽简洁而又全面地介绍了唐朝的茶文化，包括茶之起源、制茶和煮茶用具、茶叶采制的过程、煮茶用水、煮茶方法、茶事的历史记载、茶叶产区、茶具的省略等等。最后，陆羽对《茶经》的书写张挂还特别作了说明，要求用素色绢绸，分成四幅或六幅，抄写后张挂在座位旁边，以便随时可以看到。

由于陆羽的开创性工作，喝茶堂而皇之地成为中国人日常生活的重要组成部分。在中国，无论塞外还是江南，也无论贩夫走卒，抑或名士显宦，喝茶成为无处不在的风尚。陆羽因此在民间（特别是茶商和陶器作坊）被奉为"茶圣"。9世纪《唐国史补》记载："巩县陶者多为瓷偶人，号陆鸿渐，买数十茶器得一鸿渐，市人沽茗不利，辄灌注之。"

在《茶经》"一之源"中，陆羽分析了种茶所需的土壤，以烂石为最好，其次为砾壤。

在"二之具"中，陆羽罗列了当时采制最常见的饼茶所需用具，包括：籯，即采茶用的盛篮竹笼；灶和锅，蒸茶用；杵臼（研钵），用以捣碎蒸熟的茶叶；规，做饼茶的模子；承（台），上铺油布，布上放圈模，用来压制饼茶；棨（锥刀），在饼茶中心穿孔；朴，竹制，把饼茶穿成串，以便搬运；棚，木制架子，放在焙上，用来焙茶；穿，劈篾或树皮做成，用以穿茶饼；育，贮存保养茶的器具，上有盖。

在"三之造"（茶叶采制）中，陆羽指出："茶有千万状，卤莽而言，如胡人靴者蹙缩然，犎牛臆者廉襜然，浮云出山者轮囷然，轻飚拂水者涵澹然。有如陶家之子罗，膏土以水澄泚之。又如新治地者，遇暴雨流潦之所经，此皆茶之精腴（饼茶的外貌有千万种。粗略地说，有的像胡人皮靴，皱纹很多；有的像野牛胸部，棱角整齐；有的像浮云出山团团盘曲；有的像轻风拂水，微波涟涟；有的像陶工的澄泥，即用水澄清的筛过的陶土那么光滑润泽；有的像新平整的土地，被暴雨急流冲刷而高低不平。这些都是上好的饼茶）。"陆羽也是茶艺中的唯美主义者，他坚决反对在煮茶时加入香料。他认为："或用葱、姜、枣、橘皮、茱萸、薄荷之等，煮之百沸……斯沟渠间弃水耳，而习俗不已。（把葱、姜、枣、橘皮、茱萸、薄荷都作为配料和茶一起煮，煮出来的茶汤无异于沟渠里的废水。可惜这种风俗至今仍普遍存在！）"但陆羽并不反对煮茶时略

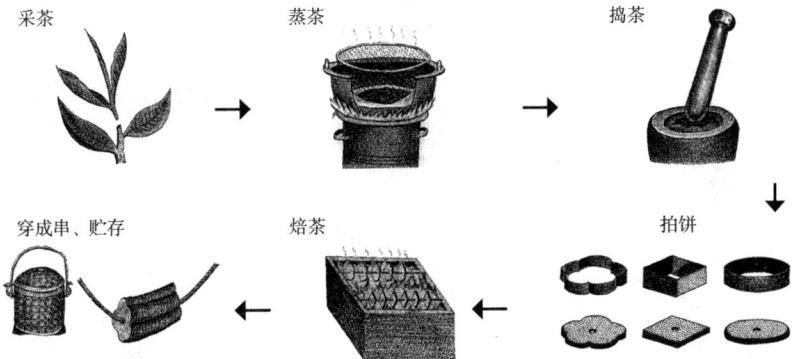

唐朝制茶工艺。陆羽记载:"蒸之、捣之、拍之、焙之、穿之、封之,茶之干矣。"
图片来源:台北故宫博物院。

微加点盐。此外,陆羽还是最早提出品鉴煮茶用水的始祖。确实,如果不注意水的品质,其他的味道也就无从谈起了。《茶经》记载,来自乳泉、石池漫流的水品质最好。千万不要饮用奔涌急流的水,也不要用多处支流汇合于山谷的水("其山水,拣乳泉石地慢流者上,其瀑涌湍漱勿食之")。

在陆羽《茶经》罗列的24件煮茶用具中,有一件漉水囊是由佛门信徒带来中国的,目的是将水中的活物滤走,避免煮茶时杀生。以陆羽的判断,茶碗以浙江越窑为上品(1930年,日本驻杭州领事米内山庸夫曾发现越窑遗址),越窑主要烧制青釉瓷器。陆羽认为,越窑瓷青,增强了茶汤的绿色。越窑的秘色瓷更是专门为皇帝烧制的。1913年,德国东方学家弗里德里希·沙勒在美索不达米亚的萨迈拉发现了唐时烧制的越窑青瓷碎片。位于底格里斯河畔的萨迈拉在863—883年是阿拔斯王朝的都城。

陆羽记载,煮茶前,要先烤茶,直到茶叶的小茎梗柔软如婴儿的手臂。再用碾子把茶叶碾成末。接下来是煮水。锅里水的沸腾会经历三个阶段:一沸曰鱼目,二沸缘边如涌泉连珠,三沸腾波鼓

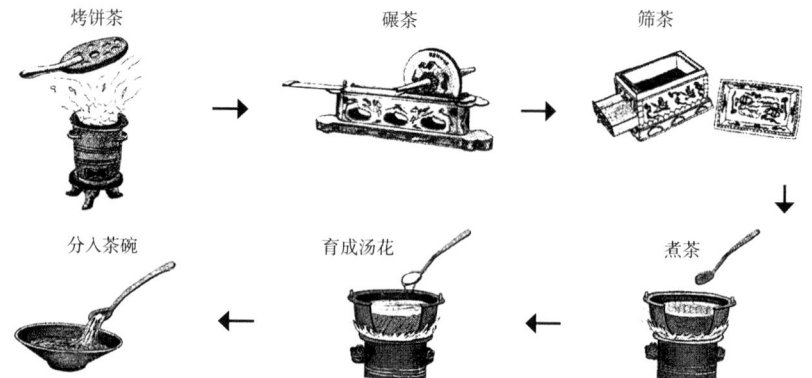

唐朝煮茶过程。对精于煮茶者而言，烤茶用材也很重要，用炭火为好，有油烟的柴以及朽坏的木器则是大忌
图片来源：台北故宫博物院。

浪。再继续煮，水沸过头，就不宜饮用了。用现代科学来解释，陆羽的这种说法也是有道理的。如果煮沸时间过长，水中的氧气和二氧化碳减少，不利于蛋白质和酸的分解，也抑制了茶香的散发。一沸如鱼目时，可以加少量盐调味；二沸时，将茶末从沸水漩涡中心倒下；三沸腾波鼓浪时，用勺将茶汤舀入茶碗，以保养茶汤面的沫饽。从茶锅里舀出的第一瓢汤，味美味长，称为"隽永"……喝茶时，宜慢慢品啜，否则就品不出味道。

唐中叶以前，蒙山茶（见第二章）因稀而贵，一匹绢丝甚至买不到一斤茶。随着北方对茶的需求量不断增加，蒙山茶的种植面积迅速扩大。数十年后，蒙山新茶在集市上随处可寻。据说，"关隘而西，山岭而东"的村民可以数日不食，却不能一日无茶。在南方山区，凡不适合种植其他作物的，村民尽数种植茶树。当地有民谚云："一个茶芽七粒米。"茶叶质轻，便于运输，不易变质，是很好的经济作物。

鄱阳湖以西的浮梁（今江西境内）是另一茶叶主要产区，据称

法门寺

　　法门寺始建于东汉,位于今西安市附近。1987 年,在重修十三层高、八边形的佛指舍利塔时,考古人员发现了地官密室,并从中出土珍贵文物六百余件。同时出土的还有记载所有奇珍异宝的物账碑,上面记录了唐懿宗供奉佛骨的珍宝清单。在出土文物中,有一套金银茶具,制作极其精美,包括茶碾、飞天纹银茶筛(飞天来自印度神话)、银龟茶盒、银则、秘色瓷茶碗、琉璃茶盏等等。文物中还有一件银盐台,錾饰四条摩羯鱼,而摩羯鱼也是来自印度神话的形象。

　　这些出土的茶具令人叹为观止,对茶学研究专家来说,出土的茶具令人耳目一新。这些茶具在陆羽《茶经》中都有记载,只是材质不是普通的竹木铜铁,而是金银琉璃等贵重物材。茶具做工也极为精致,宛若天成。

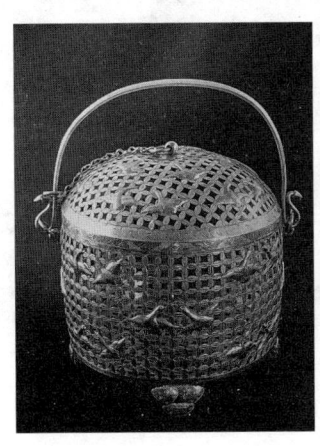

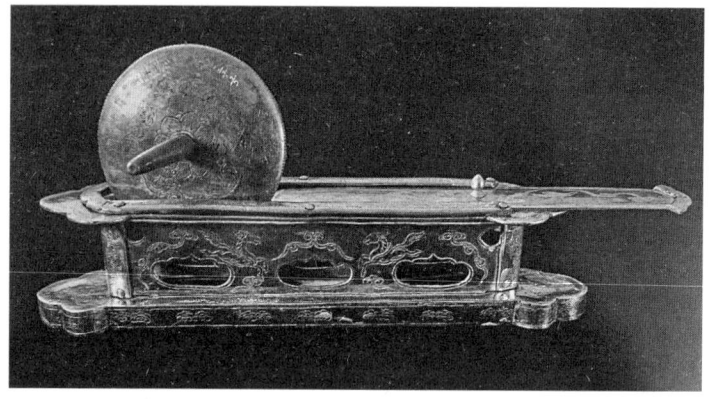

法门寺地宫出土的茶具
前页左：飞鸿纹银茶笼子；前页右：弈棋人物纹银坛子。上左：银风炉；上右：琉璃带托茶盏；下：银茶碾
图片来源：陕西扶风法门寺。

每年产茶七百万驮。9世纪，诗人白居易《琵琶行》中记载了一位"重利轻别离"的茶商在鄱阳湖以北的浔阳江边告别妻子，坐船前往75英里（约120千米）外的浮梁买茶。唐朝末年，浮梁所属的祁门县凡5400户，十有七八种植茶树，以卖茶所得换取生活所需，并向官府支付代役税赋（千里之内，业于茶者七八矣。由是给衣食，供赋役，悉恃此）。

茶叶贸易的扩大也推动了茶树栽培技术的发展。唐韩鄂《四时纂要》记载，种茶宜山中带坡峻，且"此物畏日桑下，竹阴地种之皆可"。若在平地种植，需在两畦深开沟垄泄水，因为水浸根必死。为防止茶籽受冻，不得生发，收藏时也必须注意保暖，"熟时收取子，和湿沙土拌，筐笼盛之，穰草盖之"。每年农历二月中种茶时，于树下和背阴之地开坑，坑圆三尺，深一尺，坑间距二尺。整地施肥之后，每坑播籽六七十颗，覆土厚度一寸。第一年不要中耕除草，要注意防旱，"旱即用米泔浇"。

陆羽认为，采自太湖以西宜兴顾渚山的新茶是极佳的上品茶。771年，唐代宗年间，官府在顾渚山建立了第一家贡茶院。茶场初期的产量仅为1万两（833磅，约378千克。16两为1斤）。到785年，茶院紫笋茶的产量已达18408斤（25543磅，约11吨）。每年采茶时节，在贡茶院采茶、制茶的役夫多达3万人。

对于宜兴的茶农而言，顾渚山贡茶却是极沉重的负担。唐朝诗人袁高《茶山诗》云：

> 我来顾渚源，得与茶事亲。
> 氓辍耕农未，采采实苦辛。
> 一夫旦当役，尽室皆同臻。
> 扪葛上欹壁，蓬头入荒榛。

> 终朝不盈掬，手足皆鳞皴。
> 悲嗟遍空山，草木为不春。

耕夫被迫荒弃自家的田地，来到官家的茶院役作。地方官吏则在太湖上精致的画舫中和歌伎们调笑笙歌。新茶的嫩芽还未绽放，送茶去都城的官防都已经盖好大印了。紫笋茶一经采摘，就由驿马日夜兼程，急程递进，在十天之内送到都城长安，以赶上皇帝清明宴之需。清明节在每年四月五日，当时民俗，清明节前要取新火，清明节要祭祖上坟。

茶、竹、木、漆的交易利润相对丰厚。782 年，朝廷决定对这四项交易课税，税率为什税一（10%）。3 年后，因朱泚之乱，德宗逃离长安。为减轻百姓负担，德宗下诏罢除茶叶等项杂税。随后几年，鉴于地方水灾、朝廷再度减税后国库收入严重不足等原因，朝廷于 793 年重新开征茶税，以补充传统的盐税和铁税的不足。德宗朝每年的茶税收入为 40 万缗（4 亿文）。821 年，盐铁使王播以帑藏空虚为由，将茶税提高了 50%，国库每年茶税收入因之达到了 60 万缗（6 亿文）。文宗朝时，宰相王涯的贪得无厌到了无以复加的地步，政府甚至垄断了茶的种植与买卖（榷茶）与民争利。茶农的茶树全部移入官家茶场，家里贮存的茶叶全部焚毁。茶商只能从官场买茶，所交茶税也越来越多。百姓奋起抗争，王涯被诛，腰斩于市，榷茶罢停。但到了 841 年，茶税再次上调。乱世之间，私贩兴起。政府为此不断制定新法，禁止私卖。盐铁转运使裴休制定了税茶十二法，规定凡私卖茶叶 3 次超过 300 斤者，一律处死罪。

9 世纪，唐朝诗人杜牧《上李太尉论江贼书》记载，当时有大批劫江贼在江淮地区或登船洗劫，或入市取财，并将所得财物悉数运往南山地区。究其原因，"盖以异色财物，不敢货于城市，唯有茶山可以销受。盖以茶熟之际，四远商人，皆将锦绣缯缬、金钗银钏，入山交易（买茶），妇人稚子，尽衣华服，吏见不问，人见不惊"。这些劫江贼，入山前还是盗贼，"得茶之后，出为平人"，把茶叶运往北方出售，售完之后，又重操江贼旧业。

陆羽之后，又有不少茶家写了有关茶的著述，揭示他们对于这个世界极其细致入微的感受。9世纪上半叶，张又新的《煎茶水记》列出了陆羽所品的二十种水的品第。鄱阳湖西北岸江西庐山康王谷水帘水第一，雪水居末。另外，张又新还指出，茶汤品质不完全只和水有关，善烹和洁器也很重要："夫茶烹于所产处，无不佳也，盖水土之宜。离其处，水功其半，然善烹洁器，全其功也。"

苏廙的《十六汤品》记述了煮水、冲泡注水、泡茶器具和烧水燃料的不同，并因此将汤水分成若干品第。十六汤品中包括婴汤、大壮汤等。对第十二汤品法律汤，苏廙如此描述："凡木可以煮汤，不独炭也。惟沃茶之汤非炭不可。在茶家亦有法律：水忌停，薪忌熏。犯律逾法，汤乖，则茶殆矣。"

有唐一代，茶因为陆羽的《茶经》而登上大雅之堂，皇帝为充盈国库而开征茶税，茶还远播天下，西至吐蕃，东到日本。法门寺出土的精美茶具、勿里洞沉船中打捞出水的9世纪的茶碗，都是茶在当时社会中重要地位的见证。进入宋朝，茶树种植在南方地区几乎无处无之，政府采取了严格的专营措施，制茶品茶的风尚则得到进一步发展。

勿里洞茶碗

1998年,德国探险家提尔曼·华特方和马蒂厄斯·德尔格在印尼丹戎潘丹勿里洞岛附近海域(苏门答腊和婆罗洲之间)发现了一艘9世纪的沉船。沉船系在印度或阿拉伯—波斯地区建造(从所用材料来看,在印度建造的可能性更大些),航行目的地是中东某地区(波斯湾某一港口)。船上货物多达5.3万余件,其中4.4万件是湖南长沙地区瓷窑烧制的瓷碗。部分碗上的文字表明,这批碗的烧制时间为826年。

专家在部分碗上发现了汉字标记"茶盏子"。这一标记为我们提供了9世纪中国茶文化的宝贵信息。从语言学的角度看,"茶盏子"为我们提供了两条信息。首先,我们看到茶这一汉字在这一时期已经出现,代替了以往常用的"荼";其次,茶盏子是非常口语话的用法,在中国古典文学中极为罕见。文学作品中对这类茶具的描述多只用茶盏二字,名词后缀"子"在书面语言中很少用到。但在禅宗僧人的机锋论对中,这一后缀的使用频率越来越高。

禅宗僧人习惯于使用日常生活用品譬喻说教,用以说教的物品包括:蝇笸子、蒲扇、锡杖、铁锹、勺子、团饼、蒲团、草鞋,当然还有茶盏。禅师拿起这些譬喻用的物件只是信手拈来,并没有特殊的用意。这是为了警示弟子们在参禅论道时不要误入歧途,参禅论道必须立足于所在所见,无须刻意循远道而求之。另一方面,尽管这一物件在禅师譬喻中并非中心所在,拿起物件的方式和动作本身却在参禅中具有

特殊的含义。有时候禅师一言不发，弟子们需要通过禅师的一举一动参悟他要表达的思想。

在禅师机锋论对的记载中，用茶碗譬喻论道的例子多达百余处。就是在这些记载中，高度口语化的"茶盏子"也并不多见，禅师多用"茶盏"譬喻。最早托茶盏譬喻的记载见于《祖堂集》涌泉禅师传中。《祖堂集》是最早记录禅僧言行的史书，在书中还能见到禅师用"茶盏子"的例子。

雪峰禅师（822—908）曾在今福建福州一带建立道场，传布禅宗佛教，其门下弟子包括玄沙（835—908）、云门（864—945）等禅师。在禅宗僧人中，托茶盏论道已成为非常常见的姿势。我们曾提到，涌泉和尚是较早使用"茶盏子"一词的禅师。至于他最早使用该词的时间和地点，从上文所说的禅师托盏论禅的做派也可以得到一些佐证。事实上，《祖堂集》即成书于五代时期（907—960）的福州一带。

上述文献记载和勿里洞出水沉船上的文物资料进一步论证了我们有关饮茶在9世纪的中国已蔚然成风的论断。我们的论断是：饮茶从一开始就是南方人的习俗，和佛教，特别是禅宗密不可分；通过佛教传播，茶逐渐推广到北方。

当然，利用这些文献和实物还不能证明印度人和阿拉伯人在中国唐朝时已开始喝茶，但勿里洞茶碗确实提供了中国和伊斯兰世界在9世纪即有海上贸易往来的证据。851年，阿拉伯商人苏莱曼即记载了中国和阿拉伯海上贸易的史实。苏莱曼当时可能是从今伊朗的古城西拉夫出发，乘坐单桅三角帆船到达广州的。广州当时已有居民二十万众，港口停满了来自东南亚、印度、波斯和阿拉伯地区的船只。这些船只运来的主要商品是香料（乳香、没药等），中国人通常用来制作焚香。至于堆积在中国港口的出口商品，苏莱曼记载：除了丝绸，中国还出口两种新商品：一是高质量的陶瓷，可以做碗用，其壁薄透如琉璃，碗里的水都清晰可见；一是可以用热水浸泡的草药。草药是干枯的树叶，中国人名之为茶，用热水沏开后饮用。茶只在城镇市集出售，售价极昂。茶叶片比拉特芭（可能是紫花苜蓿）多，其特点是芳香馥郁，而味甚苦。人们喝茶不分场合，随时随地都在喝茶。这两种商品一直是中国进入新时代以前出口的大宗商品。

第五章
兔毫盏里的云脚
宋朝茶史

10世纪，中国的平均气温下降了2℃—3℃（3.5℉—5.5℉），冬日的太湖甚至结了冰，顾渚山贡茶院的茶丛被大片冻死，存活下来的茶树每年发新芽的时间都推迟了，专供皇家饮用的"紫笋"贡茶很难赶在清明前送达长安。由于所谓的"小冰河时代"到来，宋代贡茶院从顾渚南移。977年，位于东南沿海的福建北苑贡茶院开始建造。

北苑贡茶院沿建溪东支两岸的山坡而建，绵延5英里（约8公里），由25处茶园（茶园各有命名，如飞鼠穴）组成，贡茶制坊（官焙）则多达30余所。最后的制茶工序集中在官焙完成，官府为有技术的茶工（捣茶工、焙茶工、制模工和品茶师）提供住处。早春时节，每日五更（早上3—5时），采茶工便开始劳作，清晨采茶必须在日出前完成。

北苑贡茶院出产的茶叶是宋时茶之上上品，名曰"腊茶"。制作腊茶的工序繁复考究，包括采新茶、拣、洗、蒸、榨、研、压模造茶、焙、用婆罗洲的龙脑和膏封茶，最后盖上有装饰图案的封印。由于制作工艺极其繁杂，又有皇家贡茶的尊崇，腊茶一直是市

刘松年（1174—1224）《撵茶图》，展现了两仆从为主人备茶的情景
图片来源：台北故宫博物院。

面上待价而沽的奢侈品。据史书记载，一团饼腊茶当时曾卖到铜钱40贯。11世纪，蔡襄《茶录》记载，茶色以白为贵，"而饼茶多以珍膏油其面，故有青黄紫黑之异。善别茶者，正如相工（以替人占相为业者）之瞟人气色也，隐然察之于内。以肉理润者为上"。

随着唐王朝灭亡、五代（907—960）纷争结束，北宋王朝重新建立了集权的中央政府，但朝廷一直没能从游牧部落建立的契丹（辽）国手中收复北方州县。1126年，面对另一支好斗善战的游牧民

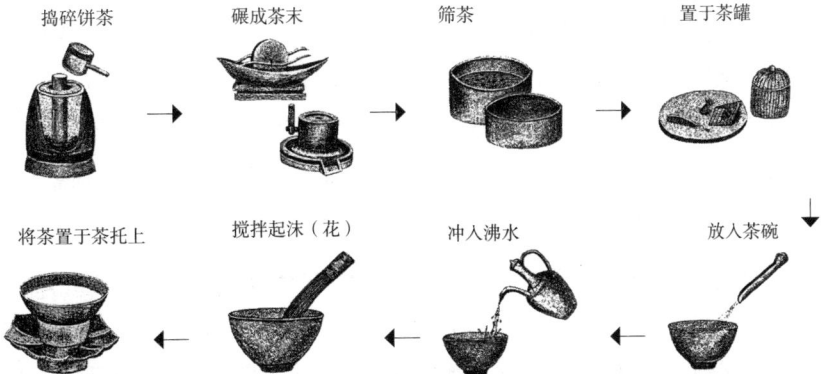

宋朝的饮茶技艺：点茶（将茶粉放入茶碗，用沸水边冲泡边搅拌，直到茶汤表面形成厚厚的泡沫）代替了煮茶

图片来源：台北故宫博物院。

族军队——女真，大宋朝廷仓皇南逃，迁都临安（今杭州），史称南宋（1127—1279）。南宋朝廷偏安一隅，直到另一支马背民族（蒙古族）大军征服中国全境。尽管烽火不断，山河破碎，宋王朝在历史上还是开创了多姿多彩的时代。有宋一代，中国的饮食文化得到极大发展，形成了各具风格和特色的三大菜系：北方菜、南方菜和川菜。农耕方面，通过改进灌溉设施，从安南（今越南）引进新的稻种，一年两熟成为可能。随着粮食产量的提高，全国人口从五千万增加至一亿，农民有更多的时间、精力和财力种植经济作物（甘蔗、棉、茶），生活水平得以提高。为使日益频繁的交易更加便利，人们广泛使用纸钞（交子）。拦水坝发明以后，交通运输大为改观，满载一百多吨货物的大船可以在大运河等水路上顺利航行。

在一些商贸重镇，诸如位于长江和南北大运河交汇处的扬州，来自域外的商人集群而居，其中以波斯商人居多。在中国的文学作品中，神秘的波斯商人富可敌国，还掌握着奇异的魔法。当时在波斯还没有喝茶的记载，但百科全书式的学者比鲁尼在他11世纪中叶写成的《药学》中，已经有关于宋朝茶的记述了。这些见闻应该是比鲁尼从去过中国的波斯商人那里听来的。书中记载："犹如底格里斯河一般宽阔的大河穿城而过。河的两岸，酒坊、炉窑、商铺宛如星列。当地人成群结队地来到河边饮茶，却不会偷偷吸食来自印度的大麻。没有官府的许可，私卖盐茶会像偷盗一样受到惩罚。当地人杀了窃贼甚至会食其肉，啃其皮。"根据比鲁尼的记载，中国的高地山区、尼泊尔，还有一个名叫卡塔的地方盛产茶叶；按不同的颜色，茶叶可分成不同类别：白、绿、紫、褐、黑。其中，白茶最稀有，是上上品，对人体所产生的功效也远大于其他品种。吐蕃人常把茶视作他们纵酒以后的解酒药。为了买茶，他们常用麝香和中原人开展易货贸易。茶多用沸水冲沏，是很好的利胆药，有利于胆汁分泌，还有助于净化血液。

唐时煮茶，多用茶釜（铁锅）。将碾碎的茶叶和少量盐放入锅中煮开后，用勺将茶汤分别盛入盏中即成。宋时，煮水不再用铁锅，改用长颈、带盖的汤瓶。团饼茶在丝绸小袋中捶碎熟碾，过筛后，茶粉直接放入盏中。汤瓶中水煮沸后，将沸水倒入茶盏，并用竹制茶筅不停搅拌，直到茶汤表面形成厚厚的泡沫（沫饽）为止。这就是宋朝最常见的点茶方式，待客礼佛一概如此。来到中原学习的日本僧人将这一饮茶技艺带回岛内，逐步成为日本人崇尚的茶道（"茶之汤"，见第七至第八章）。

960年前后，宋朝官员陶谷写成《清异录》，其《茗荈录》一门记录了当时品茶习俗的新变化：

（茶至唐始盛）近世有下汤运匕，别施妙诀，使汤纹水脉成物像者。禽兽虫鱼花草之属，纤巧如画，但须臾即就散灭。此茶之变也，时人谓茶百戏。

从茶百戏开始，一种新的品茶方式（斗茶）开始由建州地区流行起来。衡量斗茶的胜负，主要看谁通过搅拌，能使茶汤表面形成厚厚的泡沫（沫饽、乳花），且经久不散。斗茶之风很快盛行到全国各地。文人、诗人、官员无不好斗茶，并因此发展了极为繁复的茶汤品鉴过程，其风之盛一如今日之品酒会。斗茶所用茶叶以采于建州的腊茶为上。为一较点茶技术的高低，参加斗茶的文人雅士要在各个环节一展风采：碾茶、筛茶、候汤（掌握汤水的温度）、熁盏（注茶前用沸水或炭火给茶盏加热）、点茶（令茶汤盏面起沫）。由于很难观察到汤瓶中汤水煮沸与否及其煮沸程度，斗茶时通常通过听水声来分辨汤水的老嫩。水煮到"如风入松，如水过溪"时恰到好处。

点茶以前，必须先热茶盏。用冷盏盛茶汤，则茶不浮。点茶时，茶和水的量必须恰到好处。盏中放入细研茶末后，注沸水少许入盏，先调成膏。再执汤瓶往茶盏中点水，点水时不能破坏茶面，同时用茶筅旋转击打茶汤，使其泛起汤花。如果水质浓稠，茶乳交融，饮茶后盏面胶着不干，称为"咬盏"，为点茶中胜出者。茶少汤多时，盏面的沫饽容易消失，或者与盏壁不咬合，露出水脚，是

产自建窑的兔毫黑釉茶盏，外观质朴，是宋朝上流社会斗茶时不可或缺的茶具
图片来源：Victoria & Albert Museum, London。

第五章　兔毫盏里的云脚

所谓"云脚散"。斗茶中，谁点的茶"云脚"早散即为败者，而以茶汤咬盏时间长者为胜。

斗茶之风盛行也催生了新的茶具。唐时，最受欣赏的茶汤呈浅黄绿色，越窑的青釉瓷和河北邢窑的白瓷最能呈现这一汤色之美。有人认为这是最早的真正意义上的瓷器。到了宋代，上品的茶汤标准是盏面有一层厚厚的沫饽（乳花），乳花越鲜白越好。这就需要有合适的茶碗，以评判哪一碗茶先起"云脚"。盛行的斗茶风尚为建窑的崛起创造了条件。在建窑黑釉茶盏中倒入茶汤，鲜白的乳花极易分辨，也很容易看出汤花相接处水痕出现的早晚。建窑烧制的茶具中，紫黑釉兔毫盏最负盛名。茶盏内壁的兔毫纹是釉面里的细微气泡在烧制过程中破裂产生的窑变。烧制过程中，由于气泡破裂，融化了的含铁矿物质会产生流动并结晶，在茶盏内壁纵向形成黄棕色的兔毫纹。除了釉面绀黑，釉质光洁以外，人们喜欢用建窑茶盏斗茶的另一个原因是建窑茶盏壁与底厚，易于保温；碗形和碗底大，易于茶筅搅拌起沫。传统的建窑茶盏在上边缘以下多有一道凹痕，腹底部釉水垂流聚厚（如钟乳石），这是茶盏在烧成过程中，倾斜放置的缘故。

宋朝时期，喝茶之风盛行，茶的销量越来越大。到12世纪，全国1/3的州县开始种茶。但是，如果要用一个词来概括宋朝官府的茶税、茶法和茶叶交易的典章制度，这个词非巧取豪夺莫属。茶农每年要向官府缴纳茶租，还必须把采摘的茶叶以极低的价格卖给官府；茶商要买茶，必须先到官府垄断管理部门"榷货务"购买提茶凭证"交引"，再到13个官家山场以高价换取茶叶。得益于《宋会要》的详细记录，我们能全面了解当时茶叶的交易价格。比如，建州出产的头骨茶，官府支付给茶农的收购价为每斤九十钱，而转卖给茶商的价格则是每斤三百钱。北宋官员张洎《上太宗乞罢榷山

身后之茶

1970年，文物工作者在河北宣化（北京西北75英里）城郊进行了一次茶文化史上颇为重要的考古发掘。这里曾是金国故地。墓葬的主人是辽末金初的汉族豪门张世卿。墓室四壁布满壁画，除了星相、宴乐、婴戏等内容外，还有壁画揭示了当时饮茶的习俗。从壁画上看，当时煮茶基本上和宋朝的点茶方式相一致，但也保留着唐朝煮茶的痕迹。水在修长的瓶壶中煮开，将茶碾成末以后放入大碗，碗中冲入沸水，调匀茶汤。再将茶汤分到带有盏托的茶盏中。显然，黑釉兔毫盏还没有传到遥远的北方。

墓室中的备茶壁画。图中，两位侍者在备茶，婴童们在一旁戏耍窥看
图片来源：河北宣化辽墓。

行放法》记载：

> 凡茶区所出，本朝悉以官榷，其中获利，皆入官帑。民衣食之资日渐困顿，而采焙税赋年有所增。民有未满缴税额者，官府惩罚无数。而卒以变卖田舍之资以充其值。一日田舍竭，税赋无所出，唯死而已矣。是以茶区荒芜，民不聊生者，榷山也。

对于贩卖私茶的惩罚是非常严厉的。宋朝初年，任何人在官府指定的集市以外买卖茶叶只要超过 1500 文就会被处以极刑。后来，法律有所放松：凡偷卖官茶 3000 文以上者，将会受黥面处罚（即在脸上刺字），罹牢狱之灾。但商人们似乎没有被这些酷刑吓住，常常成帮结伙，武装贩卖私茶。另外一种走私的方法就是在交引规定数量之外夹带私货。1017 年，一位名田昌的大茶商，按合法程序到舒州太湖茶场凭交引规定数量兑换了 12 万斤茶叶后，又通过黑市额外夹带了 7 万斤私茶。为了渔利，和尚也加入了夹带私茶的大军。《宋会要辑稿》记载，不守法纪者（僧侣）以随身携带礼物的名义，将茶叶私自夹带，云游他乡，私卖牟利。

北宋年间，在黄河下游的都城汴梁，茶楼和非法的烟柳巷生意奇妙地联结在一起。在杭州，茶楼是习学乐器的好去处；所谓的"人情茶坊"则是人们聊天交游的最佳场所。吴自牧《梦粱录》记载，在纵贯都城的御街两侧，茶铺林立，"专是五奴打聚处，亦有诸行借工卖伎人会聚行老，谓之市头。大街有三五家开茶肆，楼上专安着妓女，名曰花茶坊，多有吵闹，非君子驻足之地也"。

1101 年，雅好茶饮的宋徽宗登基成为大宋天子。宋徽宗是卓有成就的艺术家，热衷于文人雅事，还是唯一著有茶书（《大观茶论》）的皇帝。宋徽宗自诩为"道君皇帝"，醉心于和他的妃子们

诗之绝技

1079年,大文豪苏东坡写诗讽刺盐政,反对官府专营盐政和其他新政措施,引起了以王安石为首的改革派的反扑,被贬黄州(今湖北黄州)。苏东坡在黄州开地种茶,并写下了许多精美的诗词文章。在题名为"记梦回文二首并序"诗的序中,苏轼写道:"十二月十五日,大雪始晴,梦人以雪水烹小团茶,使美人歌以饮余,梦中为作回文诗。"

酡颜玉碗捧纤纤,乱点余花唾碧衫。
歌咽水云凝静院,梦惊松雪落空岩。

空花落尽酒倾缸,日上山融雪涨江。
红焙浅瓯新火活,龙团小碾斗晴窗。

苏东坡的这两首回文诗,顺着读和倒着读,都成篇章。回文诗反过来读是:

岩空落雪松惊梦,院静凝云水咽歌。
衫碧唾花余点乱,纤纤捧碗玉颜酡。

窗晴斗碾小团龙,活火新瓯浅焙红。
江涨雪融山上日,缸倾酒尽落花空。

第一首诗中,"唾碧衫"的典故来自汉时赵飞燕(卒于公元前1年)的故事。赵飞燕一日大醉,误唾侍女袖,侍女谓唾沫印如花。

第五章 兔毫盏里的云脚

玩"斗茶"的游戏，醉心于搜罗奇石装点汴京的御花园，而把政事一股脑地推给了蔡京和童贯。在中国历史上，这两位大臣以贪得无厌、广受贿赂而备受诟詈。在丹青史上，宋徽宗以花鸟画擅名，他观察入微，摹状传神。一个广为流传的故事记载，宋徽宗曾要求他的画工以雉鸡为题作画以较高下。画作呈到御前，徽宗大失所望，因为没有画工观察到锦雉栖上石头时总是先迈左脚的。

皇帝和他的大臣们把对于艺术的感悟修炼到了极致。而在满洲的女真人却没有这么多雅兴，他们一直在厉兵秣马。在西部击败契丹（辽）以后，女真人建立了自己的政权，国号"金"（1115—1234），定都燕京（今北京）。1125年，金人兵临开封城下，意欲问鼎中原。宋王朝军队武器精良、供给充足，但其羸弱的士兵和衰朽的战马在骁勇善战的金人骑兵面前不堪一击。徽宗匆匆让位给他的儿子，带着画笔，逃往南方。在随后的议和中，无数贡品被送到金人首领帐中，其中包括来自福建的上好新茶。金人开列的议和条件不啻一声惊雷：500万两黄金、5000万锭白银、100万匹绢、1万头牛马。宋王朝自然无法满足这些需求。金廷以宋廷不履合约为借口，攻陷开封，掳徽、钦二帝等数千人北归。或许，徽宗在北方会有足够的时间对《大观茶论》中的篇章字斟句酌：

> 本朝之兴……延及于今，百废俱兴，海内晏然，垂拱密勿，幸致无为。缙绅之士，韦布之流，沐浴膏泽，熏陶德化，盛以雅尚相推，从事茗饮，故近岁以来，采择之精，制作之工，品第之胜，烹点之妙，莫不盛造其极。

宋王朝仓皇南渡，迁都临安（今杭州），史称南宋。1141年，南宋王朝和金廷议和，达成和议。宋廷每年向金廷纳贡白银25万两，绢 25 万匹；金、宋以黄河与长江之间的淮水（今河南、湖北境内）为界。

宋金议和后，相对平静的对峙局面有助于金国获取稳定的茶叶供应，满足其新征服的疆域内汉人的需要，也满足自己的需要——金人自身已经喝茶成瘾。到了 13 世纪，茶叶采购已经成为金国朝廷极大的开支负担。1206 年，枢密院的文书记载：今人无论品阶高下，悉爱茶饮，而以耕农为甚。市面茶铺星列，商人旅者频频以丝绢易茶。每年茶叶采购开支已逾 100 万贯（合 10 亿文，1 贯为 1000 文，或 9¾ 磅铜）。当时，金廷的岁入约 1500 万贯，茶叶采买的开支占其岁入的 7%。章宗不得不下令，只有品秩在七品以上的官员才能饮茶卖茶，或者馈赠、收受茶叶。

1214 年 6 月，另一支来自北方的游牧劲旅——蒙古族开始策马南下，牧马长城内外，很快就掠夺了金朝的大片土地，并将其中央朝廷逐出燕京。金廷失去了燕蓟的大片耕地，又背负着沉重的军事开支，很快陷入了严重的财政危机。然而，民不可一日无茶。1223 年，枢密院发现老百姓对官府的禁茶文告经常置若罔闻，不得不再次发布文告重申禁茶：只有王子、公主、金汉五品以上官员才能享用茶饮。违反此法令者，判罚五年劳役；向官府通风报信的则可获奖赏一千万文。但所有的举措都收效甚微。1234 年，不可一世的蒙古军队席卷残云，将金兵扫入历史的故纸堆。

1276 年，蒙古军队攻占南宋都城临安，但显然没有给城市造成很大破坏。随后来到杭州的马可·波罗将这座城市形容为"世界上最美丽华贵之城""人间天堂"。然而，据称在中国待了 17 年之久的马可·波罗在他的《行纪》中却没有任何有关茶的记载。当时的杭州，茶馆遍布大街小巷。马可·波罗不仅对茶馆视而不见，甚至于连长城、汉字、女子缠足、用鱼鹰捕鱼、木版印刷、筷子等在

第五章　兔毫盏里的云脚

中国常见的事物都一笔未提。据此，有学者怀疑马可·波罗是否真正到过中国。他们认为，马可·波罗的《行纪》只是他的雇用文人鲁斯梯谦荒诞的捏造，再加上波斯商人的道听途说以及当时一些记述拼凑而成的。相信马可·波罗来过中国的学者则辩称，马可·波罗在书中明确指出，他无意描述细节，因为这些细节在欧洲无人理解，也无人欣赏。

马可·波罗没有注意到中国盛行喝茶，但当时的中国学者却注意到了域外没有茶的事实。1225年，泉州市舶司提举赵汝适通过向中国和阿拉伯商人多方询问，著成《诸蕃志》，记载的番国包括今伊拉克境内的勿斯离（Mosul）等，记载的域外物产则包括乳香、苏枋木、翠鸟羽毛等。《诸蕃志》记载，占城国（今越南）"国人好洁，日三五浴"，当地"不产茶，亦不识酝酿之法"。阇婆国（爪哇）"地不产茶。酒出于椰子及虾猱丹树之中，此树华人未曾见，或以桄榔、槟榔酿成，亦自清香"。

南宋末年，吴自牧记载了当时都城临安普通人家的生活状况："盖人家每日不可缺者，柴米油盐酱醋茶。或稍丰厚者，下饭羹汤，尤不可无。"这时，腊茶和斗茶的风尚已逐渐消退，而叶茶因其采制方便、价格低廉而成为寻常人家的生活必需。绍兴（今浙江境内）日铸寺的僧侣们栽种的日铸茶是当时绿茶上品，尤被普通人家喜爱。越人因此争相仿制，在普通茶叶中加入麝香，冒充日铸茶出售。1313年，王祯著《农书》付梓，书中提到"茗茶""末茶"（即草茶和散茶）和"腊茶"（即唐时团茶、饼茶）三种，腊茶最贵，唯充贡茶，民间罕见之。1391年，腊茶以其过于占用民力而被禁绝，退出了茶饮的舞台。

在宋朝，既有昂贵的腊茶，又有热闹的斗茶竞技，对于当时的文官和文人来说，饮茶是非常雅致的风尚。然而，在朝廷官员沉溺于这种优雅享乐的同时，帝国的边陲却一直面对着来自不同游牧民族的威胁——契丹、女真和蒙古。自远古以来，中原王国军队的弱项一直是缺乏善战的骑兵和矫健的战马，军队无法直面游牧部族的挑衅。随着茶叶贸易的兴起，中国发现了平息和约束游牧民族的新武器——咖啡因这种微弱而又持续的、以弱搏强的利器。当然，这些抗争的尝试最后都无果而终。这就是极富传奇色彩的茶马互市的发端。吐蕃人从此将茶视作生活中必不可缺的一部分，无数令人却步的茶马商道得以不断延伸。直到清朝，茶马互市一直是中国对外政策的基石。

第六章
以仙茗易太平

茶马互市

农民和牧民之间的对立，农耕民族和游牧民族之间的对立，农村村落的平和与游牧部落的自由之间的对立，一直是人类历史的一大主题。坚守在黄河流域的农耕民族一直和青海、蒙古以及中亚的广袤草场为邻，对立和冲突已被深深地镌刻在日积月累形成的民族精神中。将中原和漠北草场隔而分治的长城并非纯粹意义上的藩篱屏障。在中华民族史上，长城使中国人形成了独特的意识形态，成为中国人看待外部世界的独特视角，决定了中国的外交政策，也决定了中国与周边政权的关系和谐与否。

从公元前4世纪一直到欧洲人大扩张的两千年间，中国的敌人主要来自北方和西北，诸如匈奴、鲜卑、回鹘等等，其主要战争也在和这些马背上的民族之间展开。为此，除了修筑长城等防御工事，"中央王国"还维持着庞大的军队。这些军队装备精良，到宋朝时甚至拥有了可以发射火药的火铳。但其北方的敌人却拥有更为致命的利器——矫捷善战的中亚良种马和体型高大的蒙古种马。相形之下，中原的马匹大多瘦骨嶙峋，要其推磨都有点勉为其难，更罔论在战场上负辎重前行了。公元前121—前118年，在与匈奴游牧民族的战争中，汉朝军队丧失了十万匹战马。因此，历朝历代的中国军队都把获取健壮的良种马作为其国防政策的基石，以求更好地对付游牧民族。

西汉伏波将军马援认为，战马乃兵之根本，国之资源。当时，最为名贵的马种是来自费尔干纳河谷的汗血宝马。汗血马据称能驮大量辎重，日行千里。汉廷输出大量金银、丝绸，欲从西域换取汗血马，一直未果。公元前106年，大宛国王拒绝了汉朝使臣的市马请求，甚至藏匿宝马，无人得见神骏风采，还杀害了请市马的使臣。汉朝皇帝决定征讨大宛国王，但汉军的第一次西征并不顺利。草率组织的乌合之众在西域落败而逃。公元前103年，大将李广利率大军6万余众，再次西征讨伐大宛国王，围攻大宛国都城贰师40

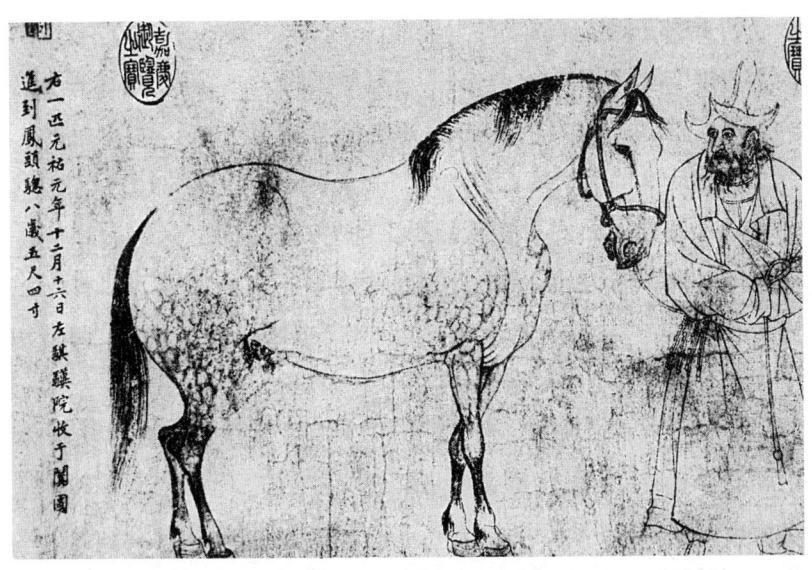

宋代画家李公麟（1049—1106）传世名画《五马图》中的第一匹马，控马者着西域少数民族装束。据书法家和诗人黄庭坚（1045—1105）的笔记："右一匹，元祐元年十二月十六日左骐骥院收于阗国进到凤头骢，八岁，五尺四寸。"
图片来源：李公麟《五马图》。

余天。最后，大宛国的权贵诛杀国王，献其首级向李广利投降。汉军大胜，凯旋时带回了汗血宝马几十匹、中马以下种马和母马3000余匹。这也是汉军从大宛国撤军言和的条件。

汉时，北疆和西北边陲的草场上共有牧马30余万匹。220年，东汉亡。中国北方大部分地区被鲜卑拓跋氏和其他游牧民族占领。唐王朝初创时期，国家仅有5000来匹战马，但很快就扩展到76万匹。643年，突厥部落首领向朝廷贡马5万匹作为聘礼，请求和亲，唐太宗慨然应允。唐太宗还收到了大量来自阿富汗的名马。喀布尔以北的卡比萨王国国君以此作为贡礼，向天朝朝贡。太宗令人把他最钟爱的6匹神骏刻在石头上，作为陵寝的一部分，在他身后也陪伴着他，即著名的昭陵六骏。栩栩如生的石雕现分藏宾夕法尼亚博物馆（其二）和陕西省博物院（其四）。在国力强盛时期，中国以接受朝贡的方式从邻国获得大量良马。在国力衰弱时期，朝廷输出大量白银、丝绢市马。这一做法一直沿袭到一种新商品的出现。这种商品就是游牧部族一直渴求且需求量越来越大的茶。

成书于9世纪初的《封氏闻见记》记载："往年回鹘入朝，大驱名马，市茶而归。"907年，唐王朝灭亡，游牧民族契丹占领了中国北方大部分领土，建立辽国，定都上京（今内蒙古巴林左旗南）。在南方，经历了五代走马灯般的改朝换代后，宋王朝于960年建立了统一的中央政府。开国后的一项重要任务就是从契丹手中收回燕云十六州。为此，宋太宗于979年御驾北征。是年7月，宋王朝的步兵向辽国的南都（今北京）发起进攻，不料被辽国的骑兵击溃，大败而归。986年，辽军又在歧沟关重创宋军。宋廷被迫议和，岁纳绢20万匹，银15万两。在西部，宋军也屡遭西夏之乱，而终以岁赐（宋廷以赐赠的名义向西夏纳贡银2万两，绢1万匹，茶2万斤）议和了事。

面对宋军在战场上一连串的溃败，右谏议大夫、充群牧使宋祁深为痛心：北辽西夏之能与宋军抗衡者，唯其有良马、善骑射而已。宋军马少且不谙骑术，是我之弱也。每有敌军来犯，我以弱抗强，是故十战十败，几无胜算。契丹拥有180万匹良马，而宋军只有区区20万匹。宋廷曾试图在汴京（今开封）周边、黄河中游的草场放牧饲马，未果而终。当时，宋廷的唯一盟友是吐蕃，他们需要共同对付西夏。吐蕃也是宋廷主要的战马来源地。1055年，宋廷从吐蕃市马的开支就高达银10万两，几乎是其国库岁入的一半。

由于一再受到蛮族入侵的威胁，国库空虚，宋廷必须采取非常措施。朝廷在南方大部分茶区推行榷茶制度，只有四川的茶叶种植和买卖不受官府专卖限制，但茶农和茶商只能在四川境内交易，或将茶叶卖至邻近的吐蕃。1074年，宋廷设置茶马司，欲以川茶市买吐蕃的战马。官府只给四川的茶农和茶商很短时间清理陈茶，以后采摘的新茶必须以极低的价格卖给官府。1077年，四川彭镇的300户茶农向当地官府请愿，抗议茶叶官府专卖制度。侍御史刘挚奏疏曰：

> 蜀茶之出，茶司尽榷而市之……园户有逃而免者，有投死以免者，而其害犹及邻伍。欲伐茶则有禁，欲增植则加市，故其俗论谓地非生茶也，实生祸也。

官府低价收购的川茶，由苦力组成的商队用人力车运往吐蕃。每位苦力负责运送茶叶520磅（约240千克）。运茶所要经过的商道多是崎岖的山路，绵延数百里。1086年，右司谏苏辙《论蜀茶五害状》记载："稍遇泥潦，人力不支，逃匿求死，嗟怨满道。至去年八九月间，剑州剑阳一铺人全然走尽，沿路号茶铺为纳命场。"

另外，贩夫苦力在运茶途中还私卖好茶，以树叶塞人箩筐充茶份，中饱私囊。蕃人以马市茶时，畏惧嗟怨不已。

盛夏时节，吐蕃人将准备用来易茶的马匹驱赶到青海的草场，这里气候宜人，牧草丰茂。他们随后把马匹迁往中国西北的六个主要的茶马市。汉族的官员会盛情款待这些远道而来的吐蕃商人，商人们非常乐意把马匹卖给宋朝官府。在随后的议价过程中，生活在中原的吐蕃人或回鹘的商人会充当翻译或中间人。宋朝的官员以茶易马，但对相马基本上一无所知，经常把驽马、幼马和羸弱病马当作良马、壮马购买。

马的等级（以手为尺寸）	折合名山茶（斤）
良马	
四尺四寸及以上：上等	250
四尺四寸及以上：中等	220
纲马	
四尺七寸	176
四尺六寸	169
四尺五寸	164
四尺四寸	154
四尺三寸	149
四尺二寸	132

1105年，岷州茶马互市的比率。宋朝官府以战略的视野仔细斟酌茶马互市的比率，但控制市场的目的以失败告终。

1078年，1匹藏马的市价为2.5万文至3万文，合川茶100斤。是年，宋廷从陕西的6个茶马市以茶易马1.5万匹。1085年，四川产茶2900万斤。徽宗时期（1101—1125），由于茶叶产量大增，价格下跌，换取藏马需要茶叶174斤。1121年，宋廷以茶易马22834匹。

数量上，宋军拥有的战马远逊于西夏、辽和金。1126年，金占据中原，宋廷失去了西北重要的马市。茶叶的价格一直跌落，到1164年，换取一匹四尺四寸的战马需要茶叶700斤。6年以后，宋军在残存的马市上换取的马匹仅有5900匹，不少还是羸弱病马，无法长途跋涉，更不用说到达北方戍边了。

持续下跌的茶价破坏了茶马交易的基础。在南宋军队与金兵苦战的同时，另一支游牧民族——蒙古族已经开始在贝加尔湖东南的大草原上兴起。1206年，铁木真汗征服了漠南漠北的蒙古各部。这一年，诸部大会于斡难河源的哈拉和林，尊推铁木真为"成吉思汗"——意谓所向无敌的勇士。在征服信仰景教的乃蛮部（在今蒙古国西北部）后，蒙古大军先后灭西夏和金，又策马南下，意在南宋。在此之前，鲜有游牧部落能越过长江天堑，在江南水乡和中国的军队作战。在包围襄阳和樊城五年之后，蒙古大军终于攻陷两城。是时，长江天堑不再是阻挡蒙古军队南下的屏障。1275年，蒙古大将伯颜率骑兵在今安徽境内和南宋军队展开鏖战，宋军大败。1276年，南宋皇帝在临安向伯颜投降，几年以后，南宋亡。

元朝（1280—1368）[①]的统治时间并不长，其统治者依然沿袭了前朝的茶叶专卖制度——当然不是为了获得战马。1294年，成吉思汗之孙忽必烈汗死，大元帝国逐渐分裂，帝国版图分成由蒙古四大部族独立统治的四个汗国。在中国，先后继位的七位蒙古皇帝如走马灯般你方唱罢我登场，中间夹杂着争夺大统的刀光剑影、宫廷喋血。反抗蒙古人统治的武装力量也此起彼伏，由僧人朱元璋领导的农民起义军从中脱颖而出，1356年攻陷集庆路（今南京）并控

---

① 至元十六年（1279），南宋最后的抵抗势力被蒙元军消灭，陆秀夫背着八岁的幼帝赵昺投海殉国，南宋灭亡。元统一全中国地区。作者以次年作为元统治中国初年。历史上，元世祖忽必烈改蒙古汗国国号为大元，建立元朝的时间为1271年。——译者注

成吉思汗，蒙古帝国的建立者。和吐蕃人很快就接受了茶饮相比，蒙古人习惯喝茶的过程要漫长得多
图片来源：台北故宫博物院。

制了长江流域的广大地区后北上。1368年，起义军控制了黄河流域的中原地区，并攻陷北京。元顺帝北走，带着他的随从重新回到了蒙古族赖以兴起的大草原上。

1368年，明太祖朱元璋在南京称帝，国号大明，年号洪武。明朝将中国的统治再度归于汉族。朱元璋称帝后，分裂的国家归于一统，农业进一步发展，与吐蕃的茶马交易恢复，成为其防卫政策的组成部分。由于咖啡因的作用，吐蕃人嗜茶成瘾，扩大了茶马交易的规模，也改变了政治版图。一位明朝的官员形容吐蕃人嗜茶时揶揄道："戎人皆嗜茶，无茶则病且死矣。"官府每年在四川征买100万斤茶叶，还命令士兵开荒种茶。茶农不顾官府法令，私卖茶叶给茶商，初犯将获20鞭笞的刑罚。洪武皇帝用刑极严，甚至将私贩官茶的驸马欧阳伦绳之以法。通过和吐蕃人茶马互市，朝廷希望能阻止吐蕃和蒙古结盟。出于同样的考虑，朝廷禁止官府向蒙古人出售茶叶。1375年，洪武皇帝派宦官赵成率商队带着茶、绢等奇珍异宝，来到甘肃河州茶马市采购马匹。当时的交换价格为上马合茶120斤，中马70斤，下马50斤。1392年，另一名内监来到河州市马，他用30万斤茶叶换得1万匹马，1匹马合30斤茶叶。为了加强官府对茶马交易的控制，限制私卖，洪武皇帝推出了新的茶马交易制度，颁行金牌信符41面。信符铜制镏金，一分为二，两部分勘合方可验明身份。信符的一半颁给蕃部商人，作为和官府进行茶马交易的特许权凭证。每隔3年，官员会用他们所留的另一半信符和商人的信符勘合，以验明商人所得授权的真实性。只有通过身份验证的商人才可以继续纳马市茶；没有信符的中原和蕃部商人不得从事茶马交易，违者将受到严厉惩处。获得特权的商人甚至可以在遥远的青海草场上巡逻检查，保障自身的贸易垄断权。

洪武之后，朱棣从其侄子建文帝手中夺取帝位，年号永乐，并迁都北京。在处理与西北戎族的关系时，永乐皇帝采取了较为宽松的政策，允许民间贸易往来，并提高了向蕃部商人市马的价格，曾经以8万斤茶叶市马70匹（一匹马合1140斤茶）。伴随着宽松的政令，官员腐败和民间走私愈演愈烈。为了获得足够的战马对付蒙古部族，永乐皇帝不得不重新将茶马交易改由官府控制。私卖官茶者有可能受极刑。在每年3—9月的茶叶交易季节，官府每月派出4名御史，前往茶马市督查，防止私相买卖的情况发生。这一措施使国家购得的战马数量大大增加。1421—1435年，金牌信符制度曾一度取消。

其时，占据着蒙古西部的瓦剌部落在素有野心的酋长也先率领下，开始向东部扩张，到1440年已控制了蒙古大部。1449年，也先率兵进攻明朝西北边陲，于土木堡大败明军。明军死伤5万余人，英宗北狩。土木堡一役也严重破坏了茶马交易。来自吐蕃的商人在中原四处避难，运输茶叶的士兵被送往战场，规范着茶马交易的金牌信符也被毁弃。

成化（1465—1487）年间，朝廷曾一度改革茶税，要求茶农以白银纳税赋。朝廷用白银买入战马。不久，朝廷发现，这一改革严重影响了国库收入，遂决定恢复也先入侵前的茶马互市做法。官府同时严禁向游牧部族私贩茶叶，有违反禁令且一次私卖茶叶500斤以上者，一律罚充军役。对前来朝贡的回教徒和佛教僧人，素来沿袭的做法是允许他们购买适量茶叶回国，现在官府也予以限制。为减少将大量茶叶从四川运出的负担，官府加大了在陕西汉中地区的茶树种植，缩短了将茶叶运往茶马市的距离。成化年间，朝廷为缓解陕西累年饥荒，还推出了易茶制度，商人自行将谷物运往陕西，随后在茶马司领取相应的茶叶作为收入所得。

塔克拉玛干沙漠东北部，有一支日益强大的回教政权，即吐鲁番王国。1469年，吐鲁番阿里苏丹向明朝政府要求册封，请求颁赐四爪龙袍，潜台词自然是承认阿里苏丹的天子地位。礼部驳回了他的请求，斥责这种无理的请求是十足的僭越之举。受到羞辱的阿里苏丹大肆报复，攻陷哈密，切断了中原和中亚贸易往来的丝绸之路。吐鲁番王国和明朝军队的冲突进一步加剧了明朝对于战马的渴求。1494年，陕西再度陷入饥荒，弘治皇帝下令从国库调出200万斤茶叶，以鼓励茶商向陕西送粮赈灾。次年，由于陕西灾荒蔓延，朝廷停止了茶马交易，又调出400万斤官茶换取赈灾粮。1505年，陕西副都御史杨一清向皇帝上奏章，陈述其改革马政的设想。在奏章中，杨一清列举了中央朝廷和西戎部族之间的交往史，指出茶叶交易在发展关系中具有核心地位。他认为，戎族无茶将病且死，所以历来对顺从的部族充分保障茶叶供应以示褒赏；而对违逆的部族则切断茶叶供应，以示惩戒。金牌信符制度废止以后，戎族通过和边民茶商私相买卖获取茶叶，这一做法阻碍了朝廷购买蕃马。由于茶叶供应充裕，游牧部落肆无忌惮，甚至围攻中原，掳掠边民，抢夺边塞城镇。杨一清提议对一两个部落予以惩戒，以儆效尤，并提议恢复金牌信符制度。为解决从四川运茶路途遥远、转运困难的问题，杨一清谕示陕西等处商人每年买官茶 50 万斤，并由商人自行安排运输至边市。作为补偿，官府允许商人将其中 1/3 按每千斤价银 50 两自行销售，其余则由官府收购，充易马之资。这一政令受到了茶商的抵制，官府被迫将允许茶商自行售卖的比例上调至 1/2。在杨一清实施茶政改革后的最初四年间，官府共购得蕃马 19077 匹。而商人尽数将好茶留作私卖，将劣质茶叶卖于官府，改革措施的弊端毕现，难以继续。

  用来市马的茶叶多为名山茶，产自今四川成都以东的雅州。据称，吐蕃人好"老茶"，特别钟情于茶叶经过长途跋涉到达高原后散发的醇醇味道。原本翠绿的名山茶制成团饼后，装上手推车或牛车，上覆牦牛皮，累月跋涉一千多英里后才会到达吐蕃。在这期间，茶会经历所谓的后发酵过程，茶叶也变成了黑褐色。无论是运输必需，还是事出偶然，这种再次发酵的团饼茶散发的醇醇味道很对吐蕃人和其他游牧部族的胃口。他们把茶和奶酪、麦片等混在一起煮，对其能帮助消化牦牛肉等油腻食物大为赞赏。

  16 世纪初，湖南安化的茶农进一步改进了这一偶然发现的成茶方法。茶叶采摘后经过杀青和揉捻（和绿茶制作过程类似），成捆堆放在湿热的地方较长时间，谓之"渥堆"。这一渥堆过程有助于有益的微生物生长，直到茶叶变成黑褐色，散发出后发酵茶浓醇的香味。随后，茶叶经过复揉，压成茶砖，储存阴干。由于用这一方法制作的湖南茶价格低廉，茶商争相购买，并贩卖至西北转卖给游牧戎族。1595 年，御史李楠上书要求禁止私卖湖南茶，认为湖南茶味苦，于身体有害，甚至有大量假茶掺杂其中。另一位御史徐侨则为交易湖南茶辩护,他承认湖南茶味苦而浓,但同时指出:如果和酥酪混食,于身体并无害处。

据《明史》记载,尽管官府采取了各种措施,明朝的茶法、马政乃至国防俱已大坏,无可救药了。面对着入侵强敌,帝国岌岌可危。16世纪著名的耶稣教传教士利玛窦对中国数百年来驯用战马的徒劳作如是评价:中国人对驯用战马一无所知,他们日常所用的马匹无一不是好脾气,还佩戴着耀目的金饰。中国军队的战马数量并不少,但多是劣质驽马,缺乏好战的品性,甚至听到鞑靼战马的振鬣嘶鸣都会落荒而逃,在战场上几乎一无所用。

在中国东北,自金国灭亡以降,马背上的女真人一直在舐血疗伤,现在也开始恢复元气了。在南方的农民起义动摇朱明王朝统治的同时,女真人(1635年后改称满洲)在北方向明军发起进攻。1644年,李自成率领的农民起义军攻陷北京,明朝皇帝在紫禁城后门的煤山上自缢殉国。是时,明朝大将吴三桂还在山海关驻防,在听说自己的爱妾陈圆圆被李自成的部将俘获后,吴三桂"冲冠一怒",仿佛希腊神话中的戏剧性场面发生了:长城——世界上最伟大的防御工程,数百年来由无数征夫的血、汗和泪砌筑的国防屏障,穿广漠、攀峭岩的长城,这时候却因为守关将领的忌妒而豁然洞开。满洲骑兵通过敞开的山海关城门,扬鞭入关,粉碎了李自成的泥腿子政权,建立大清王朝。中原大地再一次处于游牧民族的统治之下。这一次,无论茶、马都无法将他们拒之关外。

经过一段时间后,茶马互市日渐式微了。游牧民族对茶的需求越来越大,而皇帝已无力继续垄断茶叶贸易。在明朝,茶壶冲沏的叶茶逐渐取代了团饼茶。在日本,自从9世纪最澄和空海把茶引入岛内以后，饮茶之风一直没有兴盛。但这一现象到12世纪却发生了重大变化，宋朝的茶道成为岛上顶礼膜拜的茶道。一直以来，对日本人吸纳中国人的文化思想并将其改得面目全非的嗜好，中国人总是扼腕叹息。这一点，从对待日本人14—15世纪发扬茶道的态度上，可以得到最充分的证明。

第七章

禅茶一味

12—15 世纪日本茶史

古池塘呀！
青蛙跳入，
水声响。

12 世纪末，《启示录》里的预言似乎在日本都得到了应验。平氏家族和源氏家族争权夺利，刀光剑影，纷争不断；京都经历着一场又一场自然灾害，台风引发的火灾把小半个城市（包括皇宫）尽付祝融神君；三年以后，一场飓风又把整个都城夷为平地；持续不断的春夏大旱、秋冬大涝后，饥馑越来越严重，着鞋和不着鞋的乞丐充斥着大街小巷。1212 年，著名隐士歌人鸭长明在《方丈记》中写道：不幸怎么也望不到头。瘟疫爆发，看不到任何散去的迹象，饿殍遍野。时间一天天过去，我们的国家成了故事中聚集无数鱼儿的小水池，光在京都，四、五月间死去的人数就达到了 42300 人。

人类学家认为，在外来文化传入到广为流传之间有一段潜伏期。在这一期间，外来文化或者处于休眠状态，或者以极慢的速度向外传播。茶道传到日本的发展过程也是这样的。在最澄和空海把茶介绍到日本的数百年间，饮茶之风并没有流行。随后，京都的自然灾害接踵而至，权力斗争撕裂了千疮百孔的国家，茶似乎都被遗忘了。1191年，荣西禅师从中国回到东瀛，开始广布禅理护国，并教导民众以茶养生，饮茶之风很快风靡日本列岛。

荣西禅师将从中国带回的茶种分种在长崎平户岛的富春院，以及日本南部九州岛背振山麓的肥前（今佐贺县）。他还把茶籽存在一个小罐里送给京都高山寺的明慧上人。这个名为"汉小柿"的茶种罐一直是寺院的珍藏文物。明慧上人将茶籽栽种在京都近郊的拇尾山，随后又在城南的宇治栽种。按照习俗，茶籽栽种在马蹄踩出的小坑里（后来所谓的"驹之蹄影"）。宇治的土质非常适合茶树生长，在该地区收获的茶叶被称为"本茶"，以别于其他地区出产的"非茶"。

1214年2月，茶得到了官府最高层——源实朝将军的首肯。喝了太多清酒而醉倒的将军在喝了荣西禅师给他泡制的二月茶以后，很快就清醒了。荣西还给将军呈奉了他写的《喝茶养生记》。书中记述了茶桑的神奇药用。在书的第一篇"五脏和合门"，荣西引用尊胜陀尼罗咒中"破地狱法秘钞"的说法，将五脏和五味有机结合，即肝喜酸、肺喜辛、脾喜甘、肾喜咸、心喜苦。日本的食物中，多酸辛甘咸之味，而独缺苦味。荣西禅师的《喝茶养生记》记载：

> 余常思缘何日本人不好苦味之食。在中国，人皆好茶，是故心脏病痛少有，而人皆得长寿。但观我国人多菜色，瘦骨嶙峋。究其缘由，盖不喝茶也。是故凡人有精神不济者，当思饮茶。茶饮令心律齐而百病除矣。

804年,日本佛僧空海(左)和最澄(右)前往中国学佛,并将茶带回东瀛

1215年,荣西禅师圆寂。在他创立的建仁寺,每年他的忌日都会举办名曰"四头"的茶会纪念。

由于无法忍受世俗的"肮脏与邪恶",歌吟僧人鸭长明在京都东南的山脚下搭建了一座约3平方米的草庵,静心著述,写成了透着佛性光明的传记体随笔《方丈记》。在书中,他讨论了"艺道"(即对于艺的执著),这是日本文化中非常重要的概念。从这一概念出发,所有的艺,诸如围棋、剑道、花道、骑术、箭术、吟诗、书法、音乐等等,都能引导习者由超验、自觉进入佛性境界。通过全身心浸淫于这些艺中,练习者可以从纷杂无常、滋扰生活的心绪中得到解放,进入澄静明澈的心境,最后进入大彻大悟的境界。随着茶在日本的推广,喝茶逐渐成为这种兼有宗教和美学的生活方式,融自然、艺术、人情于一体,最终演化成为日本茶道。日本人将茶道称为"茶之汤",16世纪是这种近似宗教的行茶方式的鼎盛时期。有的学者甚至认为:受葡萄牙基督会传教士的影响,茶道还融合了基督教圣餐仪式的内容。

佛教禅宗主张顿悟见性和传法印心,这些主张对生活在刀光剑影中,随时都面临着死亡的武士很有吸引力。作为世袭的将军门下,武士对于禅宗寺院的清规戒律、严密组织和森严等级也深以为然。从床上醒来一直到上床休息，禅宗僧人的一言一行都要严格遵守禅宗清规。禅宗最早的清规《禅苑清规》编撰于1103年，明确了禅宗寺院的清规戒律和礼仪礼制。以此为基础，日本禅宗曹洞宗初祖道元撰写了《永平清规》（又作《道元清规》），列有寺院茶礼和茶事规范，包括了一系列复杂的茶礼行仪。比如：一年之首，茶头要在禅堂鸣钟两下，侍者行茶，次序为首方丈，次香客，末僧众。在《赴粥饭法》一篇，道元记述："经曰：……是故法若法性，食亦法性；法若真如，食亦真如；法若一心，食亦一心；法若菩提，食亦菩提。名等义等，故言等。"

1223年，陶工加藤四郎随道元禅师来到中国，学习宋瓷烧制技艺。6年后，加藤学成回国，在尾张濑户村建立了自己的瓷窑，烧制的茶碗以"藤四郎烧"为记，至今在茶客中仍享誉极高。日本茶道礼仪程序形成中的另一件关键物品——台子，相传由南浦绍明拜中国径山寺禅师所赐后于1267年带回日本。台子是行茶道时，摆放器具的必需之物。南浦绍明带回的台子后来存放在京都大德寺，寺僧梦窗圆印首用此台点茶，成就了完整的茶道礼仪。

早于欧洲人航海大发现两百年的13世纪，蒙古人统治着西起波斯、东到朝鲜的欧亚大陆大帝国。在朝鲜半岛的尽头，永不知足的统治者把觊觎的目光投向了一水之隔的东瀛岛国，在草原上纵横驰骋的骑兵踏上了匆匆编队的舰船。1274年11月，蒙古军队东征日本，但遇到了岛上军民的顽强抵抗。蒙古骑兵和朝鲜步兵大败，被迫撤退。消灭了大宋王朝而踌躇满志的忽必烈自然不会善罢甘休。1281年，14万人组成的蒙古大军再次踏上征服之路。双方激战一个半月后，8月14日，猛烈的台风袭击了蒙古舰船停泊的港口，舰船在风暴中被击得粉碎，尸首和船只的碎片堆积如山，充塞着港口，人们可以借此从海港的一头径直走

日本屏风。画面展现了室町幕府时期,人们在京都四条河原附近观看歌舞、野餐、备茶,以及婴童戏水的场面

图片来源:日本静嘉堂,Werner Forman Archive。

到另一头。从此,为庆祝日本从蒙古的铁蹄下侥幸逃生,西大寺每年都会举行名为"茶盛"的盛大茶会。

乡亲们像欢迎英雄一样,迎接这些拯救国家于危难之中、凯旋的武士们。武士们回到家乡后,参加一种名为"物合"的搏戏打发闲暇时光。搏戏的内容五花八门,包括绘画、斗鸡、斗虫、插花、扇技、贝壳、香熏、铠甲等等,而且往往伴有赌博活动。另一种颇为时尚的娱乐活动则是连歌会。一群志趣相投的同仁围坐在特殊装饰的小屋中,下一人按照上一人所赋诗句的内容与格式,连接下一句,集体创作连歌。连歌的内容与韵脚变化有严格的规定,多受上一句限制。

在室町幕府时代早期，日本人受这些物合搏戏的启发，在中国宋朝流行的斗茶影响下，发展了自己的斗茶。斗茶的主要内容是区别本茶和非茶，一种分辨茶味的比赛。十个茶盏中盛有四种茶汤，每三盏中盛有同一种茶汤，剩下的一盏称为"客茶"。参加游戏者只有一次机会将客茶区分出来。参加比赛的人中，正确分辨不同茶汤的碗数最多者胜出。

随着饮茶之风日渐炽热，幕府将军甚至下令拆除了天王寺宝塔尖上的九个风铃（铜制镏金），用来熔铸茶釜。1336年，佐佐木道誉（别名婆娑罗）在大原举办了盛大的斗茶会，参加比赛的名茶品种多达百余种。茶会上摆放着各式精美茶点。参赛者投下了各式昂贵的赌注，包括名香、精致的丝绸锦缎、金粉、盔甲、宝剑等等。赢者通常会把奖品转赠给他心爱的舞伎或是田乐（寺庙表演的典礼舞乐）舞者。面对如此毫无节制、纵情声色的比赛，新当权的足利将军不禁喟叹："人们沉溺于女色搏戏，还沉迷于斗茶会和连歌会中不能自拔，下的赌注之大简直无法估量。"

连歌僧正彻（1381—1459）记录了当时三类饮茶人：

第一类是嗜茶的雅客。他们的茶具总是一尘不染，摆放整齐，以收藏各类茶具为人生最大乐事，包括建窑和天目窑茶盏、茶釜、盛水器等等。第二类是喝茶客，他们对茶具并不讲究，喝茶时无论什么碗都可以拿来一用。如果用的是宇治的茶叶，他们也会稍事评论："这是第三茬新叶……从时令上讲是3月以后采摘的。"还有一类则是所谓的饮（音"印"）茶人。这类人喝茶时从来不讲究茶叶的优劣，只要是茶叶，就可以拿来沏泡。他们喝茶多用大碗，只图饮个痛快，从来不去想茶好喝不好喝。

15世纪下半叶，应仁之乱（1467—1480）席卷日本全境，京都再度成为废墟，一度流行的斗茶之风亦无迹可寻。1474年，足

茶会主人为四位客人点茶。茶道礼仪越来越注重细节
图片来源：引自 Ukers, 1935。

利义政将军宣布退位，传位于九岁的幼子后，隐居在京都郊外著名的东山别苑，终日徜徉于四季不同的自然美景中。在建筑并不宏伟的东求堂，佛台上供奉着观世音菩萨，另一侧则是约四叠半榻榻米大小的茶室同仁斋。这是日本最早的书院造风格茶室。茶室里的布置极为简陋，除了榻榻米之外，还有一件并不对称的储物架"违棚"，一张低矮的书院造风格的书桌上摆放着足利义政视为珍宝的御物：古玩、瓷器、字画等。

在这间茶室里，行茶程序严格奉行寺院茶道，茶会铺陈极其雅致，摆着的古玩御物皆为稀世之珍。在义政文化侍从的建议下，书院造茶道得到进一步升华。日本人酷爱来自中国的古玩奇珍。数百年来，日本人通过朝圣、学习和贸易的机会，从中国带回了大量艺术珍品。在装饰简洁典雅的茶室举行茶会，则是展示这些艺术珍品的极佳场合。用唐物装饰茶室的要则在《君台观左右帐记》中详细列明。该书分三部分：一、宋、元时期中国著名画家评述；二、书院茶室、壁龛、桌与柜的陈列摆设；三、陶、瓷、漆器图说。该书还论述了在不对称的违棚上的插花技巧，以及从柱子上悬垂的花瓶中插花的艺术。

日本茶史记载，义政的茶道师范为村田珠光。在村田珠光的努力下，日本茶道从卑微的村野文化得到升华，完成凤凰涅槃。当代美国学者、日本宗教史研究专家西奥多·路德维希在高度评价珠光对日本茶道的贡献时说："对饮茶者来说，似乎有一种敏觉源自茶本真的色与味，导引着喝茶应持有的简洁、朴素、清净的方式。广而言之，这也是处世生活最合适的方式。"珠光年少时即出家为僧，因为"犯了不配为僧的不端行为"而被逐出奈良的寺院。三十岁时，珠光在京都大德寺改奉禅宗，但他一直心神不定，难以持戒，打坐念经时经常犯困。苦恼的珠光向当地名医问诊求药："如果能在汉、和医书中找到治疗嗜睡良方，务请抄录一份赐我。"医生为他讲述了有关五脏的医学理论，并诊断他的心比较弱，处方则是茶汤。珠光按方从拇尾山购买了茶叶，嗜睡的毛病大为改观。从此，珠光爱上了茶，遍读中国茶书典籍，矢志一生精研茶道。

村田珠光曾前往京都大德寺向一休宗纯拜师参禅。一休性癫狂而率真，参加法会时布衣草履，毫无威仪。他还讽刺寺院长老仰慕权势，谄媚有门第的信徒，"恰似百官朝紫宸"。一休还写了不少风月诗，甚至拒绝了代表参禅悟觉的印可状。受一休的影响，珠光以极其简陋的方式参禅修茶事，是谓"草庵茶"。他将来自中国的珍贵器物和日本粗陋的茶具并置同列，精简茶事程仪，以挖地灶煮茶取代用台子上的铜釜煮茶。在茶室壁龛上，珠光也没有悬挂以自然风物为题材的传统书画，而是悬挂了一休传给他的圆悟禅师的墨迹（作为参悟了性的印可），终日仰怀禅意。

相传，一休曾向珠光授茶，但当珠光把茶碗端到嘴边时，一休突然用铁杖将茶碗打翻在地。珠光大惑不解，从座位上站了起来。"喝了！"一休喝道。珠光顿时领悟了师尊的意图，朗声答道："柳青花红。"一休对弟子充满机锋的应答深为嘉许。显然，珠光由倒翻的茶能喝领悟到了万物之本质皆不变的道理。

在写给弟子的《心之文》中，珠光强调，模糊中国茶器和日本茶器之间的界限非常重要（即和汉无境的思想。——译者注）。他提出的美学格言，诸如"云遮月之美""草屋前系名马"等等，标志着日本美学发展的新方向：残缺之美。珠光的弟子、十四屋宗悟进一步发展了师尊的美学思想，用茶时摒弃了所有精致名器，走向了简洁朴素的极致。对十四屋宗悟的做法亦步亦趋的是武野绍鸥（1502—1555）。武野绍鸥出生于堺市的一个皮货商人家庭，早年即前往京都，师从三条西实隆学习连歌，又向大林宗套习禅，向十四屋宗悟学习茶道。在茶道的发展过程中，绍鸥最杰出的贡献是提出了两条重要的美学概念：侘和一期一会。有不少学者撰写了论文，阐述侘的理论。所谓侘，其本义是被抛弃的恋人或被流放的官员所体会到的绝望和孤独感，渐次引申演变成为表达不完美、残缺的美学概念，并成为茶道的核心思想。也有人认为，这是日本人精神思想的概括，是一种积极的理想状态。藤原定家曾经写了一首小诗，描写这种状态。武野绍鸥对小诗大为赞赏：

　　望不见春花，
　　望不见红叶。
　　海滨小茅屋，
　　笼罩在秋暮。

在接受了武野绍鸥提出的侘的概念与精神后，茶道弟子开始探索他提出的"一期一会"精神，即把每一次会面都视作一生中仅有的一次见面来认真对待。作为一名连歌大师，绍鸥强调茶会上的兄弟亲挚之情，并将其视作消弭人生和艺术之间隔阂的绝佳机会。每次聚会都会创造前所未有的氛围和感觉，也会随着茶会的结束而消逝得无影无踪，无从回忆和感念（或许，得益于普鲁斯特意识流的帮助，这一点会有所改变。见第十八章）。周围环境的艺术美感和深度因茶会主人和客人的经历、哲学观、智慧的不同而有不同的感受。参加茶会的人们以人性和静默的交流体现一期一会的艺术氛围，体现昙花一现的无限美感。

村田珠光和武野绍鸥奠定了日本茶道的基础，而集大成者则是神户的商人千利休。作为茶道的巅峰人物和权臣丰臣秀吉（统一日本的历史人物）的亲信，千利休在追逐政治权势中也曾进入权力核心。他有关茶的片言只语都被奉为圭臬。得益于千利休的开创性贡献，茶道成为融自然、技艺、哲学、宗教于一体的完美艺术，成为日本精神最精准的表述。然而，成毁皆由丰臣秀吉，千利休最终被秀吉下令剖腹自杀了结一生。这位难以看透的茶道大师的辞世之言至今听来依然荡气回肠，他一生的论述无出其右者。

第八章
茶道师范千利休
日本茶道臻于极致

须知茶道之本，不过是烧水点茶。——千利休

16世纪是日本历史上极其重要却又乱哄哄的一个时代。战场上，来自日本列岛不同封地（实质上各自独立）的大名将军决定了国内的政治版图。大名们围攻对方的城堡，焚毁对方的村镇，掠夺对方引以为宝的茶具。在无休止的残酷战争中，战败者蜷缩在冰冷的泥潭，胜利者手抱抢得的名物，却整天生活在血淋淋的刀光剑影的回忆中，痛苦万分。

在互相厮杀的刀光剑影中，位于大阪以南的堺市仿佛一座灯塔，照亮了通往平和繁荣的道路。市政厅的长老官员们管理着这座小城，他们巧妙地约束了当地的大名，厮杀械斗越来越少。堺市利用向交战各方出售刀剑等兵器，财富积攒越来越丰。即便如此，小城内依旧一派平和。僧侣、俳优和诗人纷纷来到这片世外桃源，艺术和宗教得到长足发展。虽然周边纷争不断，堺市的商人们依旧往禅院里投入大笔钱财，搜罗来自中国的奇珍异宝，用新发明的茶道娱乐遣兴。新辟的茶室、一系列的茶道程序鲜明地映射了日本民族性格中

千利休，日本茶道的集大成者
图片来源：长谷川等伯绘画。

与其他民族不同的地方。

千利休，堺市鱼肆商人的儿子，从小就浸淫在当地浓厚的文化氛围中。他的启蒙老师是当地茶人北向道陈。道陈向利休传授了书院茶道，并将其介绍给武野绍鸥。道陈介绍说："利休做的茶并不赖，他的答话则总带着机锋，有些挑衅性。"按照日本传统，利休随绍鸥第一次参加茶会时，身着僧袍，和众多虔诚的僧人一样剃度受戒。在绍鸥的指导下，利休很快参悟了体现"凋零残缺之美"的侘寂这一美学精神。有一则趣闻记录了利休的悟道过程。一日，武野绍鸥要弟子打扫茶室外面的庭园。事实上，老师刚刚打扫完。千利休推门出来，看到干干净净的园子，顿时明白了师尊的用意。他用手轻摇园子里的一棵树，几片叶子翩然落下。据说，绍鸥对此大加赞赏。

1544年，千利休第一次单独为奈良茶人松屋久正和称名寺住持惠遵房举行茶会。和往常举办茶会的做法一样，这次茶会所用的茶器也一一记录在案：利休用了朴素的釉瓷御物茶碗、揖斐香熏。十年后，利休又为师尊武野绍鸥举办了茶会，所用的茶器包括高丽茶碗、云龙纹茶釜、布袋香熏、金轮寺茶罐、信乐烧陶制水罐。壁龛上悬挂的是禅僧画家牧溪的名画。

17世纪的耶稣会传教士陆若汉著有《日本教会史》一书，记述了日本16世纪的社会经济发展。书中记载，千利休等茶人主持茶会所用的茶叶都采自著名的宇治茶园。每年2月到3月底（茶树催发新芽时节），这里的茶丛都会用稻草席子遮盖，防冻保暖。新茶采摘后，茶农用混了米酒和其他香料的开水熏蒸新茶，使其变软。随后，炒茶工点起炭火炉，上覆草木灰，以使炭火热量缓慢散出。火炉上架起铁箅子，上盖特别的硬板。三名炒茶工围坐在火炉边，用手在硬板上轻轻翻炒茶叶，直到茶叶卷曲成鹰爪状。成茶按品质分为五等，上等茶没有特别的名字，仅以包装用的"白袋"为名；其余四等分别为极茶（每斤价银六两）、别茶（银四两）、极茶下（银二两）和别茶下（银一两）。

根据陆若汉记载，16世纪，宇治茶园每年出产上等茶叶4万磅左右。这些茶叶都出售给日本权贵富商。岛上的茶人也会在每年采摘新茶时送来各自的茶罐，请求把茶罐装满。但这些茶并不会被马上饮用，而是先送往夏季凉爽的高山寺庙。寺庙僧人将茶叶妥善保存，以免茶叶在炎炎盛夏受到损坏，失去鲜翠的绿色。到10月份，茶叶主人会来取走茶罐并在开罐喝茶的当天举行名曰"尝新"的特别茶会。

1565年3月1日，千利休应奈良多闻山城武将和大名松永久秀邀请，参加由社会贤达出席的茶会，开始步入日本社会的最顶层。茶会所用茶叶采自宇治著名的森茶园，水则取自同样闻名的宇

鸟居清广：18世纪的浮世绘《茶汤与花道》

治桥畔。松永久秀还展示了日本茶史上极富传奇色彩、久享盛名的茶器，名"九十九发茄子"的名品茶罐。三年后，出生于尾张国的另一军阀织田信长势力不断扩大。松永便向信长靠拢，并奉上这一茶罐乞求庇护。信长欣然收纳，同时强行向堺市征收繁重的战争捐两万贯，还向松永强索数件名贵茶器以保全他的性命。对日本人搜罗名品茶器的狂热，陆若汉记载：

> 日本人的性格中，天生就有忧郁的一面。为了收藏，他们将名品茶器赋予神秘色彩，就像对待古刀古剑一样。其他人视宝石、珍珠和大奖章为无价之宝，日本人则把茶器看作镇国镇宅之宝……这么一来，这些茶器尽管只是陶土材质，却价值银一万、两万甚至更多。对其他国家的人来说，日本人不是疯了，就是太粗鄙了。

可以确定无疑的是，1574年3月，千利休与织田信长在茶会上初次见面后,利休开始参与信长的政治和军事事务。1575年秋,信长专门给利休写了一份致谢书函,并赐赠火枪弹一千丸。得益于茶人利休之流的襄助,信长灵活利用茶道制度,结交盟友,扩张权势。庆祝征战凯旋时,有权参加茶会的仅限于信长最忠诚的家臣下属。在信长举办的华丽铺陈的大茶会上,利休热心指点帮助信长。但利休的茶道越来越适合在私密怡人的小茶室举行,越来越体现"侘"的精神。在利休茶道思想汇编集《南方录》中,利休弟子南坊宗启记载:

> 草庵茶茶道,其至要者,乃是秉持佛法,进德修业,以求悟道。而住豪华家宅,吃珍奇美味,种种享受,所获愉悦,仅是世俗官能而已。其实住屋只求遮风挡雨,饮食只求果腹免饥。此实乃佛陀教示,亦茶道本意也。(所谓茶道,)汲水、采薪、点茶;先礼佛祖,次奉他人,最后自饮;插花、焚香,凡此种种,吾辈皆以佛陀先祖大德为效法对象。除此以外,自悟是不二法门。

1582年,织田信长征服日本主岛本州,粉碎了以寺僧为主体的敌对兵团,统一日本全境指日可待。在征服负隅抵抗的武田氏后,信长回到京都本能寺,大宴重臣将领。7月1日凌晨,信长的手下明智光秀发动叛乱,包围本能寺,信长在动乱中为叛军所杀。数天后,明智光秀在山崎之战中被丰臣秀吉刺杀。丰臣秀吉出身农民家庭,一直追随织田信长左右,在马不停蹄的征战中不断扩充自己的实力,成为最具权势的将领。1578年,秀吉征服别所氏后,继承信长衣钵学习茶道,并且成为获允独立点茶的大名。

丰臣秀吉继承了织田信长所有弥足珍贵的名物茶器,也继承了信长将奢侈铺张的茶会作为重要的政治工具的做法。秀吉认为:"此生、来生一直会铭记在心的就是能够自己主持茶会。"另一方面，秀吉卑微的出身让他很容易就接受了千利休清寂的"侘"的思想。千利休随后成为秀吉的茶头，岁入三千石。利休陪伴着秀吉的戎马生涯，趁战争间隙便会组织茶会，还为秀吉的征战出谋划策，成为参与秀吉极机密商讨的核心人物。在山崎，利休设计建造了著名的两叠待庵茶室，茶室紧邻淀川，是秀吉最喜爱的茶室之一，现在已成为日本国宝。在秀吉主政这些年里，利休一方面生活在战乱纷争中，依靠为将军大名们举办政治茶会谋取营生；另一方面，利休内心世界渴盼着能带来宁静与哲思的茶。这两方面的融合，使千利休的茶道思想日益精湛，成为影响日本文化发展方向的重要力量。

千利休创立的茶道思想在实践中有不同的表现形式，冬日和夏日的茶道表演就有很大不同。冬天要用地炉，放在茶室中央。夏天要用风炉，放在茶室的一角，减少客人的炎热与不适。风炉下面还要垫一块木板或方砖，以保护草席。利休在训导弟子时说："夏日要营造凉爽的气氛，冬日则要培养温暖的感觉。放上木炭热水，点上茶汤怡人——这就是秘诀所在。"

茶道表演通常以一位客人为主客（正客、首席客人）。在四叠半的茶室里，除了首席客人，至多还有三位客人。这其中，末席客人（末客）也扮演着重要角色，必须十分熟悉茶道礼仪。在收到并确认参加茶会的请柬后，客人们会在约定时间来到茶庭的小茅棚等候。客人都到齐后，轻扣门铃示意主人。主人在出迎客人以前，会先用清水浇洒茶庭里的花草。延引客人时，鞠躬，行默礼。

随后，主人返回茶室，客人则沿着精心设计的石径来到石制洗手钵前洗手，除去剑与便鞋，俯身通过躙口进入茶室。躙口是客人专用的茶室出入口，开口很低，客人必须弯腰躬身膝行进入茶室。这是一段具有象征意义的行程，客人由纷扰的世俗社会进入了乌托

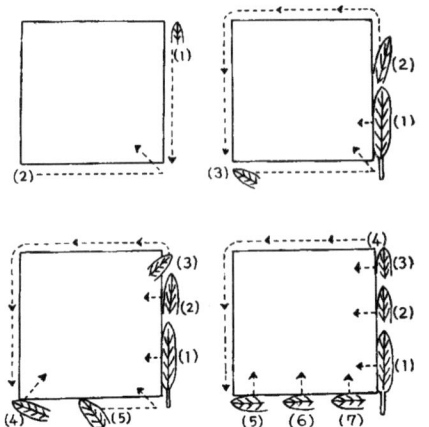

日本茶道的礼法规则（手前）已经细化成一千多条，包括风炉打扫的精细的顺序

图片来源：引自 Sadler, 2001。

邦式的茶道境界。据《茶道四祖传书》记载，利休在大阪看到渔夫躬身出入船舱，才想到了蹦口的设计。当然，使利休产生这一想法的也许还有日本传统剧院的窄小入口。这一入口通常又被称为"鼠门"，就像《爱丽丝梦游仙境》中的兔子洞一样，把门外的平常世界和门内舞台上的大千世界分隔得判若两界。也有的学者认为，利休设计的蹦口只是把茶庭的大门（1462年即已存在）移到了茶室而已。

千利休认为，茶室中最重要者，当属挂在壁龛上的书画。首席客人进入茶室的第一要务，就是欣赏这些精心挑选的挂轴。进入茶室后，末席客人需要将蹦口移门关上，关门时要发出清脆的撞击声，表示茶会和外部世界隔开了。主客之间会进行非常有礼貌的对话，直到主人示意"炭快灭了，我再加点炭"。接下来是加炭和焚香仪式。随后，主人会上正餐（本膳），包括一道汤和两三道主菜，佐以清酒。最后一道菜是主人用备菜时剩下的材料做的杂菜，以体现茶会简朴的精神。在将碗碟递还给主人之前，客人要用自带的纸巾将其擦拭干净。用餐时剔出的鱼刺等杂物，也要放在自带的小盒里，再放进长袖笼里，等临走时带走。

随后，茶会客人会稍事休息，欣赏茶庭的布置，有必要时还可以使用有实用功能的外厕。当然，内厕是只供参观不供使用的，也称为"饰厕"。客人小憩的间隙，主人会用来准备茶会的重头戏"浓茶"，并将壁龛上的书法卷轴换成一两枝鲜花插在花瓶里。如果茶会在夜间举行，花瓶和书法卷轴的摆放顺序会倒过来。千利休不太喜欢在夜间用花。他认为夜间不太容易看清花色，花影则不太吉利。在解释何时召集客人来品尝浓茶时，利休认为："当水煮开，发出风入松林的声音时，鸣铜锣。如果不和水煮开以及炭火的实际情况保持一致，必然会产生失误。"有经验的客人会仔细聆听茶釜盖发出的声音，通过倾听铜锣发音的节奏，他会判断主人希望客人沿哪条小径穿过茶庭回到茶室。

千利休的另一条训示是茶器具要轻拿重放。将乐烧茶碗、茶筅、茶勺、茶罐、水勺等一一码放整齐后，主人开启茶罐，用茶勺取出适量茶粉放入乐烧茶碗。在利休之前，日本茶会上最为流行的是来自中国的天目烧碗（包括兔毫盏，详见第五章）和釉碗。但利休更喜好质朴的朝鲜茶碗，以及岛内烧制的不事修饰的乐烧茶

朴实无华的乐烧茶碗体现"侘"的美学和哲学思想，"侘"是日本茶道的精髓所在
图片来源：引自 A. W. Franks, *Japanese Pottery*, London, 1880。

碗。乐烧茶碗是由陶工长次郎烧制的，其底宽，利于用茶筅点茶；其壁厚，利于保温；茶碗质感温润怡人。作家亚瑟·撒得勒曾于1934年撰写出版了《茶道》一书，书中写道："历来茶道中人非常注重茶具的触感，光是茶具握在手心的感觉就会带给他们十分的满足……另外，和中国或朝鲜出产的釉碗相比，乐烧茶碗所盛的茶喝起来味道远胜一筹。品茶大师在评定煮茶用水的品第时，乐烧茶碗是他们的不二选择。"

随后主人拿起水勺，从茶釜里舀出沸水倒入茶碗，以茶筅点茶，略加沸水后，再击拂茶汤，直到茶面出现乳花。主人将点好的茶碗置于茶炉右侧，首席客人应膝行拿起茶碗再退回原位，举起茶碗以示谢意后，饱饮一大口浓茶。

主人向客人问询："茶的味道怎么样？浓还是淡？"

客人通常会这么回答："正好。您点的茶恰到好处。"

首席客人再喝两口半后，将碗上唇缘部分擦拭干净，再递给次席客人。次席客人也按同样程式喝茶。当末席客人喝完茶后，客人们会轮流欣赏茶碗和茶食。当然，客人们还有缘拜观主人的茶室"三宝"：茶罐、锦囊和茶勺。正式茶事的最后一阶段通常为点浓茶，非正式茶事则在点完浓茶后，再行一次熏香和加炭，并加点薄茶。在现代茶道礼仪中，点完浓茶多半会加点薄茶，但熏香加炭的过程可能会省略。再次熏香加炭时，通常会加两个香熏丸和一大块樱树炭。客人在拜赏香熏盒时，主人往水罐中加入清水，并向客人示意："水就要开了。刚才为诸位点了浓茶，现在点薄茶。"随后，主人开始点茶，其间会用到数个茶碗。客人喝完茶后，茶碗递还给主人，首席客人向主人致意："请结束今日茶事。"

主人问："是否再加点热水？"在得到客人"不需要了"的回答后，主人示意茶会结束，撤去所有茶具，在水罐里盛满清水，退出茶室后关上移门。

正式与非正式的茶道礼仪之间的区别非常微妙，就连经验老到的茶头也未必说得清楚。千利休指出："在点浓茶时，有的环节并不是正式的；而在点薄茶时，有的环节则是非常正式的。这方面的区别一定要牢记。另外，这些区别还因时因地而有变化。看似简单，却是茶道秘而不宣的诀窍所在。"这是切中肯綮的看法。但千利休显然忘了将其传给他的弟子山上宗二。据历史记载，山上宗二因为说不出正式与非正式茶道的区别而被丰臣秀吉削去耳鼻，并惨遭流放。

1585年12月初，丰臣秀吉开设茶会，为正亲町天皇点茶。当时，天皇在宫廷之外已几乎没有什么影响力。尽管如此，为了增强桐院（秀吉的摄政殿）与皇宫的联系、感谢天皇赐官关白和赐姓丰臣，秀吉举办了这次茶会。在秀吉给从未参加过茶会的天皇点茶后，作为秀吉茶头的千利休在茶室的角落里备好茶，依序向皇室点茶。这次茶会确立了千利休日本第一茶头的地位，也强化了利休作为秀吉的亲信和智囊的角色。次年3月，秀吉更显张扬，用黄金打造了三叠茶室，将其从大阪运往皇宫，再次为天皇点茶。史书上关于秀吉为天皇第二次点茶的记载中，并没有提及千利休的名字。但可以断定的是，千利休作为秀吉的茶道侍从，在秀吉规划建造黄金茶室的过程中，肯定扮演了核心角色。和宣扬"和敬清寂"的侘思想，体现利休最高艺术成就的草庵茶室相比，黄金茶室走向了绝对的对立面。

1587年6月12日，丰臣秀吉在最后一次成功征战中，征服西南的九州岛。为庆祝征战凯旋，秀吉于当年秋天在京都举办了盛大的北野大茶会。作为茶会的重头戏，秀吉宣布茶会上将展出他所有的名物茶具。为了让来自全国各地的人们有缘一窥这些名物，整个

柴山元昭将煎茶道引入日本，对千利休的茶道思想形成了挑战

茶会将举行十天。茶会上，来自日本列岛的五百五十名茶人争相献技，丰臣秀吉则为他的贵客们亲自点茶。随后，秀吉在各茶席间巡视，察看茶会盛况。有一位名叫坂本屋丿贯的茶头举止怪异，他用七尺伞柄撑起了直径九尺的红色大伞。在伞柄四围，丿贯用苇席围成一圈，透过苇席四边都能看到伞的颜色。据说，秀吉对丿贯的这一创意大加赞赏，还免除了他的税赋杂役。

1590年，丰臣秀吉发兵征讨相模湾小田原（在今东京西南50英里）北条氏，这是他日本统一之路的最后一程。在秀吉的军队包围小田原城期间，城外的军营成了茶人、艺师和伎人欢娱的场所，他们连歌搏戏，组织茶会，游冶甚欢。据茶史记载，千利休在此期间制作了三件颇为出名的名物竹瓶。传闻记载，北条氏曾向秀吉赠送三根竹子，作为秀吉向其赠送三石米的回礼。利休利用这三根竹子，制作了三个花器：一为单层花器、一为双层花器、一为箫状花器。其最著名者为单层花器，形状和圆城寺的大钟很相似，上面也有一条裂纹，因此也名为"圆城寺"。箫状花器名"尺八"，数代相传后，于1918年公开拍卖，当时的成交价为8600英镑，相当于现在的287885英镑（这样折算似乎有点置利休的侘思想于不顾了）。

早在1590年1月，为表彰千利休的贡献，京都大德寺在山门的楼阁上竖立了一尊利休的木质雕像。秀吉显然对此大为不满，因为他每次去寺院参拜，都必须从利休像下经过。当年2月，秀吉敕令利休剖腹自裁。对于利休被命自裁的真正原因，人们历来有不同的说法，这些不同的解释包括：秀吉内部的权力斗争、利休在茶具市场上混淆新茶具和古代的名茶具并制造混乱、利休皈依基督教、秀吉和利休在茶道上存在不可调和的矛盾、利休拒绝将新寡的女儿嫁给秀吉为妾、独裁者的暴政等等，但这些说法很难得到证实了。我们姑且不论利休真正的死因，他坦荡地结束一生的方式却是值得在历史上大书一笔的。

2月25日，京都上空电闪雷鸣，城里下起了鸽蛋大小的冰雹。当利休遵照秀吉的敕令，准备以当时很体面的剖腹方式终结自己的一生时，三千名士兵团团包围了利休的宅邸。利休插好鲜花，为弟子们举行了最后一次茶会，并把一些茶具分赐给弟子。随后，利休写下了两首遗诗，坦然地了结了自己。汉字遗诗是这么写的：人世七十，力围希咄。吾这宝剑，祖佛共杀。第二首是日本假名遗诗：提我得具足的一大刀，今在此时扔给上苍。

日本的煎茶道

煎茶道在 16 世纪末引入日本。随着末茶道逐步分成不同流派，煎茶道得到了长足发展。煎茶道始祖为"卖茶翁"柴山元昭（1675—1763）。1735 年前后，这位行事怪异的禅宗信徒开始在京都售卖煎茶。元昭手提装着茶具的竹篮，往返于京都的游冶胜地，逐渐发展了简洁自由的行茶方式：壶中水煮开后，直接抓一把茶叶投入沸水中，顿时茶香四溢，茶汤甘甜。元昭身着僧袍，安贫乐道，卖茶从无定价，只请茶客随意在竹筒里扔几个铜板。在当时的日本，社会等级森严，享乐物欲横流。随着元昭声名远播，"卖茶翁"逐渐成了追求自由和个性的象征。为了表示对末茶道的蔑视，元昭在临终前把所有的茶具都投入火中，付之一炬，以避免再出现荒谬的个人迷信。

元昭等执着的煎茶道人从中国古代贤哲的行事风范中获得灵感。这些贤哲完全不在乎物质条件和社会交往，躲入深山，享受着自在生活的愉悦：约二三知己，感受自然，或书画，或吟啸，用甘冽山泉煮茶品茗。如果说末茶道的核心是"侘"，煎茶道的神髓则是"风流"。这一来自汉语的语词，代表了无处不在的自由和精神上的富足。

元昭死后不久，日本人根深蒂固的讲究秩序和程式的传统以及宗教上对物的崇拜的传统开始体现在煎茶道中。元昭的弟子木村蒹葭堂详细记录了师父所用的茶具，对煎茶道的茶具顶礼膜拜。这一影响一直延续至今。而今，煎茶道的礼仪规则和美学思想已十分复杂，众多的名茶具（如 17 世纪末来自明朝的石茶壶）自然也是必不可少的。但煎茶道和末茶道也有明显不同。末茶道关注的是除茶本身以外的所有东西，煎茶道则更重视茶本身——茶的种植和加工、水的选择，以及茶汤的制作过程等等。

可以说，煎茶道的兴起大大促进了日本岛内茶种植业的发展。19世纪中叶，山本山茶铺（创立于1690年）的第六代传人山本德翁要求宇治的煎茶茶农效仿末茶茶农，在茶叶采摘前数月，将茶树覆盖遮阴。这一做法的目的是躲避霜冻和烈日，减少成品茶中的单宁含量，增加咖啡因含量。山本德翁还发明了一种将茶叶熏蒸后再烘烤的新方法，以使茶叶光泽透亮，汤味甘甜。用德翁的新加工法制成的茶叶名"玉露"，一直是市场上最为名贵的茶叶品种。

松村吴春：《上田秋声煎茶图》。上田秋声是日本18世纪著名的作家、诗人
图片来源：福冈市博物馆。

第九章
韩信点兵
明、清茶史

日本的茶道源自宋时的点茶习俗。煎茶则肇始于明初，即洪武皇帝禁腊茶之时。是时，散叶绿茶在帝国已进入平常百姓家，制茶工艺也发生了很大变化。茶农多用炒青法，即用高温将新摘茶叶杀青，使其停止发酵，保存茶叶的新鲜和芳香。安徽松萝山的僧人发现，摒弃数百年一以贯之的蒸茶法，而代之以用铁锅炒茶杀青后，茶叶的色、香、味都有很大改观。明代闻龙1630年前后成书的《茶笺》记载："……此松萝法也。炒时须一人从旁扇之，以祛热气，否则色黄，香味俱减。予所亲试，扇者色翠，不扇色黄。"

随着以散叶茶沏泡这一饮茶方法的兴起，用以沏泡人们酷爱的山茶科树叶的茶具也出现了新的品种——茶壶。明朝以来，中国茶壶的上上品当属宜兴（位于太湖西滨）的紫砂壶。紫砂壶因地取材，以宜兴当地一种可以透气的黏土（紫砂）制作。宜兴紫砂壶以其能保温、留香，并能让淹泡的茶叶长时间保持新鲜而广受赞誉。深谙品茶之道的雅士也善于"养壶"，紫砂壶经其呵护，用时越久，壶身越有光泽，更加耐看。制壶名家中，最负盛名者，当属供春。供春是16世纪中叶宜兴一位进士的家僮，每有闲暇，辄向金沙寺

1391年，明朝洪武皇帝以腊茶占用民力太多，下令禁止
图片来源：台北故宫博物院。

僧人学习制壶技艺，并模仿寺内一棵银杏树的树瘤制成"树瘿壶"，壶艺极工，寺内老僧人遂决定将其技艺倾囊传授，并尽其所能帮助供春成为一代制壶大家。中国国家博物馆仍藏有一件供春制作的树瘿壶（壶盖已失），但也有学者质疑此壶是否确为供春制作。

用紫砂壶沏泡的茶汤，分倒入江西景德镇官窑烧制的青花瓷茶杯中，香茗和茶杯相得益彰。历史上，茶具在不断演进中，先后有浙江越窑的釉瓷、河北邢窑的白瓷、福建建窑的黑瓷。到元代，景德镇窑兴起，成为中国烧瓷业中的翘楚，很多历史学家认为，景德镇窑烧制了第一批真正意义上的瓷器。景德镇瓷器采用附近高岭村出产的极其细腻的白瓷土烧制。这是瓷器无与伦比的一个重要原因。瓷土也以其出产的地方而名为高岭土。元朝时，景德镇的窑工设法将窑炉的温度提升到1285℃（2345℉）。在此高温下，一种名为白墩子（精炼瓷土）的晶体黏结用材料可以完全熔化，并和抗高温的高岭土完美混合。景德镇的瓷工还尝试采用来自波斯的钴蓝颜料给瓷器着色，这种颜料也能承受窑内高温而不变色。瓷坯做成以后，画工用钴蓝颜料描绘纹样，并施釉后就可以入窑烧制了。明永乐、宣德年间，景德镇制瓷技术达到了顶峰。景德镇瓷工钻研形成的青花瓷质地晶莹剔透，表面光洁如玉，人谓海内独步，瓷器无出其右者。这一时期，回族的三宝太监郑和七下西洋，航程远至东非沿岸，并带回了沿途诸国的奇珍异宝，其中有名为苏麻离青的氧化钴矿颜料，质地细腻，颜色灵动，可和中国书画用的烟墨相媲美。曾随郑和三下西洋的通事（翻译）马欢在其《瀛涯胜览》中记载了沿途各国的山川形胜、风土人情。《榜葛剌国（今孟加拉）》一章记载："（当地）稻谷一年二熟，米粟细长……酒有三四等……市卖无茶，人家以槟榔待人。"1433年，郑和的船队甚至快要绕过合恩角（Cape Horn，南美洲最南端的海角，郑和并未到此，似为原书作者笔误。——编注），船队带回的域外见闻令人耳目一新，似乎要荡涤中国历来因循传习的学识的陈腐气。明朝守旧的官员们惊慌失措，奋笔上书，终于说服皇帝下达了停止出洋的禁令。郑和的宝船被毁，中国走向海洋的历史画上了句号，中国对外交往的大门也彻底关上了。苏麻离青颜料供应随之断绝，景德镇的瓷工只能将就用产自江西的"平等青"颜料，色泽要逊色得多。

在茶树种植方面，北苑茶园出产的腊茶几无踪迹，福建的茶园逐步西移，西北神奇的武夷山区成为种茶业最为兴盛的地方。中国方志记载："福建诸山，武夷最胜，其水亦绝。山高而险，溪水环绕，宛若天成，景致奇绝，无出其右者。"16世纪，松萝山的僧人来到武夷，向当地人传授炒青技艺。但也有人认为松萝山的炒青技术仍有改进的余地。明朝文人张大复认为，松萝茶"有性而无韵"。武夷山的僧人在最初的茶的种植和制作中，通过不断观察和试验，逐步改进制茶工艺。僧人们发现，茶叶采摘后利用阳光晒青萎凋，再行翻摇揉捻，茶叶边缘会发生部分红变（绿叶红镶边），并开始散发茶叶的芳香，只要选择合适的时间烘焙，清香就尽在茶叶中。这是乌龙茶的雏形，也是全发酵后味道更浓酽的红茶的先导。

乌龙茶，以武夷岩茶为最。其上佳者包括大红袍、铁罗汉、白鸡冠、水金龟等，皆采自武夷山的罅隙岩间品种不同的茶树。有传说云：大红袍采自天星岩九龙窠的三处茶丛，人不能至，而赖猴去绝壁上采摘乃得。

清王草堂《茶说》记载："茶采而摊，摊而摝，香气发越即炒，

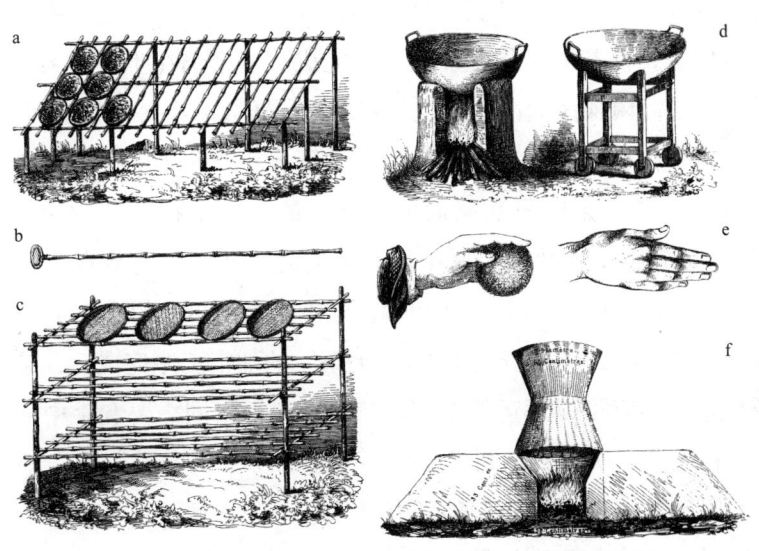

明朝的茶叶加工：a. 在倾斜的棚架上，搁放竹匾（竹筛），新采摘的茶叶倒入其中，在太阳下晾晒；b. 移动竹匾（竹筛）用的推子；c. 茶叶在阳光下晾晒，用于萎凋茶叶的搁架；d. 烘炒用铁锅；e. 卷茶；f. 茶叶最后晾干

图片来源：引自 J. G. Houssaye, *Monographie du Thé*, Paris, 1843。

过时不及皆不可。既而焙，复拣去老叶及枝蒂，使之一色。既而复焙，以益其香。"这是有关乌龙茶加工最早的文字记录。

绿茶以芽尖嫩叶为最佳，乌龙茶所需的原叶则要相对成熟一些。长成的茶叶中含有大量茶多酚、类红叶素、叶绿素、淀粉、糖、果胶等。这些化学成分是乌龙茶散发出浓郁香味的物质基础。新摘的茶叶经过日照晒青后，其中水分挥发，细胞膜的通透性增强，有助于彼此分离的化学成分结合后发生反应，促进茶多酚等物质的氧化反应。这是乌龙茶制作中的重要环节。茶叶晒青萎凋的时间长短要通过仔细观察来掌握：当茶叶失去光泽、手感柔软、叶面卷缩起皱时，晒青完成。茶叶用竹匾盛放，移入室内，进入"凉青"工序。

接下来就可以制作乌龙茶了。将竹匾移入温暖、潮湿且封闭的室内，轻揉茶叶并使其经历众多化学变化。而今，密闭室已被滚筒代替，揉茶的工作都在滚筒内完成。至今仍在生产的大红袍需要在滚筒内揉滚七次，每次都有固定的转数。在每次揉滚间隙，茶叶都要倒在竹匾上，堆起来使之逐渐氧化，茶工需要不时用鼻闻的方式确定茶叶再次揉滚的时间。最后一次揉滚（称为"大波"）完成后，茶叶在竹匾中堆高闷放几个小时，直到散发出香味。这时，茶叶要马上入锅翻炒，温度先高后低，直至茶叶的草青味彻底去除，转为诱人茶香。"毛茶"的加工工序完成后，茶叶经打卷装箱就可以发运给茶商。茶商会根据不同需要和手中的秘方，将毛茶再次加工，制成成茶。

用乌龙沏功夫茶是一项别有风味的茶艺表演。功夫茶源于广东潮州。清时才子袁枚《随园食单》中记载了享受功夫茶的过程："杯小如胡桃，壶小如香橼，每斟无一两。上口不忍遽咽，先嗅其香，再试其味，徐徐咀嚼而体贴之。果然清芬扑鼻，舌有余甘，一杯之后，再试一二杯，令人释躁平矜，怡情悦性。"考究的功夫茶以山泉煮水，以橄榄核作炭。备茶具时，先用沸水热杯、壶和茶船。这是圣洁的功夫茶程式的开始。放茶叶时，先放碎叶铺底，再放整叶以防茶末堵塞茶壶嘴。水煮沸后，沿着茶壶盖沿将沸水倒入，并迅速出汤，是为洗茶。再提壶冲水，盖上壶盖，继续冲水入茶托，直到茶壶半身浸泡在沸水中。将茶杯置于茶托上，以逆时针方向将茶汤均匀地注入杯中，是谓"关公巡城"（关公是东汉末年著名将领，脸如宜兴陶壶，巡城时面面俱到）。当壶内茶汤所剩不多时，茶艺大师将斟茶改为点斟，手势一高一低有节奏地点斟茶水，确保每滴茶水入杯，是谓"韩信点兵"，用以纪念汉朝神机妙算、对自己的将士数目了然于心的大将韩信。

17 世纪中叶，欧洲商人抵达中国商埠广州和厦门（详见第十三章）。当地民众以松萝绿茶和武夷茶款待他们。武夷茶多是半发酵的乌龙茶或全发酵的红茶。在福建方言中，武夷的发音和英文的"Bohea"相近，英国人遂以 Bohea 概称所有全发酵的红茶，后又以 Bohea 指称质量较次的红茶。英国东印度公司的茶叶督办萨缪尔·鲍在《中国茶的种植与制作记述》中记载：

> 采自武夷山区的茶叶未经处理，即以竹筐盛之，运往广州。茶叶会在广州烘焙、装箱。刚运到时，茶叶有一股发热的酸味，有的已经发霉，有的散发出肥皂似的味道。看来，茶叶已经经过了部分发酵，全发酵或许还算不上。

不管怎样，饮茶之风逐渐在西方流行，欧洲人的嗜好最终转向了味道更浓酽的红茶。为此，中国的制茶工也开始尝试全发酵茶，茶叶最后都成了深褐的鼻烟颜色。有人认为，这也是功夫茶和小种

明朝时,人们用热锅炒茶,大大提高了茶叶的香、色、形和保存时间
图片来源:引自 J. G. Houssaye, Monographie du thé, Paris, 1843。

茶成为欧洲最常见的两类红茶的过程,而功夫茶和小种茶最初只是武夷茶的两个品名而已。出口到英国的上品红茶则被称为 Pekoe,这个词来自中文白毫,指芽尖和嫩叶上的一层薄薄的绒毛,与制茶过程毫无关系。后来,在印度和锡兰精细的茶叶分级制度中,白毫成为基本词汇。

除了乌龙以外,明清两代还出现了不少别的珍稀茶种,但其具体的起源已无处可考。白茶的做法是将带有白色绒毛的芽尖嫩叶在太阳下炙烤。宋徽宗谓白茶应野外采摘,并视其为茶中极品。明代文人田艺蘅也持类似看法,其《煮泉小品》记载:"芽茶以火作者为次,生晒者为上,亦更近自然,且断烟火气耳。"白茶产自福建,其上者称银针白毫、白牡丹和贡眉。银针白毫最早产自福鼎,19世纪出口欧洲,当地人称其为"银芽白毫"。制作银针白毫时,采用的材料是春茶嫩梢萌发时的一芽一叶。茶芽均匀地薄摊在竹筛上,勿使重叠,置日光下晾晒,至八九成干,再用文火烘焙至足干。茶叶温度保持在 30℃—40℃，若火太猛而茶叶翻炒太厚，则茶叶易焦灼变红，而火太文则茶易炒黑。

黄茶的发现过程实属偶然。明朝许次纾《茶疏》记载，霍山一带茶农制茶极为粗制滥造："（霍山县）……彼山中不善制造，就于食铛大薪炒焙，未及出釜，业已焦枯，讵堪用哉。兼以竹造巨笱，乘热便贮，虽有绿枝紫笋，辄就萎黄，仅供下食，奚堪品斗。"黄茶的杀青工序和绿茶相似。采摘嫩芽和大叶后，无须萎凋，即入锅高温焙炒杀青。随后的闷黄工序是制作黄茶的关键。黄茶中的极品谓君山银针，采自湖南洞庭湖中的小岛君山。制作时，茶叶经过杀青、初烘、摊凉后，用牛皮纸包好，每包 3 磅（约 1400 克）左右，置于箱内，放置 40 至 48 小时，随后进一步烘干与摊凉，再用牛皮纸包好，放置 20 小时后，最后一次烘干。颜色亮黄的茶叶用牛皮纸包好，贮于箱内，箱内以石膏铺底防潮。

传说记载，绿茶名品碧螺春的得名是拜康熙皇帝所赐。1699 年，康熙皇帝南巡，喝到了这一江南佳茗。碧螺春产自太湖的湖心小岛。茶丛间桃、李、杏、柿、橘、银杏、石榴等林木并栽，汲取了不同树种的花粉和芳香。制成 1 磅（约 450 克）上品碧螺春，需要采摘嫩芽 7 万朵。茶叶放入玻璃杯中，以 80℃的热水冲沏，可以边品茗，边欣赏茶叶在热水中逐渐展开的曼妙身姿。另外，康熙皇帝也喜好喝奶茶。1713 年，皇帝六十寿辰，宫廷组织了千叟宴为皇上祝寿，参加寿宴的 1800 名客人都喝到了宫廷奶茶。吴振棫《养吉斋丛录》记载：旧俗尚奶茶，每供御用乳牛，及各主供应用乳牛，皆有定数，取乳交尚茶房。

康熙之孙乾隆（1736—1796 年在位）也是一位雅好品茗的皇帝。他用银秤量取京城周边的泉水选水煮茶，和满族的官僚一起喝奶茶，和汉族的学士品尝清茶，每年新年还向 18 位饱学之士御赐茶宴。乾

清代的施釉茶碗,绘有牡丹、玉兰、海棠图案
图片来源:台北故宫博物院。

隆经常微服私访,身边只带一名太监随从。有传说云,在一次私访中,乾隆皇帝为体现自己身份低下,亲自为太监倒茶。太监意识到这时候叩谢龙恩会泄露乾隆的真实身份,遂用食指和中指叩击茶桌,象征性地表示叩头之意。这一习俗一直传了下来。直到今天,当有人为自己倒茶或酒时,我们还会用手指轻叩桌面以示谢意。

除了把奶茶打上皇家的烙印,清朝皇室还把用香花窨制的花茶传到了民间。用以窨制香片的香花包括茉莉、金粟兰、桂花、金银花、蔷薇。时至今日,北京仍有一批嗜花茶如命的茶客。也有人认为北京的水质硬,味苦而咸,喝花茶是为了改善口味。花茶的制作方法最早见于《云林堂饮食制度集》,作者是14世纪元末明初的书画大家倪瓒。

> 以中样细芽茶,用汤罐子先铺花一层,铺茶一层,铺花茶层层至满罐,又以花蜜盖盖之。日中晒,翻覆罐三次,于锅内浅水慢火蒸之。蒸之候罐子盖热极取出,待极冷然后开罐,取出茶,去花,以茶用建连纸包茶,日中晒干。晒时常常开纸包抖搬令匀,庶易干也。每一罐作三四纸包,则易晒。如此换花蒸,晒三次尤妙。

清朝的京城，茶铺林立，北京人依个人喜好，可以在不同的茶馆喝到芳香的茉莉花茶：清茶馆自然只供茶；茶鸟会上，茶客既可品茶，又能赏鸟；大茶馆人声嘈杂；二荤铺兼售茶酒和饭；红炉馆叫卖现烤的面饼糕点，满汉风格的都有；棋茶馆的客人可以边品茗，边弈棋；野茶馆则多开在乡村近郊风景极佳处（如西山）；书茶馆则是说书先生吊住茶客胃口的地方，《三国》《西游》是经常讲的题目，故事从头到尾讲完通常要三个月，茶客欲知后事如何，明日必须再来茶馆。另一部长篇小说《红楼梦》也是说书先生经常讲的。书中王熙凤打趣问林黛玉："你既已吃了我家的茶，怎么还不做我家的媳妇？"

茶在中国传统婚俗中也扮演着重要角色。明代郎瑛《七修类稿》记载："种茶下子，不可移植，移植则不复生也。故女子受聘，谓之吃茶。"在湖南一些地区，男家向女家行纳彩礼时，盐茶盘不可或缺，盐茶盘用灯芯染色组成"鸾凤和鸣"等吉祥图案；又以茶与盐堆满盘中空隙。男女成亲称为"定茶"，圆房时再行"合茶"礼仪。一对新人相对同坐一条板凳，相互把左腿放在对方右腿上面，新郎以左手、新娘以右手搭在对方肩上，空下的两只手，以拇指与食指共同合为正方形，由他人取茶杯放于其中，斟满茶后，邀请客人依次上去品尝。这种茶叫作"合合茶"。

1578年，伟大的医药学家李时珍完成了他的药学巨著《本草纲目》，书中记载了1892种矿物药、植物药和动物药，被誉为中华药物巨典。在书中，李时珍对茶作了详细记载："茶苦而寒，阴中之阴，沉也，降也，最能降火。火为百病，火降则上清矣。……若少壮胃健之人，心肺脾胃之火多盛，故与茶相宜。……若虚寒及血弱之人，饮之既久，则脾胃恶寒，元气暗损。"李时珍还举了他个人的例子："时珍早年气盛，每饮新茗必至数碗，轻汗发而肌骨清，颇觉痛快。中年胃气稍损，饮之即觉为害，不痞闷呕恶，即腹冷洞泄。"李时珍对嗜茶成癖的危害作了详细描述，并开列了医治嗜茶癖的药方（最早见于《濒湖集简方》）："一人病此。一方士令以新鞋盛茶令满，任意食尽，再盛一鞋，如此三度，自不吃也。男用女鞋，女用男鞋，用之果愈也。"

和宋朝人声鼎沸的斗茶不同，明朝的文人多效仿陆羽和古代的隐士，寻求静谧山隐的境界。古人认为："品茶，一人得神，二人得趣，三人得味，七八人是名施茶。"16世纪初，明朝江南才子唐寅的画作中有不少体现这种幽深意境的茶画，如《事茶图》《竹炉图》等，都是传世名作。明朝陆树声在《茶寮记》中列举了品茗的六种最佳场合：

  凉台静室，
  明窗曲几，
  僧寮道院，
  松风竹月，
  晏坐行吟，
  清谭把卷。

明清两代，新茶不断涌现：乌龙、红茶、白茶、黄茶等等。这一时期，茶叶大量流入中亚，欧洲的茶叶贸易开始兴起。数十上百年来，人们静心研究茶树种植技术，修枝剪叶、沃肥培土，给予茶树的细心呵护远远超过了其他任何一种植物。专擅制作的茶工通过实践，掌握了使茶叶散发诱人芳香的秘诀，也熟悉了保证茶叶质量的做茶工艺。对于装入皮袋，用牦牛运到数千里外蕃藏地区的茶叶，就没有这么多讲究了。老叶细枝经过熏蒸后就被压制成茶

唐寅:《竹炉图》。数百年来,诗人和画家轻啜香茗,品味其中的柔绵神秘的感觉,希望借此获得内心灵感的升华

图片来源:Art Institute of Chicago。

砖,经过一路的发酵和细菌作用,茶叶到达拉萨时,已经变成了深褐色。这是著名的后发酵茶普洱砖茶的肇始。普洱砖茶以其有益消化和茶味醇酽而备受喜爱。16世纪末,茶随着佛教进入蒙古部落。两百年来,蒙古人由于不断挑衅中原,一直无法得到中原的好茶。而今,西藏和蒙古已成为砖茶文化的中心。

第十章

达赖喇嘛封号的由来

藏蒙的砖茶

任何去过西藏高原、仰望过巍巍圣山的人都会心存卑微。山中有一些洞窟，是遁世的修行者冥想的地方。只有这些修行得道者才能透彻理解《中阴闻教得度》的真正含义。《中阴闻教得度》是灵魂在实相死后到重生的49天中（中阴）的旅行指南。当然高原上稀薄干寒的空气并不只是超度亡灵，它还很快使肉体凡胎脱水。在海拔6000英尺（约2000米）的高原上，人们通过呼吸和皮肤分泌挥发掉的水分是低海拔地区的两倍。因此，生活在高原的藏民每天都要摄入大量的水。当来自四川的茶砖经过茶马商道进入雪域高原时，这种提神醒脑的茶饮很快被当地百姓接受并广为传播。

《唐国史补》记载了常鲁公781年出使吐蕃时和吐蕃赞普有关茶的一段对话："常鲁公使西蕃（吐蕃），烹茶帐中，赞普曰：'此为何物？'鲁公曰：'涤烦疗渴，所谓茶也！'赞普曰：'我亦有此。'遂命出之，以指之曰：'此寿州者，此舒州者，此顾渚者，此蕲门者，此昌明者，此邕湖者。'"

赞普如数家珍，列举他所藏名茶之丰，这说明唐朝茶叶交易地域之广、品种之繁。在这时期，有一本名为《甘露海》的藏文书刊行，书中列举了 16 种来自中原的茶叶，其中，有长于山谷者，有长于山谷入口者，有以厩肥培植者，"生长在农田中的茶树，以粪尿浇灌者谓格鲁格法拉，其叶茂，树干斜生，其汤黄，其味涩如曼珠沙华。择其嫩芽叶碾成末，喝汤能治血病"。

按照传统的说法（见第四章），文成公主入藏后，劝说松赞干布和藏民皈依佛教。松赞干布还娶了一位尼泊尔公主，密切了吐蕃和喜马拉雅南麓王国的关系。赞普派出大臣前往印度学习梵文，并以此为基础创造了吐蕃文字。以后的几任吐蕃王都亲自主持译经工程，将梵文佛经译成藏文。吐蕃还颁布敕令，实行七户养僧制度。但在 9 世纪中叶，朗达玛大肆灭佛，吐蕃王国分裂。一直到两百年以后，佛教才重新兴盛，并从克什米尔传到了吐蕃以西，强盛的古格王国也开始礼佛。随后的数百年间，藏传佛教形成了四大流派：宁玛派（红教）、噶举派（白教）、萨加派（花教）和格鲁派（黄教）。这时，中原的茶也逐渐传入吐蕃。

和吐蕃截然不同的是，蒙古的早期文献中并没有茶的记载。1240 年成书的《蒙古秘史》中也没有提及茶的有关内容。方济各会传教士鲁不鲁乞 1254 年曾在蒙古帝国的首都哈拉和林[①]逗留一段时间，他的《东游记》记录了其在和林喝到的四种饮料：忽米斯，即马奶酒，其味与产自拉罗谢尔的葡萄酒一样平淡；名为"欢宴"的蜂蜜饮料；和白葡萄酒一样既清且甜的米酒；名为"哈喇忽迷思"的纯马奶。《东游记》中也没有茶的记载。这一时期有关蒙古和茶的少有的一份记录出现在西藏的文献中：萨斯迦喇嘛八思巴为元朝创制了蒙古新字，忽必烈为此大加赏赐，丰厚的馈赠中包括

---

① 位于今蒙古国境内前杭爱省西北角，蒙古帝国第二代大汗窝阔台汗七年（1235）在此建都。忽必烈建立元朝并迁都大都（今北京）后，和林城失去都城地位，但仍是漠北重要都市。——译者注

二百箱上品茶。但也有历史学家对这一事件的真实性提出质疑：史书记载忽必烈赏赐八思巴发生在1254年，而这一年忽必烈正在为建立统一的蒙古帝国而转战川贵。

蒙古统治者和萨斯迦喇嘛之间的政教关系非常密切，政治统治和宗教特权成为互相交换的筹码。1280年，蒙古部族问鼎中原，但这种交换一直存在着。元朝定都大都（今北京），来自贡茶院的上等好茶驰寄京城，朝廷征收的茶税之高超过了以往任何一位皇帝。元顺帝（1333—1367年在位）酷爱喝茶，他身边有一位妃子，专门伺候皇上喝茶，不论白天黑夜，一刻也不离开。在专司茶事的妃子中，有一位是来自朝鲜半岛的奇氏，后来成为元朝唯一的一位非蒙古族出身的皇后。元朝宫廷御医忽思慧1332年编撰的《饮膳正要》是最早记录蒙古人使用乳脂和乳酪（一种将老酸奶通过蒸馏制作烈性酒的副产品，属于硬奶酪）做茶的文献。书中还记载了其他茶点的做法：制作炒茶时，用铁锅烧赤，以马思哥油、牛奶子、

1258年，旭烈兀率领蒙古军队占领了巴格达，作战间隙，他喝茶小憩
图片来源：伦敦大英博物馆。

茶芽同炒而成。制作兰膏时，则以末茶三匙头、面、酥油同搅成膏，沸汤点之。

元朝时，藏传佛教传入蒙古部落，但在元朝灭亡后又日渐式微。这一情况直到16世纪70年代才发生改变。是时，俺答汗成为土默特部落首领，定都库库河屯（今内蒙古首府呼和浩特）。当时，格鲁派一宗（因僧人戴黄色僧帽又被称为黄教）需要获取政治支持，而俺答汗需要藏人的支持向明朝廷施压，使其能够通过官方贸易从中原采购茶叶。当时，蒙古人已被排除在明廷的茶叶交易之外达两百年之久。1577年，俺答汗向格鲁派哲蚌寺和色拉寺的座主索南嘉措发出邀请，请其前往青海湖畔会晤，与此同时，他又向明廷要求建一座寺庙以便会晤，又要求明廷向索南嘉措颁赐金印，以便索南嘉措在明朝境内行走布道。俺答汗还提出了要在新建的寺院附近建茶马市的请求。

明廷很快给了答复：新寺院建在青海湖附近的西宁，俺答汗与索南嘉措的晤面在次年进行。在晤面中，俺答汗向索南嘉措上封号曰"达赖喇嘛"，请赐颁金印。在藏语中，嘉措意为大海；在蒙语中，达赖意为大海。这是达赖喇嘛得名之由来。索南嘉措是格鲁派转世系统的第三世，他的前两任也分获一世、二世达赖喇嘛的追认。这次晤面后，藏传佛教再次在蒙古盛行，蒙古统治者和西藏宗教力量再次联合。同年，蒙古获得明廷的许可，可以与明廷市茶。主要的茶市设在北京西北的卡尔干（今张家口）。卡尔干后来成为大篷车队向俄罗斯出口茶叶的重要市集。

1642年，第五世达赖喇嘛在蒙古部落首领顾实汗的支持下，挫败噶举派，统一全藏。八年后，年仅15岁的蒙古活佛罗布藏旺布札勒三（哲布尊丹巴活佛一世）进藏，从达赖喇嘛学习佛法，并从格鲁派班禅喇嘛学习佛经，在各大寺院建立了礼茶和礼佛的仪

西藏喇嘛喝茶
图片来源：Tiziana and Gianni Baldizzone/Corbis。

轨。1682年，五世达赖入灭，但圆寂的消息直到15年后布达拉宫落成时才公开。这时，无论在宫廷寺院，还是在寻常百姓人家，茶已成为不可或缺的一部分。西藏人发现，喝茶不仅能醒脑提神，还有极佳的助消化功能。而今，农耕民多喝清茶，游牧民则喜欢将茶和盐、酥油混着煮。游牧民将茶砖研成茶末，放入水中煮30分钟，滤去茶末后将茶汤倒入茶桶。而在另一锅中，煮开的鲜奶表面会形成一层奶皮，即酥油。牧民将酥油和盐一起倒入茶桶，负责打茶（反复搅拌）的一般是牧民妇女。据说当茶的声音由"咣当"转为"茶伊"时，酥油和茶就很均匀地混合在一起了。牧民还喜欢用茶、青稞炒面和酥油混在一起做糌粑。这是藏区牧民最常用的早饭。20世纪著名的藏学家、英国人查尔斯·贝尔记载："有的藏民相信，胃空着时，水会从肝里上溢，需要用食物和茶重新压下去。因此藏民将糌粑视作'压肝'。有的藏民则认为早上空腹不舒服是胃虫爬出来的缘故，需要用热茶和早餐将它们送回去。"贝尔还注意到，藏民在进餐前,会先礼佛。他们用右手中指在茶碗里蘸一下,再用拇指和中指在空中弹三下,弹出几滴茶水。西藏传说,婴儿右手中指插在鼻孔中来到人间,故最洁净。

  寺院中,僧人每天喝茶八到十次。寺院的茶房有两名专门司茶的僧人,负责分发官府颁茶。茶房里安有硕大的茶炉和茶壶,为上千名僧人煮茶。拉萨寺院的大锅据说一次能煮茶1200加仑(约4500升)。喝茶以前,僧人会倒出一些礼佛,还要念诵佛经:"以虔诚之心向佛祈祷。弟子和家人亲眷生生世世和佛法僧三宝永不分离!愿佛法僧三宝的吉瑞进入这茶饮中!"随后,僧人用食指和中指将几滴茶甩在地面,继续他的诵经:"那些住在远近的大鬼小鬼,来喝我们的上等好茶!祈愿成真,佛法广大!"

  1716年,意大利传教士伊波利托·德西德里从克什米尔出发,经过数月长途跋涉,沿喜马拉雅北坡山麓来到拉萨,在色拉寺受到僧人的款待,并从师学习藏文和佛经,"从早到晚,毫不懈怠,唯一的休息就是喝茶"。德西德里学习佛经的目的明确而直接:分析佛教和基督教在精神轨迹上微妙而广泛的不同。佛教提出涅槃的概

藏人制作茶饮的器具:a. 铜茶壶;b. 木碗;c. 瓷碗;d. 茶砖;e. 来自库库淖尔的铜壶;f. 来自扎什伦布的铜锅;g. 糌粑袋;h. 木制酥油盒;i. 茶桶;j. 茶算子
图片来源:引自 Rockhill, 1891。

第十章　达赖喇嘛封号的由来

两名苦力背着 300 磅砖茶在海拔 5000 英尺的山间行进。照片摄于 1908 年,地点在雅州和打箭炉之间的崎岖山道上

图片来源:Royal Geographical Society/Alamy。

念，在隧道的另一头并没有光亮，在彩虹的另一端没有金钵，没有上帝，在最后审判的另一边没有永恒的生命；取而代之的是假定的包罗万象的"空"作为所有宗教信仰的终极真理和目标。德西德里对此大为困惑。通过在西藏五年时间学习，德西德里熟练掌握了藏文，甚至用藏文写出了神学论著《完美基督教之精义》，宣扬上帝的观点，批判佛教的"空"。德西德里在《西藏纪行》中记述了当地的饮茶风俗：

> 所有的人都在喝茶，每天若干回……他们在大陶釜（寺院和地主家则用大铜锅）里搁上一把茶，放少量水，再加一点盐土。盐土是白色粉末，会使茶汤变成上好葡萄酒一样的颜色，但不会掺杂茶味。茶汤煮到水分合适的时候，用木柄反复搅拌，直到茶汤表面出现泡沫，就像我们打巧克力糖浆一样。随后用箅子滤去茶渣，再加水煮开。茶汤中加入鲜奶、黄色酥油和盐。将调好的茶倒入另一容器，反复捣拌。随后将打好的酥油茶倒入用铜钉装饰的木壶中，每人可以享受三四碗……

西藏实行政教合一的制度，达赖喇嘛既是宗教领袖，也掌控着政府，茶叶交易自然也由他控制。从元朝一直到17世纪，茶马市集多位于陕西、青海、甘肃的草场；前往西藏的商道从西宁出发，翻过几座人迹罕至的山岭，才能到达雪域高原，到达拉萨。到清朝康熙年间，官府草场的马匹数不胜数，以茶易马已不再具有以往重要的战略意义。同时，靠近印度边境和中亚地区的大批藏民向东迁移，在四川安家落户，四川也成为西藏以外最大的藏民聚居区。中原和西藏茶马交易市集也随之迁移到川西重镇打箭炉（今康定）。打箭炉在四川主要产茶区雅州（今雅安）以西150英里（约320千米)。1693年,第六世达赖喇嘛向中央政府要求将打箭炉作为正式通商口岸。1701年,飞跨大渡河的泸定铁索桥始建,大大便捷了打箭炉和雅州的交通往来。

雅州产茶区包括蒙山一带,出产著名的蒙山绿茶。当地生产的茶砖多销往西藏地区。茶砖分五个等级,其最优者由上等芽叶经最合适的发酵过程制作而成,最劣者曰苦茶,其原料多是老叶细枝,甚至还夹杂着矮栎等杂树树叶。这些树叶经细细切碎后,也会放入大木桶中熏蒸。树叶和茶叶混匀后摊在草席上晾干,再匀入米汤黏结,茶砖就可以打包了。用红纸包好的茶包叠放在一起,再用蒲草席卷成长条状,每卷20磅至25磅(约9千克至11千克)。把茶从雅州运往打箭炉的工作由背山工完成。这些力大无比的背山工一次能背300磅(约136千克)砖茶,每天前行6英里(约10千米)。在去往打箭炉的前18英里(约29千米)路途中,还要爬过高约3000英尺(约1千米)的山头!有一位背山工更是创造了纪录,为法国传教士彼尔特背了400磅(约181千克)茶并顺利到达打箭炉。但这位背山工心力交瘁,不久便去世了。

在打箭炉,用牛皮细细缝包好的茶叶装入竹筐,由牦牛运往拉萨,1300英里(约2100千米)的旅程耗时三个多月,充满艰难险阻。在西藏,达赖喇嘛的贸易官员们备好当地出产的最珍稀的商品,准备易茶:牦牛皮、羊皮、狐狸皮、猎豹皮、猞猁皮、地毯、黄金宝石、麝香、鹿角、红糖糕、来自克什米尔的番红花、来自印度的胰子、别名"魔鬼污物"的草药(冬虫夏草)等等,不一而足。不过,所有这些商品的价值远远赶不上买到的茶叶的价值。所以,大部分茶叶还是用藏人和印度人交易时盈余的卢比支付的。在打箭炉,汉藏商人之间的讨价还价通常借助一位女通事(翻译)进行。达成交易后,西藏的商人就踏上了回家的路。如果能连人带货

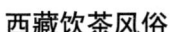

西藏饮茶风俗

在四川省西部甘孜藏族自治州的章达村，生活着五百来人。当地人买茶时，每次会买一竹筐。竹筐深三英尺，宽一英尺，盛茶砖六块。每筐售价四十五元人民币。一个普通家庭一年的茶砖消费量在十二筐左右。茶叶很费的一个重要原因是当地的牲畜（马、牦牛）也喝茶。每当要给牲畜安排重体力活儿，如载人过山去庙里进香或运驮粮食时，藏民会将茶叶、糌粑混在一起喂饲牲畜。

藏区牧民在不同场合会准备不同的茶。酥油茶是藏民家庭最常喝的。备茶时，将茶加入沸水中，再将单独煮开的酥油倒入茶汤中。当有贵客来访，或者请僧人来家里诵经做法事时，主人会捧上糌粑茶。有重体力活儿时，比如在收割季节，家里通常会煮骨茶，把腿骨、糌粑和茶混在一起煮熬。如果家里没有酥油，就只能喝清茶了。

安全抵达，他们的利润非常丰厚，在打箭炉，1斤茶叶的价格是一钱二厘，而在西藏，这一价格高达二十五六钱。18世纪末，从四川入藏的茶道有两条，分别从打箭炉和松潘出发；滇藏茶道则从丽江出发。通过这三条茶道，每年运往西藏的茶砖多达1500万磅。

19世纪以前，外国传教士和探险家可以自由进出西藏。随着英国人占领印度，俄国人在中亚大举扩张，西藏成了列强博弈大棋局中的棋子，岌岌可危。关上了对外交往的所有门户后，拉萨成了地球上最遥远、最神秘的地方，也是19世纪欧洲探险家梦萦神往的圣地。法国传教士胡克是少有的顺利抵达拉萨的欧洲人。胡克

带着头饰的藏族妇女在冲沏酥油茶
图片来源：Michael S. Yamashita/Corbis。

1844年开始长途跋涉，两年后到达拉萨。在前往拉萨途中，胡克曾在青海塔尔寺停留，并亲历了一次由虔诚的佛门朝圣者供奉给全院僧人的盛大茶会。参加茶会的僧人超过四千，每人只能饮茶两碗，每碗合银五十毫。塔尔寺历史上最盛大的茶会则是由鞑靼首领供奉的。在灯花节后，鞑靼首领向全院僧人施茶，并奉送糕点和酥油。盛大的茶会持续了八天。

是时，蒙古人已嗜茶成瘾。和藏人一样，蒙古人的主要食物也是肉、奶制品和谷物，需要喝大量的茶帮助消化。蒙古人做茶时，先用刀将茶砖切下一小块，用碾子碾成茶末，将茶末投入水中煮开，还要加一点苏打以发茶味。另备一锅，在牛奶或羊奶中加入一大把盐煮开。将茶汤倒入奶中，再加青稞面和酥油。煮开后，黄色的酥油茶就做好了，倒入茶壶。蒙古的茶壶多呈圆筒状，高2英尺（约60厘米），铜制，上有盖与壶身连在一起，盖上有两孔，一个出茶汤，一个进空气。酥油茶倒入茶碗就可以享用了。

16世纪末期,明廷和蒙古建立了直接的官方贸易往来,在隔绝二者的长城沿线设立了六个贸易市集。利用这些市集,明廷以茶易马,用以对付来自北方的又一个游牧民族——满族。18—19世纪,满载着茶叶的驼队从张家口出发,一路风尘,前往乌尔格(今蒙古国首都乌兰巴托)。当时,茶砖在蒙古盛行,甚至成了当地的硬通货,官府征税用茶砖,百姓买卖也用茶砖。1838年,蒙古部落牧民向彻臣汗申诉,控告部落首领强迫他们替王爷还债,还要承担别人的捐税。牧民们在诉状中列举了一大堆强加在他们头上的不公平的苛捐杂税:"去年冬天,王爷在乌尔格向中国商人借了2825封茶砖和10小封黄茶。三个月的利息是95封茶砖。我们被逼连本带息替他还债,共支付白银595盎司。"

芬兰东方学家兰司铁发现:直到20世纪初,茶叶依然扮演着通货的角色,"主人要在乌尔格的市集上买羊肉或其他任何东西,仆人必须跟着,还要背上茶砖。不管从哪一方面看,茶作为支付手段总是比哈达(或长或短的丝织品)可靠。但茶砖外皮容易剥落,边角容易磨损,稍微过几道手就不能再流通了。缺损严重的茶砖的最后贡献就是煮成茶汤喝了。可以说,蒙古人一直都在喝钱"。

西藏和蒙古已成为世界砖茶消费的中心,当地人的喝茶方式也是所有喝茶人中动静最大的。西藏人和蒙古人的年人均消费量分别为33磅和18磅。尽管制作茶砖的原料多是老茶,甚至还有细枝,陈年老茶砖的收藏家还是不乏其人。他们大多收藏茶砖中的精品,诸如产自云南的普洱茶,有时还会通过网上拍卖搜罗其中的珍稀品种。

第十一章
我们发明了茶炊！
俄罗斯大篷车茶叶贸易

中国和俄罗斯两个民族历史迥异的国家共有的边境线长达2600英里（约4200千米）。两国之间的关系有理解，也有误解，或亲密，或疏远，或利益共享，或互为仇敌，波澜起伏。17世纪，两个大帝国开始彼此交往。在并非一帆风顺的交往中，两国关系无论亲疏，无论干戈相见或平和宁静，有一种商品如同丝带般贯穿其中。18—19世纪，装满了茶叶的驼队、牛车和大篷车从中国出发，穿过茫茫蒙古戈壁滩和风雪交加的西伯利亚南部，翻过乌拉尔山，一路跋涉，最终到达目的地——人声喧闹的下诺夫哥罗德集市。集市位于伏尔加河流域，西距莫斯科250英里（约400千米），是俄罗斯帝国最大的商品集散地。无论是生活在金碧辉煌的克里姆林宫里的王公贵族，还是生活在乡村小木屋的农民，都把温暖的茶视作国饮，而茶炊（金属制的俄式煮水用茶釜）则是温暖怡人的俄式壁炉的化身。俄国诗人亚历山大·普希金坦言："最甜蜜销魂的，莫过于捧在手心的一杯茶，化在嘴里的一块糖。"

15世纪，莫斯科公国摆脱突厥鞑靼的压迫统治，结束了作为蒙古封地的历史后，迅速向四面扩张，势如破竹。1552年，伊凡大帝吞并了乌拉尔山脉以西的喀山汗国。1581年，哥萨克人叶尔马克·季莫费耶维奇率领俄罗斯军队，将乌拉尔山脉以东、额尔齐斯河流域的西伯利亚汗国纳入自己的版图。在不断东扩进程中，俄罗斯军队在西伯利亚设立了一系列军事要塞。这些军事据点逐渐发展成为南西伯利亚的主要市镇。1648年，哥萨克探险家西蒙·捷任涅夫穿过白令海峡，到达了欧亚大陆最东端。1652年，俄罗斯人在贝加尔湖西南建立了伊尔库茨克要塞。

据历史记载，最早尝到茶的味道的俄罗斯人当属哥萨克人瓦西里·图缅别茨和伊凡·彼得罗夫。1616年，两人受沙皇派遣，作为使臣出使阿拉坦汗王朝（即和托辉特部，明清之际蒙古喀尔喀部落札萨克图汗部的一个分支。——译者注），寻求结盟。阿拉坦汗王朝的首领（珲台吉）硕垒乌巴什是一位蒙古王公，控制着今蒙古西北部乌布苏湖周边的广大地区。由于南部的商路被敌对的卡尔梅克人把持，横贯阿拉坦汗的商路成为连接中俄的唯一通道。图缅别茨和彼得罗夫一行离开俄国在西伯利亚修建的最后一个要塞托木斯克，在砾石满坡的山间颠簸了三个星期后，到达吉尔吉斯，随后又相继到达塔宾和撒亚。年幼的卡拉斯库尔王公为他们准备了充足的驯鹿肉，作为他们前往阿拉坦汗王朝途中充饥用的口粮。硕垒乌巴什看起来平易近人，在收受了沙皇送来的礼物后，盛情款待使臣一行。宴会上，山珍野味摆得满满的，"有野鸭、黑山猪、野兔、牛、羊肉等等，凡十余种。饮品则是和酥油一起煮的牛奶，其中还有一些不知名的树叶子"。

从硕垒乌巴什的口中，沙俄使臣得知，此地离中国都城的路程还要走一个月。中国都城由青砖砌成，四周围着护城河。皇城浩大，骑着马围着皇城走一圈也要花上十天时间。两年后，来自西伯利亚的哥萨克人伊凡·佩特林抵达北京，并和清廷建立了直接联系。但当时俄国没有一位懂得中文的通事（翻译），以至于中国皇帝写给沙皇提议通商的信函一直没有翻译，搁置了56年。1638年，俄国使臣瓦西里·斯塔尔科夫和斯捷潘·聂维耶罗夫回到阿拉坦汗王朝，迎接他们的是王朝第二代珲台吉鄂木布额尔德尼。由于沙皇觉得满足珲台吉提出的请求（一名侏儒、一柄可以连发五发子弹的步枪和一名来自耶路撒冷的教士）比较为难，两位使臣一开始在阿拉坦汗王朝受到冷遇。沙皇随后调整了对这些请求的答复，珲台吉也改而向沙皇进贡，贡品包括200包（每包约3磅）茶叶。但斯塔尔科夫对这一贡品不以为然，毕竟在当时俄国几乎没人知道茶叶，沙皇更喜欢等量的貂皮。

1654年，俄罗斯派出的第一支外交使团来到中国。由于其正使费多尔·拜科夫拒绝行三跪九叩礼，并且以当时处于大斋期为由谢绝中方按满族礼节奉送的奶茶，使团此次中国之行一无所获。四年后，清廷给予第二个俄国使团的礼物为10件（359磅）茶叶。但俄国使臣随即就将茶叶转手卖出，用交易所得换了珠宝。1674年，茶叶开始输往莫斯科。据瑞典使臣契尔伯格记载，当时茶叶售价为每磅30戈比，其功效为"在喝酒前饮茶可防止醉酒，在酒醉后喝茶则能醒酒"。

1652年10月，中俄两国军队在黑龙江河谷的乌扎拉村发生了激战。满族的八旗军联合久切尔游牧民和黑龙江附近世代打鱼为生的阿昌人向俄军发起进攻，战斗以清军失败告终。据俄军首领叶罗费·帕夫洛维奇·哈巴罗夫记载，中方的伤亡人数为676人。1665年，一群正在服刑的波兰犯人到达黑龙江中游的雅克萨，就近筑城，为过往的探险家和遭流放的犯人提供水源。1685年，清军围攻雅克萨城。1689年，中俄《尼布楚条约》签订，双方的恶战宣告结束。俄方以失去日本海出海口、拆毁雅克萨城为代价，获取了贝加尔湖以东外贝加尔地区的大片领土。1699年，俄罗斯官方派遣的第一支商队经过千里跋涉，到达北京。他们用带来的皮毛换取金银珠宝、棉布丝绸、瓷器和少量茶叶。在随后的30年间，俄罗斯的商队每隔三年就会来一趟北京——三年是商队往返莫斯科和北京所需的时间。

17世纪60年代，卡尔梅克人（即蒙古土尔扈特部）从蒙古西部迁移至伏尔加河下游里海西北部（现为卡尔梅克共和国，是俄罗斯联邦境内仅有的信奉佛教的共和国）。1712年，中国向卡尔梅克汗国派遣了使团，这是中国当时向外派驻的仅有的几个使团中的一个。清使图理琛著有《异域录》，详细记述了出使途中所见，其中就记载了俄国当时的风情："凡有喜庆时节，必以酒相庆；有亲朋来，必以酒相迎。于茶则一无所知……俄国人天性自负狂傲，与邻

正在将茶叶装箱的中国工人。截止到1878年，俄国商人已在汉口的英租界内设立了六家茶厂

相处却素来和睦。好诙谐幽默,不好争吵斗殴,有争议多诉之公堂。"1714 年 7 月 2 日,使团在卡尔梅克与当地官员晤谈。专司俄国事务的瑞典官员约翰·史聂彻陪同中国使团参加了晤谈,并记录了当时的情况:"随后,官员依序入座。寒暄之后,主人奉茶,茶以羊奶相和。地上覆以小块红色锦缎,其功用当与桌布类。"

1727 年,中俄签订《恰克图条约》,确定了两国中段边界;允许俄罗斯人在北京建造东正教堂;在两国边境地区恰克图(在贝加尔湖以南)设立互市,作为边境贸易的集散地。俄国政府的公文记载:"恰克图集市周边每边长 200 米,四角设有瞭望塔。在此方形集市内,共设 32 个摊位……"一年后,中国商人在边境线中方一侧开始兴建新的集市,名"买卖城"。买卖城和恰克图集市之间仅以木篱相隔。

是时,俄国人对茶的兴趣越来越浓。中国山西的帮会商人素来以精于商道出名,控制着恰克图的茶叶贸易。唐朝历史学家李延寿《北史》记载:"河东俗多商贾,罕事农桑,人至有年三十不识耒耜。"每年早春,晋商会早早来到福建西北的武夷山区(红茶主产区)采购新茶。货物经江西、河南后运往北京西北的张家口。张家口是货物运输的中转站,大篷车商队在这里集合后,将开始 1500 英里(约 2400 千米)的漫长旅程,一路风尘,穿越蒙古高原后到达恰克图。

在炎炎夏日,数百辆牛车组成的商队在土路上缓缓前行,每辆牛车拉着 400 磅的货物。傍晚时分,商队就地安营扎寨,牛群就近放牧,喂饲草料,满载货物的篷车围成一圈,守卫犬在营地附近来回奔跑,驱赶随时可能出现的窃贼。在寒冷的冬季,草料不足,运送茶叶的任务多由驼队承担。骆驼多是骟过的公驼,每头骆驼能够负驮 280 磅的货物。货物用麻绳或竹编的筐装盛,驼队前行的速度为每小时两三英里，甚为可观。驼队规模大小不一，少则二十头，多则千余头，通常由喀尔喀人或喀喇沁人两支不同的蒙古部族押运，押运方式也略有不同。喀尔喀人押运的驼队多日行夜宿，而由汉族商人雇用的喀喇沁人押运的商队则多选择夜间前行。

在俄国，当地人用双筒望远镜密切观察，热切盼望着商队到来。19世纪的姚元之在《竹叶亭杂记》中记载，在商队离恰克图还有三四百里路程（四五天行程）时，当地人就开始清点篷车、牛或骆驼的数量，并以此估计货物量的多少。1750年，在恰克图交易的茶砖凡7000件（25万磅，约110吨），白毫（质量较好的散叶茶）凡6000件（21.5万磅，约97吨）。除了茶以外，中国商人带来的商品还包括丝绸、瓷器、金银、烟草。另外，还有俄国、西伯利亚和欧洲的居民非常看重的大黄。大黄具有良好的医用和通便功效。俄国商人售卖的商品主要是动物毛皮。

中俄之间偶尔发生冲突时，买卖城和恰克图的互市也会关闭。这一期间，远在欧洲的俄国人多转向荷兰人和英国人买茶，而在西伯利亚的游牧民族（如布里亚特人）则设法和中国人私下交易，买茶自用。恰克图互市一旦重启，茶叶贸易很快恢复。随着茶叶价格下降，更多的俄国人接受茶叶，恰克图的茶叶贸易持续增长。18世纪末，俄国的对外贸易由六大行商专营，莫斯科行商专营羊毛产品、海象和海狮皮毛，换取中国商品。1810年，俄国行商通过易货交易，从中国进口了75000件（270万磅，约1210吨）茶砖和白毫，交易量比1750年增长了近六倍。1818年，由于拿破仑指挥法国军队一度占领莫斯科，俄国与中国的贸易锐减，很长时间内没能全面恢复。据俄国驻恰克图代表记录，当年运载中国商品入境的牛车凡1420辆、驼车凡3450辆，茶为其中主要商品。

俄国商人从买卖城采购茶叶后，将其运回恰克图。成箱的茶叶改用牛皮包裹，负责缝制牛皮包裹的匠人称为采比科夫，后来从事这一行业的很多人都以采比科夫作为姓氏（直到今日，恰克图地区仍然有姓采比科夫的居民生活）。夏天时，茶叶经水陆两路从恰克图运往伊尔库茨克，经陆路运往托木斯克，由驳船运往秋明，再走陆路穿过乌拉尔山运往彼尔姆，随后沿卡马河和伏尔加河运抵下诺夫哥罗德。冬天冰冻时期，整个 3800 英里（约 6100 千米）的行程由雪橇和马车完成，耗时一两百天。运输途中，为确保茶叶质量，需要对茶叶进行四次检验，分别在伊尔库茨克、托木斯克、秋明和彼尔姆进行。

随着越来越多的俄国人接受茶饮，俄罗斯人将其深厚的传统习俗和当时的材料相结合，创造了独特的茶具，并形成了上茶、喝茶的礼仪。在公共场合，男士们点茶时会要求"带一条茶巾"。茶巾多搭在脖子上。当滚烫的茶水倒入茶杯时，水蒸气升腾而起，会在睫毛上形成水珠，男士们就用茶巾拭去水珠。男士喝茶多用玻璃杯，下面垫一个金属茶托。女士多在家中喝茶，大多用瓷杯沏茶。亚历山大·杜马斯在《餐饮词典》中解释了这一有趣的性别差异：

> 在俄国，男士用玻璃杯喝茶，女士则用瓷杯喝茶。这一风俗在外人看来甚是费解。关于这一风俗有一个传说。据说茶杯最早产自喀琅施塔得，杯底的图案多是喀市风景。当茶馆老板吝啬用茶时，杯底的风景便会一览无遗。这时茶客会大声招呼："我看到喀琅施塔得了！"茶馆老板自然无话可说，扭送官府也是很自然的事。从此，茶馆全部改用玻璃杯沏茶，杯底什么花纹也没有，更不要说喀琅施塔得的风景了！

饮茶风俗还催生了新的茶具——茶炊，这是象征俄罗斯家庭和

19世纪的银制茶炊,装饰典雅,上面饰有珐琅和天青石
图片来源:Ivory and Art Gallery, Tel Aviv。

壁炉的特有的符号。在俄语里,茶炊"萨摩瓦"的基本含义是"自煮"。茶炊的起源已不可考,历史学家对茶炊的雏形也说法不一,中国和朝鲜的鼎、西欧煮水的银壶、英国的茶壶、俄罗斯的酒壶等等,都是他们讨论的对象。最简单的茶炊是一种底部带水龙头的盛放热水的金属桶,中间有一根空心管直通上下。木炭、松果等燃料放在空心管中。管顶置一把茶壶,里面是茶汤浓汁。炭火用风箱吹旺后,煮沸桶里的热水和茶壶里的茶汤浓汁。喝茶时,依口味喜好不同,从水龙头中放出热水稀释壶中浓茶,通常的比例为一份浓汁兑十份热水。

1778年,枪炮工匠伊万·利西岑在莫斯科以南110英里(约180千米)的图拉小镇开设了第一家茶炊作坊。图拉镇历来以生产枪炮器械和金属制品出名,后来成为茶炊制造中心。早期的茶炊造型多效法俄罗斯传统的铜杯、瓶壶。19世纪初,图拉镇的罗莫夫和伏龙佐夫兄弟用铜锌合金(即顿巴黄铜)制作茶炊,风靡一时。某家购进一具茶炊时,通过品评茶炊所用材料、制作工匠的声誉、茶炊装饰的精细程度，可以了解这一家庭的经济状况。茶炊的形制变化越来越多，有锥形、球形、罐形、葡萄酒杯形、酒桶形、鸡蛋形、橡果形、梨形，甚至萝卜形，不一而足。不少家境殷实的家庭拥有两具茶炊，一为日常生活用，一为节庆时用；普通人家则多购置19世纪常见的大路货。对于一贫如洗的农民来说，虱子横行的昏暗的小木屋里，茶炊是唯一能带来一丝暖意和希望的家产。一旦赤贫的农民无力缴纳官府的捐税，征税官就会上门催讨，茶炊是他能拿走的最值钱的东西。契诃夫在短篇小说《农民》中写道：

> 没有了茶炊，奇基利杰耶夫的家里变得异常沉闷。茶炊被人夺走，这是有损尊严、有失体面的事，就像这家人的名誉忽然扫地一样。要是村长拿走桌子和凳子，拿走所有的瓶瓶罐罐倒也好些，那样的话，屋子里也不会显得如此空荡荡。

陀思妥耶夫斯基曾经彻夜不眠，喝着茶炊里冰冷无味的茶水写成了一篇篇传世佳作。1862年，作家离开圣彼得堡，第一次云游西欧。在两个半月的行程中，作家马不停蹄地游览了柏林、德累斯顿、巴黎、伦敦、日内瓦、佛罗伦萨、维也纳等西欧名城。当然，威斯巴登的轮盘赌是非去不可的。回到俄国后，作家出版了这一游历纪行《冬天里的夏日印象》。在游记中，作者以批判的眼光审视着西欧社会。他认为，西欧社会为了虚伪的资本主义的物质享受，背叛了人类的兄弟情义。在著名的科隆大桥前，陀思妥耶夫斯基正在翻找证明他俄国人身份的徽章，看到过境收费官投来轻蔑一瞥，感觉受到莫名侮辱。他在心里愤怒地争辩道："我们发明了茶炊！"

俄国文学圈中最著名的茶炊当属奥代夫斯基王妃的珍藏。王妃

俄国农民家庭围坐在装饰简朴的茶炊旁。画面的主题是夏日茶聚
图片来源：B. Avanzo/ Library of Congress, Washington, D.C.。

的丈夫弗拉基米尔·费德罗维奇·奥代夫斯基是俄国著名的作家、哲学家,和俄国诗坛巨匠亚历山大·普希金交往甚密。19世纪30年代,每个周六的剧场表演结束后,王子夫妇都会在家里举办公开沙龙。客人们大多姗姗来迟,晚上11点以后才陆续到达。客人们先在两个小房间里会齐,再去图书馆里畅谈。图书馆的镇馆之宝是一件硕大无比的银制茶炊。普希金是沙龙的常客,也是一位痴迷于茶茗的雅士。在记录高加索之行的游记中,普希金写道,当地的原始蛮荒部族应该享受到俄国文明的润泽,《福音书》和茶炊自然是传布文明的利器。在他的散文长诗《叶甫盖尼·奥涅金》中,女主人公达吉亚娜在发出了一生中第一封也是最后一封情书后,一整天都在热切地等待着奥涅金的答复:

黄昏来临,桌上灯光闪闪,
烧晚茶的茶炊咝咝作响,
烫热着中国的细瓷茶壶,
轻轻的水汽在它下面飘荡。

1829年,9670峰骆驼和2705头牛拉载的大篷车运抵恰克图,车上货物都是茶叶。当时,恰克图是俄罗斯帝国境内屈指可数的大市镇之一。瓦西里·S. 康定斯基是通过茶叶贸易积累了巨额财富的众多富商之一,他儿子后来成为著名的艺术家。这些俄国富翁还捐资在恰克图修建了两座宏伟的天主教堂:三一大教堂和复活大教堂。教堂之瑰丽宏伟,与圣彼得堡的大教堂不相上下。而今,两座教堂已遭废弃,颓垣断壁依然屹立在风雨中,追忆着恰克图的辉煌岁月。沙皇政府规定,与中国人的交易必须以易货方式进行,不得用白银买茶。而在实际买卖中,用蜡烛和银铸的饰物支付的买卖

用牛皮包裹的茶叶即将从恰克图运往欧洲
图片来源：伦敦大英博物馆。

随处可见。交易纠纷也层出不穷。清政府派出的贸易代表抱怨称："（中国）商人手中持有的沙俄商人的银票多达 8 万两。如果中国商人一时抵制，沙俄商人必然无法兑清所有银票。我非常担心商人的损失会越积越多，意外自然也极易产生。"

19 世纪的下诺夫哥罗德每年 7 月都会举办大市集，近一半的俄国商品通过市集转手交易。市集正式开始的时间以第一箱从恰克图发运的茶叶运抵后举行开箱仪式的时间为准。成箱的茶叶从西伯利亚码头卸下后，茶叶样品旋即送往茶商设在"中国街巷"的临时办公室，专业的品茶师通过严格检查（而非仅凭茶香）以确定茶叶的质量品级。在市集上，茶叶批发商用现款购买茶叶，再把茶叶发给俄国各地的经销商铺。从恰克图来的茶商经纪人获得现款后，马上转手采购恰克图和中国市场需要的皮毛、丝绒、细毛布、皮革制品等等。

1851年，《中俄伊犁塔尔巴哈台通商章程》签订后，清廷开放了地处中亚的伊犁和塔城（两座城市均靠近今哈萨克斯坦）与俄通商，开辟了一条往西直通俄国腹地的大篷车商道。通过恰克图交易的主要商品是武夷红茶和福建白毫，通过西向商路出口的大宗商品则是来自安徽的珠兰茶，一种带有金粟兰花香味的绿茶。珠兰茶的最终目的地并非俄国，而是西欧市场。第二次鸦片战争（1856—1860）后，俄国商人获许在汉口（今武汉）直接采购茶叶，从而避开了山西商人作为中间商的层层加码。1862年，从伦敦转运来的"广州茶"首次在下诺夫哥罗德上市，恰克图的贸易地位再次遭受打击。为了应对海运途中的潮湿气候，广州茶烘焙略有过度，但由于其价格低廉，茶叶在普通百姓中还是深受青睐。家境殷实、饮馔讲究的人家依然选择购买由大篷车从恰克图运来的茶叶。由于陆路运输比较干燥，这些茶叶的烘烤都比较适宜。

1869年，苏伊士运河凿成开通。从汉口采购的茶叶可以通过黑海敖德萨港更便捷地运抵俄罗斯，无须再经过恰克图，来自敖德萨的茶叶开始在下诺夫哥罗德市集上和其他茶叶一拼高下。黑龙江通航时，满载着汉口茶叶的俄罗斯蒸汽轮船驶过日本海，逆黑龙江而上进入贝加尔湖，再转由陆路运往俄罗斯其他地方。在汉口的英租界，俄罗斯人设立了好几个茶厂，蒸汽驱动的机器将茶末压成茶饼，上面打上不同公司的印记。1872年，伊万诺夫公司在福建设立了第一家茶砖厂，将以前废弃不用的茶末压成茶砖。三年后，两家在福建设有茶厂的公司生产了近500万磅茶砖，供俄罗斯人用茶炊烹煮。相对于英国和美国而言，俄国和清廷的关系要好一些，但俄罗斯人仍不免被中国工人斥为帝国主义食利者。1881年9月4

日，皮亚特科夫·莫尔恰诺夫公司在福建的茶厂发生火灾，工人们竟然拒绝施以援手，围观者聚集在工厂周围，大声叫嚷："让洋鬼子和他们的财产都烧成灰烬吧！"另外一群人则撬开了工厂的保险柜，把里面的现金抢劫一空。

是时，俄罗斯人的禁酒运动正如火如荼地展开，人们用茶作为新的战斗武器，试图禁绝长期以来使人萎靡不振的嗜酒（伏特加）恶习。第一莫斯科禁酒协会在市民生活一贫如洗的地区（如西特罗夫市集）设立了五个戒酒茶室，茶客喝一壶茶加三块方糖只要五个半戈比。为了抵制嗜酒恶习，新实施的国家伏特加专营法规规定，只有政府商店方可售酒，而这些政府商店并不提供食品。对政府专营颇有微词的巴洛夫博士批评说，对于真正的酒徒，这些规定就是废纸一张，他们很快就有了绕过这些规定的对策："顾客走进茶室，点了壶茶，喝干壶里的茶以后，从口袋里摸出一瓶伏特加，倒入茶壶，又把酒瓶塞回了口袋。"家庭主妇劝导丈夫戒酒的方法则要文雅得多，她们会用茶杯给毫不生疑的丈夫递上一杯名为"艾尔考拉"（Alkola）的混合饮料，其中有蒲公英根、甘草、溴化乳剂和小苏打（广告上说这是一种戒酒良药）。不管怎么说，俄罗斯人的戒酒运动或多或少还是有些收获的。19世纪末，俄罗斯人讨要小费的口头禅由"赏点酒钱"改成了"赏点茶钱"。

1891年，横跨西伯利亚的铁路大动脉开始铺轨，恰克图集市的历史就此画上句号。新建的铁路是不断扩张的沙俄帝国的坚固基石。为了修建在沼泽和冻土中蜿蜒穿行的铁路，成千上万的犯人和士兵不断挑战身体极限，甚至因此丧生。1899年，铁路至伊尔库茨克段开通；1903年，铁路往东延伸至辽东半岛的旅顺港。火车出现后，牛拉的大篷车成为冗余，恰克图市集由此谢幕。一个半世纪以来，这里曾经人声喧杂，操着汉语、蒙古语、俄语的商人忙着讨价还价。而今，整个市集已经荒芜，罕有人迹。

当然，恰克图市集的没落并不意味着俄国人恋茶情结的终结。和英国人、荷兰人一样，俄国人也试图摆脱对中国茶叶的依赖。1893年，波波夫公司在高加索地区（今格鲁吉亚巴统港附近）开辟了沙俄帝国的第一片茶园。随后，茶树种植迅速向周边地区传播，甚至传播到了土耳其的里泽地区。最终，茶取代咖啡成为土耳其的国饮。在伊斯兰世界里，波斯、阿富汗等众多民族和土耳其人一样，都接受了俄国人的茶炊。伊斯兰世界的茶史将在下一章讲述。

第十二章
征服新世界
伊斯兰世界茶史

先知穆罕默德于632年升天后,伊斯兰世界以令人吃惊的速度传播着他的教义。732年,阿拉伯骑兵在普瓦提埃战役中与法兰克王国宫相查理·马特率领的骑兵短兵相接,阿拉伯军队溃败。十九年后,在阿拉伯帝国向东扩张的最前沿,阿拉伯军队和中国军队在塔拉斯河流域(今哈萨克斯坦境内)发生了历史上唯一的一次正面交锋。伊斯兰世界广为流传的先知穆罕默德的哲言是:"学问,即便远在中国,亦当求得之。"许多伊斯兰学者对这一哲言的真实性持怀疑态度,但它高度概括了伊斯兰世界和中国的紧密联系:中国远在万里之遥,但那里发达的文明使得跋山涉水的旅途成为值得的投资。即使不考虑那里的人文进步,中国还有令人心动的精美商品(丝绸、瓷器、茶叶)。9世纪时,阿拉伯独桅三角帆船已经抵达广州的洋面,采办中国商品。阿拉伯商人注意到,当时的中国集市上已经有茶叶出售。11世纪时,波斯的大学者阿尔比鲁尼的著述中,已有茶的记载。

1258年,蒙古大军攻陷巴格达,阿拔斯哈里发王朝结束。有人认为,喝茶习俗是随蒙古军出征时传到西亚的,但我们无法确认蒙古将士出征时鞍囊里是否装了茶。波斯、美索不达米亚和地中海东部国家在 17 世纪以前已经有茶饮的证据一直不足。为了控制帝国西部,蒙古人的一支在大不里士(里海西南的重镇)定都。在伊利汗国第七代可汗合赞统治时期,当地一位犹太药商的儿子拉施德丁在三十岁时改宗伊斯兰教,后来成为合赞汗的重臣。

拉施德丁学识渊博,他和元朝使臣孛罗合作,撰写了忽必烈汗统治下的大帝国历史,详细介绍了中国的官府机构设置。他还撰写了一部农书《碑记与动植物之书》,涵盖了从中国到埃及整个欧亚大陆的农事。人们用阿拉伯语和波斯语抄写后,在大帝国内广泛传

阿富汗的茶馆。阿富汗人夏天喝"性凉"的绿茶,冬天则喝"性暖"的红茶
图片来源:Marai Shah/AFP/Getty Images。

阅，农业因此得以大发展。在有关中国农事的章节中，拉施德丁记录了众多植物的种植与栽培细节，记录的植物包括椰子、肉桂、黑胡椒、檀香木、橘、枣、桑、荔枝等等。书中还罗列了各种茶的资料，介绍了茶的药用特性以及忽必烈汗鼓励在中国北方种茶的资料。拉施德丁记载："当地有一种茶比较特殊，当地人喜欢将其与麝香、樟脑等混合……人们用碾子将茶叶碾成末，就像散沫花和筛过的面粉一样，再用长条纸将茶末卷成包，上面加盖官印，以备征税用。如果有人将未加盖官印的茶包出售，一旦发现就会有牢狱之灾。茶叶发往全国各行省，属于大宗商品。这种茶叶的味道很特别，还有营养价值。"

在两河地带（今乌兹别克斯坦。锡尔河与阿姆河向西流入咸海，两河地带即指锡尔河与阿姆河之间的地区），帖木儿建立的传奇帝国代替了蒙古帝国。帖木儿（1336—1405）是一位突厥化的蒙古族后裔，信奉伊斯兰教，建立大帝国后，定都撒马尔罕。在三十五次辗转征战中，帖木儿征服了波斯和格鲁吉亚，密谋占领莫斯科，屠城巴格达和大马士革，入侵印度北部，建立了幅员辽阔的帖木儿大帝国。在准备进攻中国时，帖木儿在行军途中因风寒暴病而死。帖木儿的儿子沙哈鲁继承皇位后，将首都迁往今阿富汗西部的赫拉特。沙哈鲁在位时，减少了对外征战，在阿富汗兴建了宏伟的清真寺和神学院，并于1419年派出使臣前往中国。据使团书记官吉亚斯·乌德丁记载，在使团离开中国前，中国官员对其进行了严格检查，确保使团没有将禁运商品偷运出境。其中，茶是严格控制的战略商品，中国政府用来换取藏区的战马。任何私贩者都会被处以极刑。

16世纪的波斯商人阿里·阿克巴曾记载："在中国，清心寡欲的饱学之士不好吃喝，祖上传下来的传统是不喝凉水，只喝热茶。"

当时编撰的波斯—中国贸易辞书中也已出现茶的内容。然而，在1543年以前的布哈拉，茶仍然是人们道听途说、津津乐道却从未见过其真容的商品。布哈拉东距撒马尔罕130英里（约210千米），是丝绸之路上的重镇。土耳其16世纪的历史学家塞夫·塞勒比曾在布哈拉了解到西藏人从中国购买茶叶，并对此作了记载："中国人好茶饮，和我们喜欢喝咖啡差不多。一旦没有了茶，他们就会脾气暴躁，难以相处，和康斯坦丁堡吸食鸦片的瘾君子不相上下……"当时，茶还没有大批量输往中亚。英国探险家安东尼·杰肯逊的旅行记录也证明了这一点。杰肯逊曾在16世纪中叶到达里海以东地区。他看到，住在他的大篷车里的鞑靼突厥人只喝水和马奶，没有其他饮料。

布哈拉人以擅长经商出名。布哈拉这一绿洲市镇位于中亚腹地，战略位置极为重要。这里的商人在漫长的旅途中，向东穿过费尔干纳谷地，越过帕米尔高原，抵达卡什干和丝绸之路上的其他商贸重镇，大量采购丝绸、棉织品、宝石、烟草、大黄后返回西伯利亚、莫斯科、波斯等地。再次返回塔什干以前，商人们会备足用以出售的商品，包括皮毛、毛呢、地毯、镜子、硇砂等等。大黄是当时具有特别价值的商品，布哈拉的商人几乎垄断了这一商品的交易。在欧洲，大黄被誉为包治百病的万能药，无论肝病、黄疸，还是腹泻，大黄都有药到病除之功效；在俄国和西伯利亚，大黄也是人们竞相购买的神药；印度的人们甚至以十倍重量的黄金换一份大黄。

16世纪中叶后，蒙古军队对中国的威胁最终消失了，茶马互市在中国战略中的重要性也变得不如以往。随后，中国清朝政府逐渐放松了对茶叶交易的控制，允许私商将大量茶叶通过新疆运往哈萨克、吉尔吉斯、乌兹别克、塔吉克等地销售。很快，当地人也迷上了这一不起眼的树叶沏煮的汤饮。满载着茶叶的大篷车从布哈拉出发，长途跋涉 1000 英里（约 1600 千米），穿过卡拉库姆沙漠和卡维尔盐漠，最后抵达波斯首都伊斯法罕。17 世纪上半叶起，茶已成为伊斯法罕当地人日常起居的一部分。德意志荷尔斯泰因公国曾向波斯沙阿派出使节。据外交官亚当·奥莱里亚 1638 年的记载，当时在伊斯法罕有三类社交场所：酒馆是皮条客汇集的地方；咖啡馆是诗人、历史学家和说书人光顾的地方；中国茶馆则是有声望的社会贤达常来之地，他们在这里喝茶、抽烟、下一种波斯人名为"沙特兰兹"的象棋（象棋源于梵文"恰图兰卡"，四兵种之意）。据奥莱里亚记载，当地人下"沙特兰兹"象棋时，还曾赢过莫斯科人。奥莱里亚记载："波斯人煮茶，以味苦色黑为佳，又在茶里加入茴香、八角、丁香、红糖。"在伊斯法罕的印度人则光喝茶，不加任何香料。他们用隔热的杯子盛茶，茶杯用"木或藤条做成，外面用铜、银甚至金箔装饰。这样，滚沸的茶捧在手心也不会觉得烫手"。

伊斯兰教传播所及，无论北非、波斯、中亚，纵酒都是被严格禁止的，这是《古兰经》的明确要求。986 年，俄国人曾经未作仔细考察，草率地决定信奉伊斯兰教。也许是忍受不了禁酒的缘故，俄国人又在 988 年改信基督教。在中国，佛教徒率先提出戒酒，改用茶伴随僧人念经修行。在伊斯兰世界里，神秘主义苏菲教派从 15 世纪中叶开始便饮用咖啡提神醒脑，帮助他们完成夜间的宗教仪式。信徒们通过诵经、转圈、摆身等方式和真主交流，解放灵魂。咖啡在故土也门生根发芽后，很快便传到了整个伊斯兰世界，麦加、开罗、丹吉尔、伊斯坦布尔、巴格达、伊斯法罕等地的咖啡馆如雨后春笋，一家接一家地开张。但伊斯兰世界对咖啡的追崇还没怎么热起来，清真寺的阿訇们便开始担心世俗的咖啡热会影响寺里的宗教修行，开始了对咖啡的口诛笔伐。根据《古兰经》的要求，只要能证明咖啡会醉人，咖啡就必须彻底禁绝，蛊惑人心、伤风败俗的咖啡馆也只能关门了事。博学的阿訇开始苦苦思索，找寻咖啡醉人的证据，但他们的论辩毫无说服力可言。开罗和麦加的僧侣集团试图关闭咖啡馆的努力最后成为徒劳之举。尽管如此，咖啡豆在宗教人士看来总是有弊端的。17世纪，越来越多的中国茶出现在撒马尔罕、布哈拉和伊斯法罕的市集上，改革伊斯兰教徒喝咖啡的号角吹响了。

17世纪，连接欧亚的海上运输迅猛发展，来自英国、荷兰和葡萄牙的商船定期开往远东，装满茶叶后返航，并在沿途港口停靠，这一航线成为茶饮向世界传播的新途径。17世纪的英国旅行家约翰·奥文顿曾经前往印度西部港口城市苏拉特［南距孟买200英里（约320公里），是当时的商业重镇］游历。在游记中，奥文顿写道："对于印度人和生活在印度的欧洲人来说，茶实在是再熟悉不过了；对于那里的荷兰人来说，喝茶是一种备选的休闲方式，茶壶鲜有离开火炉、束之高阁的时候。"在其他并不特别起眼的城市如巴达维亚、亚丁和桑给巴尔，来自欧洲的管理者、传教士和商人聚集在阳台上，品尝从未见过的茶饮。他们用宜兴茶壶泡茶，用精致的中国瓷杯盛茶。当地的权贵富商争相效仿，喝茶蔚然成风。

1662年，英军三千名士兵或骑马，或步行前往摩洛哥，接收直布罗陀海峡港口城市丹吉尔。这是布拉岗扎的凯瑟琳公主嫁给国王查理二世的嫁妆。19世纪的法国人类学家奥古斯特·莫略认为，正是在英国占领摩洛哥期间（1662—1683），英国人把茶介绍到了摩洛哥。不过，根据史料记载，茶叶第一次被带到摩洛哥是在1718年。当时，英国使节科宁斯比·诺伯里将茶作为礼物赠送给摩洛哥北部城市得土安的酋长巴沙·阿哈默德。从此，从伦敦转口运往摩洛哥的茶叶数量与日俱增。有意思的是，摩洛哥人特别喜欢绿茶清凉的感觉。这一偏好对英国商人来说是两全其美的机会，因为在英伦三岛，人们开始冷落绿茶，绿茶出现了滞销。

综观整个18世纪，茶在摩洛哥还是罕见的奢侈品。1793年，英国外科医生威廉·伦普里尔出版了《从直布罗陀前往丹吉尔、萨利、莫哥多累、圣克鲁斯、塔鲁登特，并由此经阿特拉斯山前往摩洛哥的游历记述》，对摩洛哥的用茶礼仪作了详细介绍：

> 喝茶不论时间，茶壶放在矮脚茶托里端上来。这是摩尔人的最高礼遇。在柏柏尔人中，茶还是昂贵稀少的商品，只有富有人家才享受得起。备茶时，把绿茶放入壶中，再加一小撮艾菊和薄荷，外加一大把糖（摩尔人酷爱喝甜茶），然后在壶中倒入沸水。闷够一定的时间后，茶汤倒在精巧的印度瓷杯里（越小越雅致），不加奶，逐一分给在座的客人。随茶端上来的还有蛋糕和干果。摩尔人对茶有敬重之心，喝茶时喜欢小口呷品，这样可以更持久地品味茶香。由于摩尔人喝茶量大，一旦开喝，一顿茶喝个两个小时再平常不过了。

伦普里尔前往摩洛哥的主要任务是治疗苏丹西迪·穆罕默德·本·阿卜杜拉儿子的眼疾。医生记载了一段很有趣的谈话：

> 陛下以严肃的口吻问道："为什么不让穆勒·阿布索勒（苏丹的爱子）喝茶呢？"我回答道："穆勒·阿布索勒的神经很脆弱，喝茶会损伤神经系统。"陛下又问道："有害健康的茶，英国人为什么喝这么多？"我回答道："确实，英国人每天喝两次茶，但他们的茶没有摩尔人沏得那么浓。再者，英国人喜欢在茶里加奶，这也有助于减轻茶的损害。但摩尔人喝茶必喝浓茶，喝得又多，还不加奶，自然对身体有损伤了。"苏丹答道："确实如此。

据我所知，有的人手发抖恐怕也是茶葱的祸。"

史料记载，拉什特的总督是得到俄国茶炊的第一位波斯人。拉什特是里海西南的一座滨海城市，有人在1821年向总督大人进奉了一具茶炊。总督后宫的一位宫女学会了用茶炊煮茶后，总督将宫女连茶炊一起供奉给了当时的波斯国王法特赫·阿里沙。随后，茶炊才逐渐传入贵族富商人家，最后又传到了叙利亚和约旦。19世纪德国外科医生雅各布·E. 波拉克记载，18世纪的波斯社会动荡，饮茶风俗曾一度中断，直到19世纪30年代才逐渐恢复。为恢复饮茶风俗，向波斯王子送礼自然是免不了的。1850年，波斯沙阿的首相阿米尔·卡比尔将制作茶炊的专营权授予伊斯法罕的一位名工匠，并从官府中拿出钱财补贴工坊。但没多久，阿米尔·卡比尔倒台，官府逼迫工匠把官府的补贴如数返还，制作茶炊的工坊也只好关门大吉。

是时，大英帝国和沙俄帝国正在为争夺亚洲的主导权展开激烈较量，历史学家将这场较量诙谐地称为"大博弈"。英国和沙俄的冒险家和情报人员裹着头巾，打扮成土耳其人或波斯人忙着绘制地图，对可能成为战场的地区进行地形测量。在英国控制了印度，沙俄攫取了波斯的大片领土后，阿富汗成为两大帝国角力的焦点，这一地区是英国防止沙俄入侵印度的天然屏障。1829年，头号间谍亚历山大·伯恩斯上尉来到印度河流域，又费尽周折进入中亚腹地布哈拉，图谋完成一项复兴任务。考察完成后，上尉出版了著名的《布哈拉行纪》。根据书中记载，当时，乌兹别克、伊朗和阿富汗的人们在日常生活中喝茶已非常普遍。

在这里，无茶不做事。当地人手不离杯，每时每刻都在喝茶。以茶相佐，谈话交流也变得更加顺畅。乌兹别克人喝茶时喜欢加盐，不好加糖，有时会加点酥油，名曰"克穆克茶"。每人痛饮两大杯后，再用小杯盛茶，不加奶，传给客人。壶中茶叶亦一一分给客人，客人会像嚼烟叶一样嚼食茶叶。

据伯恩斯记载，在布哈拉市集上，当地人用欧洲的茶壶煮茶。当年，运抵这里的茶叶多达950辆马车，合20万磅（约90吨）。这些茶来自莎车，途径帕米尔高原运抵中亚。莎车在今喀什东南100英里（约160公里），处于塔克拉玛干沙漠西部边缘，是大篷车商路上的重镇。从中国内地到莎车的路途遥远，需要耗时数月。商队到达莎车后，茶叶由箱装改为牛羊皮缝制的袋装（木箱在下一程的西行路上都会散了架）。运往布哈拉的茶叶都是绿茶。其最佳者曰"毛蟹茶"，产自中国大丘仑。用锡盒或铅盒装的白茶售价每磅四卢比。伯恩斯认为他在英国喝到的茶中无一能与毛蟹茶相比。由于不走海路，毛蟹茶"不会沾染船舱内的浊气和海风中的潮气，保持了独特的香味"。

罗伯特·肖来自阿萨姆，是一位年轻的茶园种植园主。他曾经长途跋涉来到中亚，试图为印度茶叶打开新的市场，后来却陷身于英俄的"大博弈"中不能自拔，成为最早到达莎车的英国人。他来这里的时间是1868至1869年间。据肖记载："今天我花了很长时间和尤兹巴谢尔探讨茶的话题。当地人喝茶都是海量，尤兹巴谢尔每天至少喝八壶至十壶茶。维吾尔人如果不能在中午喝一大壶，会和不足12岁的男童一样，被耻笑为不是男人。"根据肖的记载，每年从中国运往布哈拉的茶为1万驼，约合500万磅（约2200吨）。这一数字比40年前伯恩斯记录的数字增长了25倍。

每年回历12月，波斯的伊斯兰教众都会前往麦加朝圣，整个旅程足用的茶叶都装在行囊中。这样,茶逐渐传播到了阿拉伯半岛的各个酋长国。随着印度茶叶出口不断增长,阿拉伯半岛廉价茶叶的需求有了稳定的供应保障。19 世纪 70 年代,英国诗人查尔斯·蒙塔古·道迪出版了经典的《阿拉伯沙漠游记》,精彩地记述了阿拉伯半岛的游牧民族接受茶的过程:

> 午后,天空晴朗,太阳烤干了我们的湿衣服。赛伊德的帐篷里正在举行盛大的咖啡派对。赛伊德答应过,卡利尔(多迪先生)会在派对上煮茶给大家喝。赛伊德告诉大家,茶就是基督徒喝的咖啡,"另外,亲爱的卡利尔,既然客人们都要尝尝,你在茶里多加点糖吧"。赛伊德转过身来大声招呼客人:"今天我打了沙漠里洁净的雨水,茶真是棒极了。诸位对基督徒的咖啡感觉怎么样?"客人答道:"糖倒是不错。不过这茶,味道比温水好不了多少……味道太淡了……和他们用脏水煮的咖啡比,简直是淡而无味。"拉希尔喝了一杯,便把杯子朝下递了过来(表示他不想再喝了),问道:"卡利尔,这该不是基督徒喝的酒吧?"在座的客人无意再喝第二杯,但出于礼貌,还是把杯里的甜饮喝了个底朝天,并请卡利尔再加一点。我向拉希尔说起了波斯人去麦加朝圣时在大篷车里喝茶的故事。喝了第二杯茶的贝都因人听出来我对茶很崇拜,又开始感觉到喝茶以后神清气爽,渐渐对茶有了好感,认为这一甜饮是治疗身体虚弱的良药。但我从来没有喝过他们一杯鲜奶,即便开口索要也是徒劳。他们从来不在咖啡里加奶。对他们来说,在基督徒的咖啡里加奶同样是对真主恩赐的不可思议的糟蹋。

就这样,在曾是咖啡故乡的阿拉伯世界发生了巨大的变化,咖

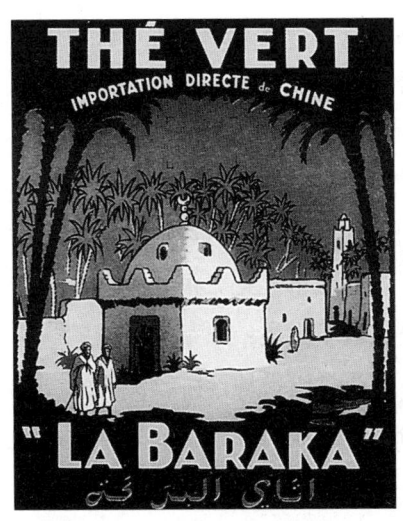

（左）摩洛哥的海报，推销"幸运"绿茶——"从中国直接进口的绿茶"
（右）当地老人喝一杯带薄荷的绿茶，身心舒畅
图片来源：左图引自 Raji, 2003。右图摄影：Michel Lebrun。

啡客逐渐成为世上少有的嗜茶客。在摩洛哥，由于保守的瓦哈比教派严格禁止咖啡和烟草，全社会对咖啡和烟草的态度越来越冷淡，这也促进了茶的消费。19世纪末，摩洛哥苏丹穆莱·哈桑宣布全面禁烟。同一时期，茶叶的进口量迅速增长，从1880年的43万磅（约190吨）猛增至1910年的550万磅（约2500吨）。19世纪末，摩洛哥天花肆虐，医生开具的唯一的药方是：尽快服用辅以薄荷和苦艾的草药茶。这进一步促进了茶叶进口。摩洛哥人在每天五次祷告之余，都要喝茶，茶已成为当地人生活中不可或缺的一部分，也是组成民族精神的神圣仪式的一部分。在代代传承、不断重复的祷告礼仪和祷文中，人们找到了强烈的认同感和共同的语言——这似乎就是民族文化的雏形。

摩洛哥人多用造型优美的银壶、搪瓷壶或铝壶煮茶。茶煮开

后,加入薄荷,还有一大把碾碎的糖块,一部分茶汤倒入玻璃杯后会重新倒回茶壶中,以使茶汤混合均匀,随后,主人会把茶壶高高提起,将茶汤逐一倒入玻璃杯中,茶面上泛起一层泡沫。主人把茶杯放在茶托里端给客人时,还会辅以杏仁、开心果、蜜饯、蛋糕等干果点心。在阿特拉斯山区,人们喜欢在茶里加点迷迭香、百里香等香草;在摩洛哥南部,人们更喜欢加点番红花。根据冲泡方法和流行地区的不同,摩洛哥人把茶分成若干大类:浓茶味苦色黑,助消化功能极强,还会减弱饥饿感,深受撒哈拉地区游牧民喜爱;淡茶呈黄绿色,味甜,以甜品的身份出现;还有一种特浓的绿茶,端上来时还浮着一层喝浓咖啡时特有的奶油慕斯。

在重要的场合,摩洛哥的穆斯林和犹太人都会用到茶。比如,犹太人在为孩子举行割礼和庆祝孩子断奶的餐会上,都会喝茶相庆。和穆斯林不同的是,当地的犹太人冲泡的茶比较清淡,放的茶叶比薄荷少,有时候还会加入橘子花、马鞭草、天竺葵。在严格遵守教义的时代,犹太人在安息日不能用火时,会向穆斯林讨要热茶水。穆斯林可以用罐加水在明火上煮茶。有时,家庭主妇会在星期五晚上用小茶壶在烛火上煮水,以备次日沏茶用。

在波斯,种茶制茶始于20世纪初。当时,波斯驻印度领事成功地将三千株阿萨姆茶树苗偷运回国,将其栽种在里海西南的拉希詹地区。伊朗人多喝红茶,煮茶多用俄式茶炊,喝茶用百合花形的玻璃杯,下垫茶托。茶有浓茶、淡茶之分,喝茶时会佐以糖块。糖块或放入杯中,或直接放在嘴里,喝茶时茶汤会滤过糖块进入喉咙。

邻国的阿富汗人既喝红茶也喝绿茶。和中国中药理论一样,阿富汗人认为绿茶是凉性的,适合在炎热的夏日饮用;价格更贵一些的红茶则是热性的,适合在冬日饮用。每位茶客都有一把茶壶、一个茶碗,喝茶前,茶客先用烫茶热碗,抓一大把糖放在碗底,再倒入热茶，喝完一碗再倒茶时，不会再加糖，茶的味道一碗比一碗苦。在阿富汗，还有一种茶名"伴糖茶"，可以就着糖块、糖渍杏干、鹰嘴豆或杏仁喝。

在19世纪中叶苏伊士运河开通以前，茶叶在土耳其一直是昂贵珍稀的商品。苏伊士运河开通后，俄国装载茶叶的船只可以直接抵达黑海的敖德萨，土耳其人采购大量茶叶和茶炊的梦想成为现实。1881年，巴比耶·德·梅纳尔在编撰《土耳其语—法语词典》时，新收入了绿茶、红碎茶、出口茶等词条。1923年，奥斯曼帝国灭亡后，土耳其失去了也门港口城市摩卡，也失去了对当地咖啡生产的控制。坚定的改革家阿塔图尔克当政后，将咖啡嘲讽为"陈腐落后"的饮品。茶逐渐成为土耳其新的国饮。土耳其人还从俄国高加索地区引进茶树种子，将其栽种在黑海东南里泽地区。后来这一地区的茶树枝繁叶茂，茶叶产量也不断增长。土耳其人在接受茶炊的同时，还发展了自己的茶具——独具特色的双层茶壶。底层的大茶壶用来煮热水，上层的小茶壶用来盛放浓茶汁。喝茶时，每人依自己喝茶浓淡喜好不同，将茶汁和热水冲调好后，再加入红糖。茶杯是百合花形的细腰玻璃杯，喝茶时手执杯沿，以免烫手。当地人认为，一杯上好的土耳其红茶应该是兔眼色的。

由于茶价格低廉、解渴提神，中东这一咖啡的原产地逐渐成为饮茶客的热土。到20世纪60年代，除阿尔及利亚和以色列以外，北非和中东各国的茶叶消费量都超过了咖啡。而今，在全球茶叶进口市场上，这一地区的进口量占了1/4。按照国际茶叶协会的统计数字，全球茶叶消费量最大的30个国家中，15个是来自北非、中东的伊斯兰国家。在这15国中，卡塔尔高居榜首，人均年消费量达到了6.9磅（约3千克）。

第十三章
获得医生认可
茶开始在欧洲传播

我们在上一章谈到,在茶叶向中东和西北非传播过程中,英国和荷兰商人扮演了极其重要的角色。欧洲有关茶的历史最早可以追溯至 15 世纪。是时,安纳托利亚高原的奥斯曼帝国阻断了从波斯、中亚和印度通往欧洲的大篷车商道,欧洲人餐桌上不可或缺的香料(肉桂、丁香、姜、肉豆蔻和胡椒)成了可望而不可即的商品。欧洲航海大探险的一个梦想就是找到一条少有劫掠干涉的、通往富饶东方的海上通道。在郑和宝船抵达东非的同时,葡萄牙人开始乘坐小帆船沿西非海岸航行。1483 年,葡萄牙人到达今天的安哥拉,随后达·伽马绕过好望角,横渡印度洋,于 1498 年 5 月 20 日抵达印度西南的卡利卡特(古里)。船员登陆时,前来问候他们的是两名摩尔人,其中一位用卡斯蒂利亚语问道:"见鬼,谁把你们带来的?""基督和香料。"船员答道,对自己的语言传播如此之远大吃一惊。

葡萄牙国王曼努埃尔自诩"远征和航海之王",还是"与埃塞俄比亚、阿拉伯、波斯和印度通商之王",但法国国王弗朗西斯一世则嘲笑他不过是个杂货铺国王。1508 年,迪戈·洛佩兹·塞克拉即将远航前往马来半岛西南端满剌加（马六甲），曼努埃尔听说中国这一国度后，便给塞克拉下达命令，要求他查找有关中国的更多信息，可惜塞克拉没有完成任务。1511年，阿方索·德·阿尔布克尔克侵占马六甲后，结识了中国商人。1517年，费尔南·佩雷兹·德·安德拉德首先进入珠江内河，到达广州。这是葡萄牙人对中国的第一次来访。

欧洲人有关茶的最早记载见诸威尼斯人拉莫修撰写的地理著作《航海记》。该书于1545年付梓。在介绍了马可·波罗旅行见闻后，拉莫修记述了他在穆拉诺岛（离威尼斯不远）上和波斯商人哈吉·穆罕默德的一次餐叙。这位波斯商人回忆说：大秦国人喝一种名为茶的饮料，这种茶的治疗效果非常好。他还信誓旦旦地说，如果把茶介绍到波斯和欧洲，当地的商人都不会再销售大黄（当时欧亚大陆非常珍贵的药材），而改行经营茶叶了。

1586年，葡萄牙商船离开里斯本，抢在英国商队出发之前开始了环球航行。对历史情有独钟的葡萄牙旅行家佩德罗·特谢拉跟随商船开始了他的环球之旅。在游历了果阿、马六甲和波斯，并从印度经陆路游历到意大利后，这位旅行家在1610年撰写出版了《波斯王》一书，记述了有关亚非民族、人种、自然史、药物学等方面的大量逸闻趣事。这是一本有关远东的重要著作。书中写道：

> 土耳其、阿拉伯半岛、波斯和叙利亚的人们喝一种名为"可阿"的饮料。这是一种来自阿拉伯地区形状和小干豆相似的植物种子。人们将种子加工后贮藏备用。汤水颜色深黑，淡而无味。如果细细辨别，可以品出汤水有一丝淡淡的苦味。想喝的人聚集在一个屋檐下，侍者用中国瓷杯把滚烫的汤水端到每个人面前。每个杯子盛有四五盎司汤饮。人们一手持杯，以嘴吹汤，轻啜汤水。喝习惯

欧洲茶叶买家在日本横滨一家茶商的店里查看茶叶样品

了的人总说这种饮料对胃有好处，能防止胃胀积食，还能促进食欲。

中国茶在当地也很受欢迎。人们用同样的方式享受香茗。唯一的不同是茶是植物的叶。茶树是从鞑靼带来的。我在马六甲见过茶叶，只不过见到的茶叶是枯干的，无法想见原来的形状。据说，茶的益处很多，可以预防中国的饕餮们暴饮暴食所引起的种种不适。

1581年，荷兰北部七省（荷兰、齐兰、乌得勒支、格尔德兰、格罗宁根、弗里斯兰、上艾瑟尔）联合成立了尼德兰联省共和国，现代荷兰散发出巨大能量，一下子从以航海为主的工业小国发展成为全球商业巨头。1599年，舰长雅各布·科内利松·凡·内克率领舰队从远东返航，带回的香料给他带来了四倍的利润。1602年，荷兰东印度公司在阿姆斯特丹正式成立，注册资本六百万荷兰盾。1607年，公司的一艘商船将一船茶叶从澳门运往爪哇。这是历史记载中第一艘运送茶叶的欧洲商船。两年后，荷兰人开始在日本九州西海岸的平户采购茶叶。翌年，这批茶叶运抵欧洲。史料记载，这是运抵欧洲的第一批货物，但具体的时间还有待考证。

英国人紧随其后。1600年，英国东印度公司成立。1613年，公司在平户开设工厂。公司雇员威廉·伊顿曾被派往大村采购木材，在洽谈价格过程中和当地人起了争执，一怒之下杀了对方。1616年6月22日，伊顿在京都（也可能是其他地方）曾写信给他的同事理查·威克汉姆，谈到了这起惨案，还在信的结尾谈到了有关茶的内容。这是有史可查的英国人关于茶的较早的记载："幸毋忘却买茶，再四托付。搁笔之际，乞万能之主佑泽兄台，福体康安，诸事谐适。"伊顿在日十年，似乎已经嗜茶如命。三年后，伊顿曾写信给工厂主理查·考克斯："乞兄台转告多明戈君，若市面上还有甘草，务请代为采购若干。多明戈君熟知此草药，乃土人用以混入茶中共同沏泡之物。"伊顿所说的甘草，学名 *Glycyrrhiza glabra*，含有糖分，日本人常用来沏泡茶汤，增加茶的甜味。

有意思的是，中国人最初卖出茶叶是为了按4∶1的比例从欧洲人手里购买紫苏。18世纪的苏格兰医生托马斯·肖特在其专著《茶之自然史》中记载："荷兰人再次前往中国时，船上装满了上好的紫苏，以此来换取中国茶叶。中国人用三四磅茶叶换1磅紫苏。他们称紫苏是神奇的欧洲草药，认为紫苏有多种疗效，就像印度人尊崇麻黄一样。和购买的茶叶相比，欧洲人出口的紫苏数量远远不够。为此，欧洲人在中国还用现金交易，以8便士或10便士1磅的价格采购茶叶。"

1637年，荷兰东印度公司向爪哇巴达维亚的总督呈递的报告中写道："一些人开始喜欢喝茶，我们希望每艘船上都能装几箱中国茶、几箱日本茶。"在海牙，喝茶逐渐成为一种社交时尚。荷兰人还把茶介绍到欧洲其他地区：在德国北豪森的药铺里，一把茶叶的售价高达15个金币；在法国，路易十三的首相马萨林红衣主教成为茶的

托马斯·加韦的咖啡馆。18世纪以后，该店以"加勒韦咖啡馆"的名称为人们所熟知
图片来源：引自 Ukers, 1935。

热心拥趸。荷兰人甚至把茶带到了大西洋西海岸的新阿姆斯特丹，即现在的纽约。

在英国，《温啤酒论》于 1641 年佚名出版。该书探讨了热饮和冷饮的利与弊。书中列举了当时英国流行的各种饮料，但茶尚未列入其中。1657 年，在知名的商业贸易中心交易街上，托马斯·加韦的咖啡馆开张营业。除了咖啡，咖啡馆还供应淡啤酒、果酒、白兰地、亚力酒（一种烈性的米酒或椰子酒）。另外，咖啡馆也供应茶，一种被视为灵丹妙药的热饮："喝下足量的茶，可以诱导轻微呕吐，上下通气，达到治疗疟疾、过食、高烧的目的。"1658 年 9 月 23 日，伦敦的《水星政治报》首次刊登了回教王妃咖啡馆的售茶广告。但报纸随后又报道说，茶、咖啡和巧克力"几乎在每条街上都有出售"。1660 年 9 月 25 日，著名的日记作家、小道消息传播者兼咖啡馆常客萨缪尔·佩皮斯第一次品尝了茶茗的味道："随后喝了一杯茶（来自中国的饮料）。这种饮料，我还真是头一遭喝。"同时，英国议会开始征收茶税，每加仑 8 便士，是咖啡税的两倍。

台湾茶文化

1624年,荷兰东印度公司在中国台湾地区南部设立了一家贸易站,和岛上居民开展贸易往来。1635年12月5日,荷兰东印度公司派驻赤崁楼的长官科内利斯·凯撒记载,"忠诚号"商船装载15000磅台湾茶叶远航波斯。这是台湾茶叶销往海外的第一份文字纪录,但有关这一时期台湾地区本土茶叶生产的文献尚未发现。历史学家认为,这批茶叶很有可能是从日本或中国大陆转口来的。1661年4月,忠于明朝的郑成功为寻找军事基地抗清,率军队2.5万人将赤崁楼的荷兰军队围困。9个月后,荷兰军队投降。郑氏家族统治台湾21年,最后被归顺清朝的施琅水军在澎湖列岛海战中击溃。清朝收复台湾后,缺少耕地的闽南农民穿过凶险的黑水沟,在台湾西部的平原地带安家落户,岛上的人则逐渐退居山林。1701年,清朝官员吴廷华记载:"猫螺山内产茶,性极寒,番不敢饮。1771年,有官员记载,水沙连山盛产茶,色味俱

中国茶客
图片来源:© The Board of Trustees of the Royal Botanic Gardens, Kew, Richmond。

类松萝……然路极险，番人畏至，茶不能得。土人不习焙茶之法。若得土人采茶，而得焙武夷茶者为茶，则芳香俱在杯中矣。"

1662年，日薄西山的葡萄牙王国和大英帝国结成联盟，葡萄牙美丽的布拉干萨·凯瑟琳公主远嫁英国国王查理二世。国王这时正债务缠身，公主的陪嫁包括丹吉尔和孟买两座重镇，另加50万英镑，这是英国历史上公主入嫁成为王后时带来的最丰盛的嫁妆。这一场精心上演的宫廷联姻被后人评价为放长线钓大鱼的经典之作。然而，当国王的代表抵达里斯本时，公主却告诉他，嫁妆只有原来允诺的一半，而且不用银元现洋支付，代之以糖和香料。由于葡萄牙的王室陪嫁不能兑现，英葡两国因此曾经交恶多年。不过，凯瑟琳作为英国王后深受民众爱戴，并因将茶带入英国王室而载入历史。1663年，诗人艾德蒙·沃勒专门写了一首颂诗《饮茶王后》进呈：

花神宠秋色，嫦娥矜月桂。
月桂与秋色，美难与茶比。
一为后中英，一为群芳最。
物阜称东土，携来感勇士。
助我清明思，湛然祛烦累。
欣逢后诞辰，祝寿介以此。

除了咖啡馆，药房也是茶的主要销售场所。在这里，茶在很大程度上被视作一味汤药。来自远东的珍奇汤饮甫一传入欧洲，当地的医学界便立刻划分成截然对立的两大阵营：一派视茶为包治百病的万灵药，另一派则诋毁茶是来自异域的毒草，对人的健康有百害而无一利。两大阵营的第一次对决发生在1635年，导火索是德国医生西蒙·鲍利发表的一篇文章："说到茶的益处。诚然，茶在东方确实有人们所说的种种益处，然南橘而北枳，在我们的气候条件下，茶的价值逐渐消失了。茶成为人们谈而色变的东西。喝茶令人短寿，对过了不惑之年的人来说更是如此。"

1641年，荷兰著名医学家尼可拉斯·德克斯化名尼可拉斯·托尔普，毫不含糊地表达了对饮茶的支持意见："在众多植物中，茶是独一无二的。从远古时代起，人们就开始利用茶治疗疾病。茶不仅能提神醒脑、增加能量，还能治疗泌尿管阻塞、胆结石、头痛感冒、眼疾、黏膜炎症、哮喘、肠胃不适等各种疾病。"随后，巴黎名医古伊·帕京也参与了论争，他贬斥茶是"本世纪最无聊的新产品"。荷兰医生科内利斯·戴克尔则在《论茶之益处》一文中，建议每天喝二百杯茶，令所有看客叹为观止。这位荷兰医生更广为人知的是他的外号：邦德克大夫。大夫的父亲开设的商店附近有一处路标，大夫从路标上得到灵感，给自己起了这个外号，意思是"花奶牛"。荷兰东印度公司的档案记载，由于邦德克大夫不遗余力地帮助推销茶叶，公司对他大加犒赏。这当然不足为怪。

欧洲最早进口的茶叶大多来自日本。16世纪，葡萄牙传教士在耶稣会会士方济各·沙勿略的带领下前往日本传教，教化众多佛教信众皈依基督教。这是圣帕特里克在爱尔兰宣教成功后又一成功范例。1582年，日本列岛已有十五万基督教信徒，在二百座教堂里祈祷。信教的武士将军在十字战旗的指引下前往战场。1587年，丰臣秀吉（即下令千利休自裁的将军）对传教士的狂妄嚣张极为不满,并隐隐感到有一股势力正游离于他的控制之外,突然下令驱逐传教士,并残酷迫害基督教徒。和罗马人宣教时灵活多端一样,日本人灭教时同样穷其心智。他们在涨潮前把信徒倒钉在十字架上,随着海潮涨起,基督教徒无一幸免。

到1638年,葡萄牙人在日本已是踪影难觅。日本和西方的贸易由荷兰人全盘垄断。这一垄断直到1853年才告结束。除了荷兰公司的官方贸易,公司薪水极薄的雇员(为了防止雇员开小差,公司还扣留了一部分工资,等到合同期满才发放)还大胆从事着"私人"贸易。公司商船上堆满了雇员夹带的货物,以至于公司的货物无处堆放,只能留在了码头。17世纪80年代,日本政府在长崎打击走私贸易时传出了大丑闻,靠夹带贸易成为巨富的荷兰公司代表安德里亚斯·克莱杰尔被驱除,回到了巴达维亚(今印尼首都雅加达)泰格运河畔的老家,这里的宅邸砌筑得富丽堂皇。在这里,克莱杰尔开始播种他从日本带回的茶籽,并因此被誉为在茶原生地外种植茶树的第一位欧洲人。茶树在爪哇试种成功后,殖民事业的又一扇大门打开了,但这一设想直到1820年才被人接手。至于茶树种植在爪哇大规模展开并成为产业,则是19世纪末的事情。

荷兰试图把巴达维亚发展成为远东贸易中心,不料在逐渐兴起的中国茶叶贸易竞争中却处于下风。1684年,英国东印度公司员工被荷兰人从爪哇岛上驱逐后,便开始尝试从中国直接进口茶叶。1689年,第一船茶叶顺利运抵英国。18世纪初期,茶叶贸易主要集中在广州。官府允许英、法商人在当地设立商行。荷兰商人却要在巴达维亚翘首等待中国来的茶船,付出高价,换回的却是低劣的下等茶。

1678年,英国东印度公司进口的4717磅(约2吨)茶叶充斥了伦敦市场。是时,公司最重要的大宗商品已由香料岛的胡椒转为

英国最早的银制茶壶。该银壶是 1670 年伯克利勋爵赠给东印度公司委员会的礼物
图片来源：Board of Trustees of the Victoria & Albert Museum, London 惠赐版权。

印度棉布，英国棉纺织业因此受到巨大冲击。为此，议会发布法令，限制从印度进口棉布。公司的注意力转向了茶叶。不久，在蒸汽轮机的推动下，英国纺织工业的生产效率飞速提升，并一举击垮竞争对手印度。后者不得不从英国进口棉布。为了换取棉布，印度增加了鸦片种植。英国人则把用棉布换得的鸦片运往中国，换取需求量日增的茶叶。19 世纪时，茶树在印度阿萨姆等地区广为种植，为数百万印度人提供了就业岗位，因为纺织工业消亡而丢了饭碗的工人重新有了生计，获得了补偿。茶树种植成为印度主要出口行业。

事实证明，英国东印度公司选择从事茶叶贸易确实撞上了好运。通过茶叶贸易，公司敛聚了巨额财富，成为世界上最有权势的公司。公司甚至有权调动军队，联合同盟，发行货币，组织法庭，与国争利，无所不能。公司 1702 年从中国进口的茶叶中，2/3 为普通绿茶松萝茶，1/6 为珠茶，另有 1/6 为采自福建北部武夷山区的红茶。武夷红茶最终取代绿茶，成为英伦岛内最受欢迎的品种。很快，茶的地位就超越了丝绸，成为重要的大宗商品。

第十三章　获得医生认可

1721 年，英国进口的茶叶达到了 100 万磅（约 450 吨），需要装满一艘"东印度人号"商船才能运走。"东印度人"的注册载货吨位为 499 吨。这主要是为了规避法律规定。根据当时的法律要求，任何排水量超过 500 吨的船只必须配备一名牧师。

随着供应不断增加，茶叶价格开始回落；但在 18 世纪以前，茶叶的采购成本一直居高不下。1650 年，1 磅茶叶的价格在 6 至 10 英镑，折合今天的价格约为 500 至 850 英镑（975 至 1650 美元）。1666 年，巴黎的阿贝·瑞纳尔记载，伦敦的茶价为每磅 2 英镑 15 先令。1680 年，《伦敦宪报》刊登的售茶广告上，茶叶售价为每磅 1 英镑 10 先令，按今日的价格合 182 英镑（355 美元）。东印度公司获取的利润同样令人瞠目结舌。1705 年，英国商船"肯特号"从广州运载 62700 磅（约 28 吨）茶叶回到伦敦。在广州的采购价为 4700 英镑，在伦敦的拍卖价高达 50100 英镑，获利近十倍。

在运输这些带来暴利的金叶子的同时，"东印度人号"还在底舱装满了煮茶和喝茶用的器具——宜兴紫砂壶和景德镇瓷杯和茶托，作为运输茶叶的压舱物。其实，喝茶的风尚一传到欧洲，当地的陶匠和银匠就开始试制茶具。工匠们最初的作品大多以中国茶具为蓝本，具有鲜明的中国风格。随后，工匠们逐步改进设计，使之符合所在国家的审美习惯。现存最早的英国茶壶是 1670 年制的锥形银壶，为东印度公司所有，现藏于维多利亚和阿尔伯特博物馆。安妮女王统治时期（1702—1714），梨形带鹅颈壶嘴的茶壶和球形高脚银茶壶在英国风靡一时。随后的时尚则是带脚瓮形和瓶形茶壶，上面饰以繁杂夸张的花饰、丝带结甚至是大勋章。

欧洲人最早的仿瓷作品是一件锡釉彩陶器。这是由荷兰制陶工匠阿尔伯莱特·卡以萨在 1650 年试制成功的。圣杯则是真正意义上的瓷器，薄如纸的杯壁上绘有精致的图案，成为欧洲贵族享有特权与优雅生活的标志。威尼斯、佛罗伦萨、英格兰和法兰西的工匠们都在想方设法寻找制作瓷器的秘密。这个谜最后由渴求活命的德国化学家约翰·弗里德里克·伯特格解开。有关这位化学家的一个不可思议的故事发生在1701年。当时，伯特格还是一位药剂师的学徒，他跟朋友做了个小小的恶作剧，戏耍朋友说他找到了魔法石——传说中能点铁为金的神奇宝贝。令伯特格大吃一惊的是，谣言不胫而走，竟然传到了萨克森王奥古斯都二世的耳朵里。奥古斯都立即下令抓捕伯特格，并命令他马上造出黄金，否则就会将其处死。有好几次，伯特格差点被处以极刑，但好心的大臣切辛豪斯都施以援手，帮助伯特格完成了瓷器的烧制，并因此逃脱了被处死的威胁。瓷器是奥古斯都垂涎已久，视为和女人、黄金一样奇货可居的珍奇之物。伯特格1708年在危急关头的偶然发现催生了迈森——欧洲第一家瓷窑工厂的建立，但这并没有给自己带来自由。病痛缠身、心力交瘁的他一直被关押在牢狱里，直到1714年才被释放。奥古斯都将伯特格释放后，依然对他紧追不舍，逼迫他交出魔法石。五年后，伯特格愤然离世。

安妮女王在位期间，有一位英国贵族竟然在早餐时把茶当淡啤酒喝，闹出了大笑话。这也难怪，喝茶用的瓷杯和喝酒用的平底无脚杯看起来没什么差别。人们喝茶时，还会添加另一种新奇的舶来品——糖。西班牙人和葡萄牙人从美洲把糖带到了欧洲，1660年，英国人均糖消费量为两磅。由于喝茶（咖啡）成风，这一数字到1700年翻了一番。英国通过在西印度群岛设立新的自治领，并在岛上开发种植园，广种甘蔗，从西班牙人和葡萄牙人手中夺取了糖的贸易控制权。在甘蔗种植园里，来自非洲的黑人奴隶辛勤耕作、收割，生产出英伦诸岛上流社会品茶时享用的优质糖，却遭受着非人待遇。

欧洲人或许见识过中国满族官员喝奶茶的情景。1655年，荷兰人约翰·纽豪夫在广州时，当地人曾以奶茶待客。然而，人们通常认为，最早把奶茶带入欧洲的是萨布利耶夫人。1680年，夫人在巴黎组织著名的沙龙聚会，以奶茶待客。著名诗人兼寓言作家拉方丹也参加了这一聚会。在英国，有关茶会的油画中出现奶杯是17世纪末的事情。1698年，瑞秋·罗素夫人在给女儿的信中写道，茶会上她见到了"用于喝茶时盛奶的小瓶子，人们称其为奶瓶"。她还写道，绿茶加奶，味道也不错。这一点和一般人的口味不大一样。

18世纪初，伦敦有约两千家咖啡馆，这些咖啡馆还扮演着政治言论和文化知识传播温床的角色，一些宏大的商业合同也在这里达成。由于咖啡价格低廉，来这里的人还能听到方方面面的信息，咖啡馆被冠以"一便士大学"的雅号。英国学者哈罗德·罗斯认为："和一心读书学习的人相比，通过和人攀谈、交流思想获取学识的人，通常更有翩翩君子之风，洞察力也更敏锐。咖啡馆为人们提供了交流思想的场所，许多公众的意见也在这里形成。这里是……传播新人文主义的兄弟会。"伦敦曾被冠以"欧洲咖啡之都"的称号。在只有男士光临的咖啡馆里，也可以点要茶饮，但最受欢迎的还是咖啡。然而，咖啡的统治地位并没能维持多久。

1717年，托马斯·川宁开设了伦敦城里第一家茶室——金狮茶室。茶室位于斯特兰德街217号，部分建筑一直保留至今。在这里，没能进入咖啡馆的女士可以自由选择喜爱的茶饮。在混配茶市场，川宁也开启先河，独树一帜，推出了诸如英国早茶等著名的混配茶，川宁之孙理查德解释了这一做法的原委：

> 在家祖父的时代——无论读者是谁，我都非常乐意回顾这段历史——买茶的通行方式是顾客亲自光临茶店，按各自口味不同

选购茶叶。茶叶箱一字排开,家祖父会当着客人的面选配茶叶,并当场沏泡,请顾客品尝。选配的配方会反复调整,直到客户满意为止……对于懂茶客来说,如果拿出二十箱熙春茶(最常见的中国绿茶)逐一细细品尝,他会发现每箱味道各有不同:有的浓而涩,有的淡而浅……通过将不同箱里的茶叶精心混配,我们可以得到一种比任何一箱茶叶味道都要可口的混配茶。另外,这一做法还是确保不同价格的茶叶质量稳定的唯一途径。对经销商而言,确保顾客满意的唯一途径是保持价格稳定,还有质量稳定。

伦敦人对咖啡的热情来得快,去得也快。到1730年,伦敦人对咖啡已没有多大兴趣,英国人对茶的偏好却已经根深蒂固。在解释为什么英国迥异于欧洲其他国家(爱尔兰除外),成为一个喝茶的国度时,有人认为东印度公司垄断茶叶贸易起了关键作用。公司将大量茶叶运往英国,最终将咖啡挤出了市场。德国记者海恩里希·爱德华·雅各布则在《咖啡史诗》中提出了另一种观点:

> 我们必须牢记的是:对于那些把自己挂在酒瓶上的个人或民族而言,咖啡乍一看起来很有解毒药的功效。然而在英格兰,咖啡并没有被老百姓接受。咖啡使人热情高涨,目光如炬,洞察秋毫,而热忱与敏锐并非英国人的性格。对英国人来说,家就是他们的城堡,咖啡和不列颠人把自己圈禁在家里的生活方式格格不入。咖啡不是一家人分享的饮料,它使人口齿伶俐,能言善辩——当然辩论的方式也很高雅。久喝咖啡的人多以批评眼光看待人情世事,凡事都喜欢井井有条地分析。咖啡或许能创造奇迹,但不会带来温馨。人们喝咖啡时,找不到一家人围坐在壁炉前,看着炉里的炭火哔哔剥剥地化成灰烬的感觉。

英国人由咖啡改喝茶时，法国人却由喝茶改喝咖啡了。法国药学家皮埃尔·普密特1694年出版的巨著《药之通史》记载，17世纪下半叶，喝茶在法国上流社会中流行成风，但后来被咖啡和可可奶取代。这一变化使财务状况本已不佳的法国东印度公司更加捉襟见肘。法国东印度公司进入远东市场未占先机，曾经和丹麦、荷兰公司一道，在茶叶贸易上与英国公司展开过激烈竞争。喝茶之风在法国成为明日黄花时在英国却大行其道。英国政府提高了茶税，使得茶叶走私成为高利润的生意。1882年，亨利·菲利普出版了《蔬菜种植史》，书中记载：

> 由于政府征收高额关税，法国人从1720年开始把茶叶偷运到英国。这种非法贸易愈演愈炽，（在作者的记忆中）上百匹马队驮着茶叶已经是司空见惯了。苏塞克斯郡的农民甚至专门挖了地道运输茶叶。这些走私分子非常凶悍，试图告密或者反抗都是非常危险的事情，就像在西班牙试图挑衅宗教法庭一样。

在众多的茶叶走私分子中，最臭名昭著的当属豪克赫斯特帮了。这是一伙杀人不眨眼的恶棍。1746年，豪克赫斯特帮和温纳姆帮联手走私11吨茶叶，但温纳姆帮中途出卖了同伙，走私生意陷入僵局。两个帮派挑起了恶战，温纳姆帮有7人受伤，40匹马被掠走。利用走私敛聚的大量钱财，豪克赫斯特帮的总管亚瑟·格雷在苏塞克斯郡的考克斯希斯小镇大兴土木，建造了名为"格雷拙园"的豪邸。宅邸设有众多机关暗室，用于藏匿走私赃物和奇珍异宝。1747年9月22日，海关官员在多塞特附近海滩通往豪克赫斯特帮所在地的路上截获了两吨走私茶叶。恼羞成怒的走私分子竟然洗劫了位于普尔的征税所，重新夺回了茶叶。小镇上的丹尼尔·蔡特因为指认了其中一名暴徒而惨遭鞭笞，随后又被暴徒系在马后拖行，断手足后坠石扔入井中而死。由于这一桩桩令人发指的暴行，暴徒首领最终被捉拿归案，绳之以法。

在相对温柔的精神世界里，在卫理公会创始人约翰·卫斯理虔诚的良心中，正在进行着一场激烈的战斗、一场对茶的口诛笔伐。他贬斥喝茶有害健康、浪费钱财、一无是处。在经历了27年嗜茶如命的生活后，卫斯理在1746年8月痛下决心戒茶，并立即付诸行动。1748年，卫斯理在《致友人书·论茶》中写道："现在我终于有足够的时间来验证戒茶的效果了，这也是我一直以来所期盼的。身体麻木的病痛和我彻底告别了，我的手和15岁时一样平稳……在钱财支出方面，我也看到了巨大反差，（戒茶后）我一年可以节省开支50多英镑。"卫斯理坚信他手颤的毛病是喝茶引起的，他还固执地认为喝昂贵的进口茶而不是本地的草药是一种不可饶恕的罪过，浪费了无数可以用来接济穷人的钱财。因此，他在规劝同胞们戒茶时言辞极为恳切："向万能的主祈祷吧，祈求明净的光，祈求更加坚定不移的信念，（戒茶）是更可取之道。向万能的主祈祷吧，祈求摒弃自恋小我的思想、弘扬节制俭省的精神。"卫斯理的信念可谓坚如磐石，但他的身体却并没有这么坚强。12年后，在医生的建议下，卫斯理恢复了喝茶的习惯。著名的陶瓷工匠乔舒亚·威基伍德还特地为他定制了一把半加仑（约1.9升）的大茶壶。

在坚定地反对喝茶方面，乔纳斯·汉韦的表现可谓有过之而无不及。汉韦是离经叛道的旅行家兼商人，又是慈善家兼改良主义者，对犹太人在英国归化大加鞭挞，又极力鼓吹全麦面包，还鼓动把伦敦所有的街道统一铺上沥青路面，对年轻的烟囱清洁工的健康问题也一直忧心忡忡，想方设法减轻他们的负担。汉韦最出名的功绩莫过于把雨伞介绍到英国，并且三十年如一日在伦敦大雨滂沱时，来到大街上展示推广雨伞。以至于在很长一段时间里，人们直接用"汉韦"来指称雨伞。1756 年，汉韦出版了《从朴次茅斯至金斯顿八日纪行》。书中，汉韦附了《论茶》一文，对喝茶习俗大加挞伐，称其"茶毒生灵，阻碍经济发展，陷国家于潦倒"。同时，他认为喝茶还是女士红颜早逝的罪魁祸首："诸君的红粉伴侣中，有多少人消化不良、情绪低落？又有多少人困乏无力、郁郁寡欢？还有多少人遭受着功能紊乱之苦，除了神经兮兮地抱怨，连毛病的名字都说不上？请女士们调整饮食习惯吧。最重要的，当然是痛下决心戒茶。可以确凿无疑地保证，她们当中的绝大多数将会重现往日青春。"

汉韦的贬损之词引起了当时英语语言学巨擘萨缪尔·约翰逊博士的一番痛斥。约翰逊博士称自己是一位"顽固无耻的铁杆茶客"，"二十年来，每餐必以茶汤佐饭，茶壶无时不热。每天傍晚，以茶打发消遣时光；每天午夜，以茶抚慰难合之眼；每天黎明，以茶迎接东升初阳"。约翰逊博士坦承精神紧张等毛病确实比以前更多了，但他对汉韦认定茶是罪魁祸首的说法坚决反对。他认为："（现在）整个生活方式都变了，任何一种锻炼头脑和肌肉的主动劳动和运动都停止了。熙熙攘攘的城市里总是拥挤不堪，生活中运动的机会近乎为零。人生的每一个愿望和需求都极易达成，唾手可得。生活雅致的有钱人出则舆马，鲜有从一条街走到下一条街的时候。然而我们的饮食却基本上没发生变化，依然和上一代的猎人、农夫还有家庭主妇一样吃吃喝喝。"在当今这个时代，约翰逊的解释似乎更是一针见血。

有关约翰逊博士酷爱喝茶的逸事在《萨缪尔·约翰逊传》中比比皆是。传记作家詹姆士·博斯韦尔第一次见博士是在代夫书店的休息室里，两人攀谈时各自捧着一杯茶。谈到博士拥有的渊博学识和他编纂的《英语词典》时，约翰逊博士戏称："这不过是魔鬼的

自称"顽固无耻的铁杆茶客"、著名的词典编纂者萨缪尔·约翰逊（中）和同样酷爱茶饮的传记作家詹姆士·博斯韦尔在一起

图片来源：The Print Collector/Alamy。

宝藏，而茶开发了这些宝藏而已。"博斯韦尔在传记中写道："似乎再也没有人比约翰逊更投入地品味这一香茗了。博士无时无刻不在喝茶，他的神经系统必定是异乎寻常地坚强，这么无节制地喝茶也没有使一直紧绷的脑神经有所松懈。"论喝酒，博士同样是海量——他曾经在牛津一连干了三十六杯红葡萄酒却了无醉意——莘莘学子能用到博士的皇皇巨著，似乎应该对茶茗心存感激。

葡萄牙和荷兰是最早通过海路前往远东的欧洲国家，但英国后来居上，一举成为海上霸主。咖啡到达欧洲的时间比茶略早一点，18世纪20年代以前，英格兰还笼罩在咖啡香味之中。18世纪，英国人发明的蒸汽轮机对全球经济产生了巨大冲击，印度沦为棉布进口地区。英国东印度公司通过垄断茶叶贸易，暴敛财富。随着茶叶的消费量逐年增加，约翰·卫斯理、乔纳斯·汉韦和萨缪尔·约翰逊等有识之士对茶的利与弊展开了激烈争辩。19世纪初，英国人嗜茶如命，几乎耗尽国库财富，亟须一种新的商品补充代替日渐枯竭的国库银元。这一任务最终落到了鸦片身上，并因此导致了改变历史进程的鸦片战争。

第十三章　获得医生认可

第十四章
茶叶的扩张之路
茶与鸦片战争

　　茶叶贸易如火如荼,运往欧洲的茶叶逐年增加,还有人(包括瑞典植物学家林奈)试图把茶树种子和茶树苗随茶叶一起带回欧洲,以便在欧洲栽种。对于欧洲国家为从中国进口茶叶和其他珍稀商品而输出大量白银,林奈忧心忡忡。他写道:"除了把白银外流的大门关上,再没有更高尚的事业了。"早在 1741 年,林奈就断言:"毫无疑问,和在中国、日本一样,茶树在欧洲和斯堪纳(瑞典最南部地区)也能生长。"他甚至暗想:"这样一来,他们每年损失的黄金可不止一百茶筐喽。可怜的中国人!"然而,他每次要求朋友从中国带回"山茶属中国种"(*Potus Theae Cemellia Sinensis*)的种子时,含油率高的茶籽都会在(经海路)经过炎炎赤道时发霉腐烂。因此他觉得:"如果能将茶籽从中国经俄国带回瑞典,事情就能成了。"当他的同事佩尔·卡姆计划随俄罗斯商队走北线陆路前往中国时,林奈高兴得又舞又跳。可惜卡姆并没有带回茶籽。

　　1757 年,瑞典的东印度公司为林奈带回了两株茶树苗。庆幸的是,树苗在漫长海路中并没有枯萎死去。林奈把它们栽种在乌帕萨拉的植物园。茶树开花时,他才发现上当了:这不是茶树,而是山茶，是"山茶属山茶种"（*Camellia Japonica*）植株（茶树的同属植物，但花更艳）。1763年，"芬兰号"船长卡尔·古斯塔夫·艾克伯格告诉林奈，根据林奈的指导，他在离开广州前已经在花盆里播下了茶树种子。种子在航行途中开始发芽。商船最终抵达瑞典哥德堡时，艾克伯格发现有二十八棵茶树苗长得非常健壮。林奈欣喜异常："活的茶树！这可能吗？是真的茶树吗？如果真是茶树，我要浓墨重彩地写下这一段，让船长的名字和亚历山大大帝一样永留青史！我敢断定的是，这些树苗不可能毫发无损地达到乌帕萨拉，伟大的事业总要经历磨难的。"

果不其然，第一批十四棵树苗到达乌帕萨拉时全毁了。剩下的几棵由艾克伯格的妻子负责运送。夫人把树苗捧在手里，细心呵护，防止因路途颠簸而把树根上的泥震落了。1763年，林奈终于见到了鲜活的来自中国的茶树苗……上帝确实垂青于他。得益于艾克伯格的大力襄助，林奈成为欧洲见到活茶树的第一人。可惜的是，在瑞典恶劣的自然条件下，茶树长得并不好，一棵接一棵死去。到1781年，最后一棵也死掉了。林奈的挚友A. J. 冯·霍普肯宽慰他说："我们对中国的茶树总是期待很多，毕竟它来自如此遥远的国度。有一份特殊的情感也是很正常的，无动于衷反倒令人费解了。这一点谁也改变不了。"

西班牙人在墨西哥、秘鲁和玻利维亚控制了世界上的主要白银产量。英国和其他欧洲商人通过向西班牙人出口糖等商品获得这些白银，却又不得不转手交给中国商人，因为他们能用来换取中国茶叶的商品少而又少。1730年，英国东印度公司的五艘商船载着582112两白银来到中国——在所有输华商品中，白银价值占了97.7%。1708—1760年，东印度公司所有对华出口中，白银出口占了87.5%。然而，这种白银主导的出口贸易并不能一直维持下去。

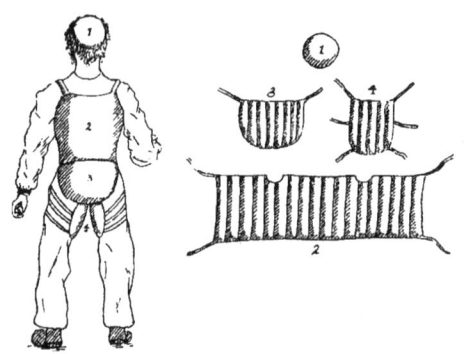

亨利·肖的《走私时代和走私之道》一书中收录了这套行头。茶叶走私客利用这套行头，可以夹带三十来磅茶叶
图片来源：伦敦大英博物馆。

广州的一家茶铺。欧洲和中国的茶商在洽谈生意
图片来源：引自 Houssaye, 1843。

七年战争（1756—1763）把欧洲大多数国家拖入了泥潭。交战一方是英国、普鲁士和汉诺威，另一方则是奥地利、法兰西、俄罗斯、瑞典和萨克森。战争结束时，法国在美洲的大片殖民地被迫拱手相让，向远东供应白银的来源也因此被切断。1764 年，英国东印度公司资金枯竭，被迫向澳门的私人银行家紧急融资。1775

年，美国独立战争爆发（1783年结束），进一步加剧了白银危机。1779—1785年，从英国输往中国的西班牙银元一个都没有。另一方面，为了应付连年战争，茶税一涨再涨，从1772年的64%涨到1777年的106%；到1784年，茶税已高达119%，这又进一步助长了日益猖獗的私茶贸易。据估计，18世纪70年代，每年走私进入英国的茶叶多达700万磅（约3200吨）。而当时正常贸易的进口量也才500万磅（约2250吨）。当时，往英国走私运输茶叶的商船多达250余艘。法国、荷兰、葡萄牙、丹麦和瑞典的众多商船从广州扬帆起航后，有一半是以英国人的茶杯作为卸货港口的。

印度的棉布特别是鸦片随后扮演了通货的角色，取代白银成为英国远东贸易的支柱。18世纪初，鸦片开始在亚洲售卖，走私也日益猖獗。生活在澳门的瑞典历史学家安德斯·留恩斯泰特记载，1720年，来自印度东部科罗曼德尔的几箱鸦片出口到了澳门当地。九年后，雍正皇帝了解到鸦片的危害后，下令禁止进口。欧洲东印度公司无法再用公司商船向中国运送鸦片。鸦片进口转而由私商接手。他们通过贿赂珠江地区腐败的中国官员，将东印度公司从加尔各答运来的鸦片卸下了船。据瑞典人克里斯托弗·布拉德记载，1750年，一箱鸦片在广州的售价已高达白银三四百两。

通过鸦片贸易，英国东印度公司从中国赚取大量白银，可以购买更多的茶叶运回英国。1767年6月13日，葡萄牙商船"顺风号"抵达澳门，所载货物"除了鸦片，还是鸦片"。丹尼斯记载，1776年，一箱140磅的鸦片售价已达300银元。许多中国人开始和走私商人勾结，官员收受贿赂后，对走私视而不见。渔民为了挣点外快，暗地里导引走私船只在安全的地方泊岸。据葡萄牙人记载，1784年运到澳门的鸦片为726箱；1828年，这一数字猛增到4602箱。

当两个对于对方的历史和文化一无所知的大国相会时，当年轻的、贪婪的资本主义和腐朽的、顽固不化的帝国相撞时，19世纪鸦片战争的导火索点燃了。欧洲人到达远东，令东方帝国大吃一惊，并引发了强烈反弹。数百年来，中国作为首屈一指的大国，农业发达，文化昌盛，一直是亚洲的主导。北方的游牧民族曾经在战场上所向披靡，但若论物质财富之丰厚、文化积淀之深厚，则不得不甘拜下风。一旦入主中原，游牧民族的统治者就不得不接受中原文化。欧洲人则截然不同，他们向颟顸专横的满族官员展示了其"绅士风度"，粉碎了固步自封的官员对于世界的看法。这些红胡子夷人丝毫没有行臣属的礼节，拿着中国人发明的火药，却造出了比中国的任何一件火器还要威力巨大的大炮。这些夷人充满活力，满是新奇想法。他们在各个领域都取得飞速发展。相形之下，熟读孔孟经书似乎显得不合时宜。更为甚者，仿佛浮士德的设计一样，这些贪婪的欧洲人开始兜售缓和这些病痛的药方。这些痛苦正是他们的到来引起的，而所谓的药方就是鸦片——逃避现实、忘却痛苦的"良方"。在面对不可抗拒的西方思想、资本主义强权和基督教渗入时，大腹便便、腐朽没落的中国官员选择了吸食鸦片，点起烟枪，在随风而逝的梦幻中寻求片刻解脱。

在英国，有关地球的另一端正进行着非法的鸦片贸易的消息并不多，世界各地的殖民地创造的大量财富正源源不断地回流到英伦，人们尽情欢娱的梦想成为现实。除了传统的贵族上层，新贵和在繁荣的资本主义时代生活日渐殷实的工薪阶层都在享受着不断增加的物质财富。伦敦的咖啡馆是男人的天下，时尚的茶苑则是绅士和淑女会面的最佳场所，也是举家老小聚会的好去处。人们在这里可以欣赏亨德尔的音乐，观看各式表演，参与撞柱或草地保龄球比赛，还可以在灯光点缀的小径漫步，就着黄油面包喝一杯烫口怡人的巧克力奶、茶或咖啡。伦敦开设的最早的知名茶苑中，沃克斯豪尔茶苑首屈一指。该茶苑于1732年向公众开放。十年后，切尔西的拉内勒夫茶苑开张营业，茶苑内建有颇为壮观的圆形大厅。大厅直径150英尺（约50米），围绕大厅墙边设有两层包厢，包厢的桌上摆放着点心。大厅中央，装饰华丽的廊柱支撑着穹隆圆顶。这个廊柱还兼有冬日里生火取暖的功能。进入茶苑的费用为半个克朗，在这里，人们的主要休闲方式是穿着盛装，在圆形大厅里斯文地漫步攀谈，也可以在包厢里坐坐，喝杯茶或咖啡，就着黄油吃片面包。茶苑平时提供的点心只有黄油面包，但节日狂欢除外。田园诗人萨缪尔·罗杰斯如此描述茶苑："茶苑井然有序，安静极了。人们在大厅里转着圈散步时，甚至可以听到远处女士专乘列车开过时的声音。"

1782年6月，拉内勒夫圆形大厅的宁静与斯文被一位名叫爱玛·哈特的女士的尖叫声打破了。爱玛这位倾城倾国的美女，令无数欧洲人为之神魂颠倒。著名画家乔治·罗姆尼曾为这位梦中情人绘制了六十余幅肖像画。爱玛出身卑微，是柴郡铁匠家的女儿。爱玛年幼时曾是奉茶侍女，负责为权贵们准备晚茶。年仅十六岁时，爱玛就和苏塞克斯郡乌派克的哈里爵士私通，怀上了哈里的孩子后又被爵士抛弃。爱玛的第二个情人是沃威克伯爵的公子查尔斯·葛瑞维尔。葛瑞维尔带着爱玛前往拉内勒夫茶苑，并把她安置在有帘子的包厢内，以躲避好事者。安置妥当后，葛瑞维尔开始在大厅里与人闲谈。谁知，藏在包厢里的夜莺突然尖叫起来，并在众目睽睽之下放声歌唱。爱玛曼妙的身姿在人群中引起骚动，她旁若无人地纵声放歌被人们传为笑谈。经济上日见拮据的葛瑞维尔决定娶一位富有的女子为妻，将爱玛转手让给了他的叔叔、远在那不勒斯的威廉·汉密尔顿爵士。爱玛成了汉密尔顿夫人，并结识了海军上将纳尔逊。1798年，纳尔逊在阿布基尔海战中重创法国海军，自己也失

拉内勒夫茶苑内装饰华丽、洛可可风格的圆形大厅，设计者是东印度公司的勘测师威廉·琼斯
图片来源：*The Inside View of the Rotunda in Ranelagh Gardens with the Company at Breadfast*, c. 1751, Engraving。

去了右眼和一条手臂。爱玛勇敢地担负起照顾纳尔逊将军的重任，直到将军辞世。爱玛成为纳尔逊将军的情人后，在1801年生下了女儿霍雷西娅。1805年，纳尔逊去世，上流社会冷漠地抛弃了爱玛。无依无靠的爱玛终日酗酒，1815年在加来孤苦死去。罗姆尼创作的肖像名画《爱德加街上的侍茶女》，使这位传奇女子的传奇故事成为永恒。

1783年，美国独立战争（详见第十五章）结束，英国永远失去了美洲的殖民地。这时，假冒茶叶和走私茶叶愈演愈烈，俨然瘟疫。英国首相威廉·皮特痛下决心，颁布了《茶与窗户法案》，将茶税税率从119%骤减至12.5%，财政收入的损失通过窗户税（按每户家庭的窗户数量征收）得到弥补。法案的出台对打击走私可谓立竿见影，通过海关进口的茶叶从1784年的500万磅（约2250

吨）猛增至 1785 年的 1300 万磅（约 5850 吨）。后来英国卷入了反击拿破仑的战争，再次将茶税税率上调至 90%。但受到《茶与窗户法案》的致命打击后，走私者的元气再也没有恢复。终身以报道茶新闻为业的记者丹尼斯·福瑞斯特在《英国人的茶》一书中记载："我们终于告别了茶叶走私分子，或许为了庆幸正常茶叶贸易的到来，还会冷不丁冒出一句'谢谢'。得益于贸易公司坚持不懈地默默进取，也得益于茶税的大幅下调，饮茶的风俗传到了联合王国最遥远的乡村，为生计发愁的人家也能喝上几杯热茶。"

假冒茶叶却依旧层出不穷。1725 年，政府出台了第一份打击假冒茶叶的法案，即《英国伪茶法案》。1730 年，任何在茶叶中掺杂山茶叶、糖、糖浆、黏土甚至木屑，却以"正宗茶叶"出售者，都会被处以 10 英镑罚金。但假茶依旧屡见不鲜。据估计，1777 年前，英国每年销售的 1200 万磅（约 5400 吨）茶叶中，约有 200 万磅（约 900 吨）掺杂了各种树叶，包括黑刺李、接骨木、山楂、白桦、白蜡树等等，"毁坏了大片森林和灌木丛"。为了严加惩戒，政府甚至加盖了监狱。理查德·川宁在《茶与窗户法以及 1784 年以来茶叶贸易之回顾》一文中，对这种下流的造假行为作了详细记录。

一位先生曾对茶叶造假作了详细调查。我从他手里拿到了有关生产过程的资料，在此将其公布于众。

在红茶中混入白蜡树叶，生产伪茶的工艺：

将白蜡树叶归集到一起，在太阳底下晒干后再行烘烤。接下来将树叶摊在地上，用脚踩碎后过筛，倒入硫酸亚铁和羊粪。随后，摊铺在地面晾干，就可以用了……方圆 8 到 10 英里的小村庄里一年大概能生产 20 吨左右，精确的数字很难核实。

18世纪时，英国人对红茶和绿茶的钟爱程度不分伯仲。茶盒里通常都放两罐茶叶，一盒标着"B"（black），是武夷茶（红茶），一盒标着"G"（green），是绿茶。后来，英国逐渐成为一个只喝红茶的国度。个中原因，人们至今莫衷一是：有人认为红茶性暖，更适合英伦岛上阴冷的气候；有人认为英国人本性上更喜欢味道浓烈、芳香馥郁的红茶；有人认为奶和糖加在红茶中更有味道；也有人认为红茶比绿茶不容易掺假。欧洲和美国的茶客认为，上等的绿茶应该泛一点浅蓝色。不法商人在这一点上动起了歪主意，他们试图给劣质绿茶染色，最常用的染料有普鲁士蓝（亚铁氰化铁）和铜绿（即室外雕像上的铜锈，是有毒的化学物质）。1830年，有人匿名出版了一本小册子：《揭露夺命的掺假和慢性中毒：茶壶与茶瓶中的病魔》。书中，作者列举了茶叶中掺杂的各种假货，并断言这些恶行都是由"创世纪前日月的兄弟"（即中国人）干的。而当时出版的另一本小书，罗伯特·福钦的《中国茶区探访录》则详细地记述了东西方沟通中经常出现的误解。福钦记录了中国茶区将绿茶染色的过程，即在最后一次烘烤前五分钟，加入精细的普鲁士蓝和石膏粉的过程。福钦写道：

> 我不禁要想：在茶的味道得以调整，或者是不是可以说得到改良的时候，如果喝绿茶的茶客在现场，会是怎样的情形呢？……（中国的）茶农们也承认，没有任何添加的茶叶品质更好，他们也从来不喝染色的茶叶。不过，他们又补充说，洋人似乎更喜欢茶叶里混一点普鲁士蓝和石膏粉，以使茶叶看起来质量更好一些。考虑到这些添加剂价格便宜，中国人当然不反对这么做。重要的是，这样的茶叶能卖更好的价钱。

随着英国人逐渐摒弃绿茶，红茶消费稳步上升。评论员伊萨克·伊斯雷利如此评述："这一伟大植物被人们接受的过程，宛若真理的形成。一开始总是无人问津，尽管对少数有勇气尝试的人来说是甘之如饴；在推广过程中还会受到人们的抵制；在名声渐渐大起来时人们还会诋毁它；最后自然会以胜利告终，从宫廷到乡村赢得喝彩一片。这一切都要归功于光阴分分秒秒的努力，当然还有茶的品质。"在工业革命时期，经营不错的工厂老板会给工人提供一段时间喝茶，让工人在长达十四小时的令人麻木的重复工作中得到片刻休息。有人认为，工业革命的实现，茶实在是功不可没。他们认为，如果没有茶，工人们将无法忍受"撒旦工厂"里机器的轰鸣声；另外，茶还有一定的杀菌功能，如果没有煮开的茶，从乡村移民到城市的大批工人在拥挤的厂房里劳作，可能会引起灾难性的瘟疫疾病。

在俄罗斯，对于过度依赖酒精、喝得酩酊大醉的嗜酒客来说，茶也是一剂良药。英文"禁酒"（teetotal）一词似乎把茶和戒酒联系在一起了，但《牛津词典》认为teetotal的第一个音节应该是teet。《牛津词典》还指出，teetotal一词1834年诞生于禁酒运动的发源地普雷斯顿。1833年圣诞节，普雷斯顿举办了盛大的茶会。巨大的茶锅能盛200加仑（约760升）茶水，完成戒酒的40人穿着印有"戒酒"字样的围裙向参加茶会的1200人端茶送水。随着戒酒运动的不断壮大，类似的大茶会在全国各地的工业城镇上演，嗜酒者在茶会上发誓戒酒是必演的节目。查尔斯·狄更斯在其名著《匹克威克外传》中，通过对礼拜堂联合戒酒协会布力克街分会的辛辣描述，对这一戒酒运动的实际效果予以无情披露。

英国人在安排家庭生活上有着非比寻常的天分：温暖的拖鞋、壁炉里哔剥作响的炭火、舒适的靠椅、不忍释手的书卷、和睦相处的伴侣，还有一壶滚烫的武夷茶，都是英国人用来消除人生中的不安定进行的高雅的尝试。这种把家里的一切都安排得妥妥帖帖的天分或许可以看作帝国殖民开拓伟业的副旋律，也可以视作亲人远行、肠断惜别和盼亲人归、望眼欲穿的配乐曲。这些存在于现实生活中的期盼激发了诗人威廉·古柏的灵感，创作了著名说教长诗《任务》。1783年，古柏和玛丽·恩明居住在伦敦北郊50英里（约90公里）外的小镇奥尔尼，生活安静而恬适。邻居是一位安娜·奥斯汀夫人式的女士。傍晚时分，三人经常围坐在一起，朗读、闲聊、歌唱。某晚，"奥斯汀夫人"突发奇想，要古柏以沙发为题写一首无韵诗，这便是古柏著名长诗《任务》的由来。诗中写道：

> 拨旺炉火，锁紧百叶窗，
> 垂下纱帘，沙发围成圈。
> 茶汤已沸，茶釜丝丝响。
> 水汽升腾，茶杯轻轻碰。
> 茶水浓酽不醉人。
> 让我们双手拥迎，
> 平和的夜晚即将来临。

帝国的茶叶需求量还在不断增长。1793年，乔治三世派遣马戛尔尼勋爵作为英国的第一任使节前来中国，期望中国减少贸易限制，请于长江口的岛上建立一处贸易站，在北京开设使馆，并准许传播基督教。由于马戛尔尼拒绝向乾隆皇帝行三跪九叩礼，特使来华一无所获。在给英王乔治三世的信中，乾隆帝自信满满地写道："（天朝）无所不有，尔之正使等所亲见。然从不贵奇巧，并无更需尔国制办物件……尔国王惟当善体朕意，益励款诚。永矢恭顺，以

奇才乔舒亚·威基伍德

18世纪50年代,迈森的烧瓷业逐步走向没落,取而代之的是巴黎近郊的塞弗尔瓷窑,后者成为欧洲首屈一指的瓷厂。塞弗尔瓷厂早期推出了名为"法国瓷"的软陶,随后又烧出了冠名"皇家瓷"的硬瓷,声誉鹊起。然而,真正改写欧洲制瓷史的是英国天才、制瓷名工乔舒亚·威基伍德。威基伍德设计烧制的浅奶黄色的皇后御用瓷宛若天成,黑色玄武岩系列和浮雕玉石系列别具匠心;另外,威基伍德还以他发明的瓷器工业化生产模式和精到的营销模式被后人推崇。在探寻制作真正的瓷器的过程中,欧洲的瓷工一直被当地缺少高岭土这一难题困扰,后者是烧制瓷器必不可少的原料。在寻找硬瓷原料的无数次的试验中,威基伍德在1768年配制成功了名为黑色玄武岩(又名埃及岩)的制瓷原料。黑色玄武岩质地坚硬,是一种有玻璃特质的硬材,是制作盛水容器、雕塑、茶具的极佳材料。七年后,威基伍德又发明了另一种坚硬、细腻、耐磨的制瓷材料。由于这种材料和玉石极其相似,威基伍德遂以玉石命名这一制瓷材料。玉石能与不同的氧化金属

融合，形成不同的颜色，诸如黄色、灰绿、浅紫、天蓝等等。而今，在茶壶、茶杯等茶具制作中，玉石仍然被广泛使用。威基伍德还是工业革命的领军人物，他通过大量裁减劳工、使用蒸汽机和机械化的车床（生产装饰材料的机器，这些装饰可以运用在不同的瓷器上），突破了从手工制作向机器生产的划时代的屏障，极大地提高了生产效率。威基伍德的天才创造和生产线带来的高效让欧洲其他瓷厂产生了严酷的竞争压力。这些瓷厂纷纷效仿威基伍德的做法，迈森瓷厂甚至烧制了一款名为"威基伍德工艺"的釉瓷。而今，威基伍德出品的装饰了新古典主义浮雕图案的青蓝玉石茶壶已经成为英国设计史上的标杆之作。

保义尔有邦，共享太平之福……"

英国使团离开北京后，走陆路南下广州。马戛尔尼记载，使团行经中国的产茶区时，"总督大人特许我们带走几棵茶树苗。树苗根部裹着一大坨泥。我非常中意这些树苗，会设法把它们带到孟加拉去"。至于茶树苗的最后下落，史书上没有记载。但使团采集的茶树种子确实送到了加尔各答的植物园。在著名自然学家约瑟夫·班克斯的悉心照料下，种子顺利地发芽生根。1861年，英国国王再次派遣使团来到中国，以阿美施德为正使，依旧一无所获。回国途中，船只"阿尔西斯特号"在苏门答腊触礁沉没，所幸乘客无一伤亡，但带上船的茶树苗一棵也没有留下来。

19世纪前十年间，在与世界各国的贸易往来中，中国仍然享受着2600万美元的巨额顺差。1800—1816年，走私鸦片维持在每年

1850 年预告戒酒茶会的海报
图片来源：Grimsby Local Studies Collection/ North East Lincolnshire Council。

4000 箱左右。19 世纪 20 年代，印度东北部帕特纳地区和新德里以南马尔瓦地区的鸦片生产商展开激烈竞争，鸦片价格陡降，中国的鸦片消费迅猛增长，到 1830 年已达 18760 箱。1828—1836 年，非法的鸦片贸易日益猖獗，中国遭受贸易逆差 3800 万美元。大量白银因此从中国回流英国，鸦片成为 19 世纪最具价值的商品。教士和《泰晤士报》等各大报刊对这一并不光彩的生意予以道义上的强烈谴责，后来就任首相的威廉·格莱斯顿在日记中坦承："对于我的国家向中国实施的罪恶行为，我深为担忧，上帝会因此惩罚英格兰。"当然，反对鸦片贸易的呼声远没有像反对奴隶制度那么强烈。鸦片贸易史上无法遗漏的人物威廉·查顿在写给朋友的信中，以嘲讽的口吻描述了当时鸦片贩子的境况："除了茶和滚滚财源，善良的英国人再也想不出任何与中国有关的东西。然而，不事声张地获取茶和白银，

第十四章　茶叶的扩张之路　　173

19世纪的中国鸦片馆。来自社会不同阶层的各色人等都在光顾鸦片馆，鸦片馆也因此有简陋、奢华之分
图片来源：伦敦大英博物馆。

就有自甘没落之虞。"

在中国，在有关鸦片贸易的论战中，主张鸦片贸易合法化的一派认为这有利于政府加强对贸易的控制，充盈国库收入。主张道义的一方则认为，鸦片贸易完全无视法纪，但这还不是禁绝鸦片的唯一理由。御史袁玉麟指出，如果整个国家沉湎于鸦片，其害将"伤我心腑，毁我家园"。1838年7月，刚正的孔门后学，年仅47岁已官至湖广总督的林则徐在给皇帝的奏折中，痛陈鸦片流弊之害，强调对吸食者予以惩戒，令其戒瘾。皇帝被林则徐的严词打动，任命林为钦差大臣，并委以根除鸦片之害的重任。

昼夜兼程两个月后，林则徐从北京到达广州。1839年3月18日，林则徐下达命令，要求广州的洋商将手中鸦片如数上缴官府，并提醒他们天朝一无所缺，洋人生活中却不能没有茶和大黄。亚瑟·瓦利在《中国人眼中的鸦片战争》一书中记载："中国人普遍相信，西洋人，特别是英国人，如果没有大黄，便会因便秘不畅而死。我想这一说法可能是有点根据的。19世纪早期，欧洲人都有春天通便的习俗。大黄是泻药中必不可少的一味。"洋商和林则徐互不妥协。后来，林则徐意识到，只有茶叶对西洋人来说不可或缺。他把广州城内的洋人扣为人质，强令他们交出鸦片。消息传到澳门，英国首席商务监督义律下令将军舰开往香港，本人则前往广州，要求英国的商人将鸦片如数交给中国官府，并向英国政府要求全额赔偿。由于清朝政府打击鸦片贸易，广州的英商已经连续五个月没卖出一箱鸦片，得知义律的指令后，英商自然一一照办。旗开得胜的林则徐每天坐在凉亭中，指挥焚毁数千箱鸦片。这些鸦片在焚化池中与石灰混在一起，焚毁后又顺着潮汐流入大海。

情势日益恶化。9月4日，鸦片战争正式打响。由于英军舰船遭林则徐的军队拦阻，无法正常采购补给，遂在香港九龙向清军的一支水军分队发动袭击。战争从一开始就是在强弱失衡的双方之间展开的。英军舰船绕过广州，沿海北上，试图攻占长江口的舟山诸岛。1840年夏，经过短短九分钟的炮轰后，英军便轻松占领了岛上港口和码头。由于清军在战争中溃败，林则徐被革职查办，后被流放中国的新疆地区长达四年。

1841年1月20日，新任两广总督琦善与义律进行谈判。琦善在对方的威逼下，同意割让香港作为补偿，义律则同意将舟山归还中方。清廷对琦善签订丧权辱国的条约大为震怒，将琦善锁拿解京。另一方面，英国外交大臣巴麦尊对义律未经授权、擅自订约甚为不满，决定由璞鼎查接替义律的职位。璞鼎查率25艘战船、14艘汽轮、9艘补给船于1841年8月抵达远东。他的一个重要任务就是重新占领舟山。10月1日，英军占领舟山；10月13日，英军占领宁波——与舟山一水相隔的重要港口。

为抗击英军,皇帝任命堂侄奕经为扬威将军,率12000名标兵、33000名募勇到杭州督战并夺回宁波。这位工书善文的将军(曾任内阁学士和护军统领)对于领兵打仗却一无所知。在奕经率领的军队发起进攻前一个月,一位知名画师前来祝捷,他用北宋时期工笔画法绘制了一幅大捷凯旋图,而奕经一连几天都在苦苦思索仗打完后如何写告捷文书。发起进攻的时间是由奕经在梦中接受神谕后确定的:道光二十二年(1842)三月初十。发起进攻当天,大雨倾盆,道路泥泞,奕经留下了60%的兵力作为随扈保卫,冲上前线的是七百名四川募兵,但将士们很快便倒在血泊中。经过长江沿线的战役,中英双方于道光二十二年七月(1842年8月)签订《南京条约》,宣告战争结束。英方如愿以偿:清廷割让香港,赔款白银2100万两,开放广州、厦门、福州、宁波和上海作为通商口岸。

在鸦片战争中失利后,中国被迫开放门户,鸦片如潮涌入。随后的百余年中,中国经济停滞、社会分裂、外侮内战不断、革命风起云涌,有着悠久历史的茶叶生产与贸易濒于崩溃。在太平洋的另一侧,在鸦片战争爆发前70年,发生了改变世界近现代史的另一重大事件。这当中,茶叶同样扮演了重要角色。1773年12月16日星夜,一伙波士顿人将成箱的武夷茶倾入大海,为年轻共和国的诞生奠定了基石。无辜的茶叶很快得到了人们的谅解,19世纪,美国喝绿茶之风盛行,这些绿茶主要来自日本。美国人喝茶多喜欢凉饮,还要掺和一些果汁和酒精饮料。

第十五章
制壶工匠的星夜驰奔
茶在美国

17世纪中叶，荷兰人把茶叶带到他们的殖民地新阿姆斯特丹（今纽约），茶在美洲的历史掀开了第一篇章。来到这里的荷兰贵妇们尽其所能，竭力效仿故乡上层社会的生活方式，邀请朋友喝下午茶即其中一项。他们的茶桌雕工精细，茶盒、壶、杯、银勺、茶箅子无不精美绝伦，光鲜摆列。茶桌上还有精美的糖盒，分别盛放着散糖和块糖。桌子上还有一台筛粉机器，里面装着肉桂粉和糖粉，给刚做成的散着热气的华夫松饼和小面包撒上一点点缀。女仆递上的茶有好几种，可以加糖，还可以加番红花、桃叶等调剂色香味。

贵格会教徒威廉·潘在历史上颇有声望，他于1682年在德拉瓦河畔开工建设费城，并把茶叶带到了这座"兄弟挚爱之城"。在波士顿，最早销售茶叶的商人当数本杰明·哈里斯和丹尼尔·弗农，他们在1690年就拿到了销售许可。和在中国一样，武夷茶在这里深受欢迎，但喝绿茶的也不乏其人。波士顿的药剂师扎布迪尔·波伊斯顿曾刊登广告，推销"绿茶和普通茶"，可资一证。当然，每个人的煮茶方式并不相同。在新英格兰的塞勒姆镇，人们煎煮茶汤要花很长时间，直到茶汤变得又浓又苦；他们喝茶时不喜欢加糖或奶，茶渣则就着盐和黄油嚼食。在有些地方，人们不喝茶汤，只吃煮过的茶叶。

18世纪20年代，对北美的茶叶出口逐渐趋于稳定。从法律上讲，北美各殖民地只能从英国进口茶叶。事实上，约有七成茶叶是通过走私进入殖民大陆的，大部分来自荷兰，也有部分来自法国、瑞典和丹麦。1749年，瑞典自然学家佩尔·卡姆前往阿尔巴尼游历，发现当地人"早餐都在喝茶"。在新生城市纽约，当地的茶室也被冠上了伦敦著名的茶苑"沃克斯豪尔"和"拉内勒夫"的名字，当然两者的规模不可同日而语。当地人热衷于野炊的另一个地方是位于下曼哈顿的茶苑汲水园，即今布罗克林大桥横跨东河的地方。乔治·奥托·特里维廉在《美国革命》一书中记载："美洲市场对茶的需求巨大。茶是最方便冲沏，也最方便携带的饮料。人们可以在美洲未开垦的蛮荒之地喝茶，就像今天在澳大利亚的灌木丛中喝茶一样……不论何方绅士，但凡驱车或骑马30英里来参加葬礼的，都是嗜茶客。女士们也都喝茶。当地的印第安人纵然身强力壮，也每天离不开两顿茶。"

英国人在东部沿海开拓殖民地的运动如火如荼，法国人则从加拿大和大湖区南下，在1718年沿密西西比河建立了新奥尔良。和英国人建立殖民地后即垦荒事农不同，法国殖民者多是巡回游历的捕猎高手，许多归于法国人名下的土地甚至没有常住居民。1748年，一群英国殖民者成立了俄亥俄大陆公司，试图将俄亥俄河谷地带纳为自己的殖民地。俄亥俄河发源于阿巴拉契亚山地，向西南注入密西西比河。英国人的行动挑起了和法国人的直接冲突。1754年，乔治·华盛顿率领的英国军队在今匹兹堡附近的朱蒙维尔峡谷战场上袭击了法国人，法国印第安战争爆发。经过最初的几次挫败后，英国人逐渐占了上风。1763年，英法两国在巴黎签署和平协议，法国作为一支政治和军事力量，被逐出北美大陆。

法国人的威胁消除后，来自英国的殖民者逐渐变得无所畏惧。他们中的很多人祖上几代就来到美洲，和故国的血缘和感情上的联系已越来越淡。另一方面，英国政府认为，既然发动法印战争是为了殖民地的利益，殖民地应该为法印战争的支出埋单，同时，殖民地还应该建立自己的军队。然而，这些要求都被拒绝了。1764年，为给北美殖民地筹措财政费用，英国政府开始在当地征收印花税。这一措施迅速在殖民地民众中引起骚乱。当地民众还联合抵制英国商品，迫使英国政府收回成命。英国政府错误地认为：北美民众抵制印花税的原因是该税是国内税（即英国政府无权在殖民地征收该税），于是决定设立新的税种，在北美殖民地进口某些商品时，征收关税，而且态度非常强硬。殖民地从英国进口玻璃、涂料、铅、纸张和茶叶时，必须缴纳关税。

所有这些商品中，逐渐成为英国国饮的茶叶是最重要的一项，迅速成为殖民地宗主国专制苛政的化身。人们通过报纸、会议、传单等途径宣泄愤怒，诅咒这一使人萎靡不振的植物，谩骂之声一浪高过一浪。1768年8月15日出版的《波士顿公报》上，一位爱国者大声斥问："人的精神怎么能屈服于一小撮肮脏的暴徒？让我们发誓弃绝这有毒的植物和令人作呕的茶汤吧。我所谓的有毒和令人作呕，并非指茶本身而言，而是指与每一滴茶汤有关的政治瘟疫和绝症。"

殖民大陆的妇女也不能继续喝英国茶了，替代品是一种名叫拉布拉多茶的饮料。这种饮料最早是由土著印第安人煎煮发明的，据说味道非常浓烈。报纸上发表了打油诗大力推广这一茶饮，还刊登了煎煮的要诀。在整个殖民地区，妇女们都郑重宣誓，杜绝英国茶。

1769年春，波士顿、纽约、费城等北美主要港口城市缔结了一项禁止进口协议，共同抵制英国政府的关税新政。1770年3月5日，波士顿发生的偶然事件进一步恶化了当地民众和英国统治者之间的关系。这一事件被夸张地形容为"波士顿大屠杀"。当晚，一位假发制作匠的学徒爱德华·甘力克在国王街对约翰·戈德芬奇上尉大肆谩骂，理由是上尉没有向甘力克的老板付钱。不久，醉醺醺的甘力克又带着几名同伙回到原地，对正在海关大楼前执勤的哨兵休·怀特辱骂不止。争吵不断升级，民众越聚越多，士兵赶来帮怀特解围。在随后的骚乱中，英军开枪，民众中有五人殒命。

年轻的艺术家亨利·佩莱姆以这一事件为题材绘制了一幅画，爱国者雕刻家保罗·里维尔将其刻成雕版，绘像栩栩如生。里维尔在引发美国独立战争的一系列事件中，扮演了重要角色。诗人朗费罗在《保罗·里维尔星夜飞驰》中的赞歌大大提高了里维尔的声望，使其成为美国爱国者芳名谱中的一员。

> 保罗·里维尔星夜飞驰，
> 夜空传递着他呐喊警醒的呼声：
> 米德塞斯的每个乡村和农庄，
> 不要退缩！奋起！反抗！
> 这声音穿过黑暗，敲打着大门，
> 久久不断地回荡。

枪杀案后数周内，利用里维尔的雕版印制的版画迅速传遍了北美各个殖民地，画面上对于英军士兵冷血枪杀波士顿无辜民众作了未必合乎实际的煽情的刻画，掀起了殖民地民众的反英风潮。有意思的是，以生命和财产作保宣誓抵制英国商品的里维尔还是一名出色的银器工匠，制作了很多茶具，包括茶壶、奶壶、糖罐和茶匙。

这些茶具都被视作美国的艺术瑰宝。当时，里维尔的作品从来不打折销售。他在 1762 年制作的一把木柄银壶，当时售价就达 10 英镑 16 先令 8 便士。当时，一个普通力工一年的薪水也不过 30 英镑。

1770 年 5 月，英国政府决定，除茶税外，所有新开征的各种名目的征税一律停止。消息传到北美殖民地后，纽约的态度很快软化，并和英国重开贸易往来，费城也紧随其后。到了 10 月，北美三个主要港口的禁止进口协定已成为一纸空文，和英国的贸易往来继续进行。随后三年是所谓的"平稳阶段"，不卖茶、不喝茶的铮铮誓言被抛诸脑后，甚至像约翰·汉考克这样的爱国者也从再度开禁的茶叶交易中大赚了一把。仅 1771—1772 年，汉考克的商船运输的茶叶（完税后）就有 45000 磅（约 20 吨）。

典雅、带有新古典主义风格的茶壶，诞生在美国独立战争英雄保罗·里维尔的工坊。茶壶为银制，与把手的连接为铆接和焊接

图片来源：Yale University Art Gallery/Art Resource, NY/ 摄影：Scala, Florence。

18世纪中叶，英国东印度公司已成为世界上最富有、最有权势的公司。垄断茶叶贸易作为其主要财富来源，创造了公司90%的商业利润。随着英国人对茶的嗜好越来越浓，政府对茶叶进口征收的关税也越来越重。过高的关税造成私茶倒卖日益猖獗，侵蚀了公司相当比重的销售量。与此同时，东印度公司的股东无视公司股价暴跌（从280便士跌至239便士），投票将年度分红比例上调至12.5%。1772年秋，东印度公司陷入财务危机泥潭，亏欠英格兰银行的30万英镑短期债务一拖再拖，亏欠政府的100多万英镑税费也无法归还。与此同时，公司仓库里积压的1800万磅（约8100吨）滞销茶叶正逐渐发霉。为解决这些财务难题，政府再次向公司贷款150万英镑。另外，议会还在1773年5月10日通过一项法案，授权东印度公司向北美殖民地销售茶叶，不得人心的茶税继续保留。

美国历史学家本杰明·伍兹·拉伯雷在《波士顿茶党》中如此评论："这样一个会引起严重后果的法案，竟然在议会轻而易举地获准通过，好像确实非常罕见。"当年9月，东印度公司已备好2000箱（60万磅，约合270吨）茶叶，即将发往美国四大港口城市纽约、费城、波士顿和查尔斯顿。开船的消息甫一传到北美，"平稳阶段"戛然而止，北美人反击傲慢专横的英国统治者的抵抗运动以更壮大的声势卷土重来。当地人认为，允许东印度公司将茶叶出口到殖民地是试图将茶税永久化，为征收其他捐税开创先例，并把东印度公司的垄断贸易扩展到北美。当时英国派往北美的一位记者回忆说："我警告过东印度公司的多位管理人员，他们会把船和茶叶都烧了……没有人会容忍这么一份强加给他们的法案，否则他们就无可救药了。"

在纽约和费城，东印度公司指定的代理已经意识到民众强烈的抵抗情绪，决定放弃佣金，也不再收取茶叶。在波士顿，公司的代理托马斯·哈金森和伊莱莎·哈金森是总督托马斯·哈金森的子侄。市长全力支持他们接收货物。11月3日，包括亚当斯、约瑟夫·沃伦、约翰·汉考克等爱国领袖在内的大队人马来到自由树（当地有名的一株榆树）下召开会议，试图和东印度公司代理人（包括理查德·克拉克、爱德华·温斯洛、本杰明·法尼尔等）交涉谈判。几个代理人都没有露面，人们便掉头向理查德·克拉克的私宅挺进。大家把门锁拧掉后，蜂拥而入，克拉克一家躲到二楼的账本室。《麻省侦探》发表了署名（假名）为"委员会成员"的一封信，信中说，如果指定的代理人继续坚持接收茶叶，"为了保护普通民众，必须根除这批危险的邪恶分子。世界会为这种精神振臂欢呼"。

11月28日，装了114箱茶叶的"达特茅斯号"在离开伦敦九个星期后，抵达波士顿。次日凌晨，当地人便发出了召开大会的通知，通知上写着："朋友们！兄弟们！同胞们！是等待毁灭的到来，还是奋起反抗暴政图谋，我们的选择迫在眉睫了！"5000余人赶来参加集会，一致决定拒缴关税，茶叶退回英国。大会还挑选了25名男子组成巡逻小分队，密切注视船只和货物的动向。署名"人民"的布告称，任何人试图从船上卸货，都将被视作"没有存活价值的无耻小人，成为我们正义反抗的第一批牺牲品"。根据法律规定，如果茶税在12月17日以前不缴清，海关将有权没收"达特茅斯"上的所有茶叶。随着这一期限临近，波士顿的空气日益紧张，大有一触即发之势。

12月16日，当地民众在波士顿老南议事堂召开会议，要求"达特茅斯号"船长弗朗西斯·罗奇率船离开港口，并要求他为此事向总督哈金森申请许可。傍晚时分，罗奇从总督官邸返回，称申请被拒绝了。一小群人冲向港口，高呼："波士顿港今晚成为大茶

1773年12月16日,英国东印度公司的茶叶被倒入波士顿港口
图片来源:Currier & Ives/ Library of Congress, Washington, D.C.。

壶!莫霍克人来了!"当晚,雨住天晴,明月照着三艘货轮停泊的码头。偷袭者打扮成当地土著,分成三组,登上货船,责令海关官员上岸后,用斧子劈开茶叶箱,将茶叶倾入海中。瞬间,港口水面上浮满了倒下来的9万磅茶叶。这期间,有一人偷偷将茶叶装入自己的衣兜里,被发现后遭同伴暴打一顿。

波士顿倾茶事件很快传遍了整个殖民地区。人们只要发现茶叶,就如数销毁。在新泽西当时最繁华的重镇格林威治,从原本驶往费城的"灰狗号"货船上搬下来的一箱箱茶叶,全部在镇上的集市广场焚毁。在马萨诸塞的威斯顿,有谣言说当地的旅店老板伊萨克·琼斯在他的大篷车里供应茶饮,一群爱国暴徒立即捣毁了他的旅店,并把店里的烈酒喝个精光。1774年3月,波士顿发生了第二次倾茶事件,"财富号"上的28箱茶叶被如数倒入海中。当月,英国议会通过了一项法案,在12月被倾倒的茶叶的赔偿问题得到解决之前，一直关闭波士顿港口。但这一大棒措施适得其反，进一步促进了各殖民地的团结。1774年9月5日，北美十二个殖民地的代表齐聚费城木匠大厅，召开了第一次大陆会议。会议决定，作为对英国关闭波士顿港口的报复措施，全面抵制来自不列颠和爱尔兰的进口商品。

1775年4月18日深夜，保罗·里维尔一路驰奔，把英国军队已经出发准备缴没民团枪械的消息及时通知了波士顿民团。次日凌晨，随着一批民团士兵被英军拦截，莱克星顿响起震惊世界的枪声，美国独立战争打响了。乔治·华盛顿率领参差不齐的军队，和英军及其雇佣盟军浴血奋战。大大小小的战斗在普林斯顿、特顿、布兰迪万、日耳曼敦等地上演。在欧洲，同情殖民地事业的法国志愿军在拉法耶特率领下，横渡大西洋和华盛顿的军队并肩作战。1781年秋，华盛顿的军队和拉法耶特率领的志愿军联合发动进攻，迫使英军从主要港口城市撤退，纽约成为其最后困守的堡垒，独立战争接近尾声。1783年9月3日，双方在巴黎签署和平协议，英国正式承认美国独立。

通常我们会认为，由于茶在美国人寻求独立的过程中扮演了不光彩的角色，美国人会从心理上刻意回避茶饮，并将新独立的共和国纳入喝咖啡的阵营。然而，在现实生活中，茶并没有从美国人的橱柜中消失。独立战争结束后，乔治·华盛顿在位于佛农山的庄园里，"依然和往常一样，吃早餐时还会喝英式早茶，就着黄油或者他特别喜欢的蜂蜜吃印度蛋糕。至于晚餐，就特别简单，通常是茶和面包片，再来点葡萄酒"。

华盛顿将军帐下，有一位名叫萨缪尔·肖的年轻人，曾经在战场上冲锋陷阵，但和军中的很多战友一样，在服役的最后一年没有拿到薪水。脱下军装时，肖已是负债累累，没想到好运很快就降临了。独立之初,美国需要在世界舞台上开创自己的一片天地,这也包括和远东建立直接的贸易联系。1783年,靠走私茶叶发迹,还是独立战争主要捐资者的费城商人罗伯特·莫里斯组织了一群敢于冒险的人马,护送第一艘商船前往中国。莫里斯以前的伙计约翰·格林被任命为"中国皇后号"船长,萨缪尔·肖担任商业事务的负责人,负责管理船上的商品。这艘360吨级的商船在其处女航中,一共装了3000件毛皮,外加铅、棉花、胡椒等各式商品,还装了产自弗吉尼亚和宾夕法尼亚的30余吨人参。人参在中国向来是滋补佳品。美洲的土著部落也是很早就认识了人参(另外一种品种),将其称为"戈仁萄昆",用其入药的历史也非常悠久了。如果要考察人参的源头,应该有两种可能性:一是中国人和美洲土著各自发现了这一植物;或者是后者在15000年前穿过白令海峡时把有关人参的知识带到了美洲。

1784年2月22日,"中国皇后号"从纽约启航。六个月后,商船到达广州。洋行商馆的商人很快就把船上的货物抢购一空,购买人参的价钱还出人意料地高。拿着这些银两,肖开始采购带回去的商品,其中,"美国人要的茶是必不可少的"。肖一共采购了440吨茶叶,大多为红茶(武夷茶和小种茶),超出了"中国皇后号"的运载能力,只好托另一艘回美国的商船"帕拉斯号"分运其中的一部分。"中国皇后号"装运的其他商品还包括50吨瓷器、3000磅肉桂、给罗伯特·莫里斯的手绘壁纸、来自上海的一群公鸡。据说,今天宾夕法尼亚州百克斯镇出产的鲜嫩肉鸡就是这群公鸡的后代。"中国皇后号"的返航速度创造了纪录。1785年5月11日就抵达纽约,抵达时还鸣枪13响向这座城市致敬。四年后,美国政府开始征收茶叶税:红茶每磅征税15美分,贡茶绿茶22美分,熙春绿茶55美分。

19世纪，在查尔斯顿和萨凡纳等南部城市，人们开始在盛夏的傍晚兜售混合茶饮，即由茶、奶、糖和烈酒掺和的混合甜饮料，在早期的配方中人们多用绿茶。冰箱发明后，冰镇的茶饮开始大行其道。1854年，佩里将军迫使日本幕府敞开国门。19世纪下半叶，日本绿茶成为美国进口的大宗商品。1879年出版的烹饪指南《老弗吉尼亚家政》一书第一次披露了冰镇凉茶的做法："茶壶用沸水烫洗后，加入1夸脱（约950毫升）沸水、两勺绿茶……高脚杯中加入冰和糖。挤一点柠檬汁会使饮料更可口，也更有益健康，有助于延缓人体日渐收缩的趋势。"1890年，曾在南北战争中为南部联盟浴血战斗的士兵在密苏里重逢，15000名老兵消耗的食物令人叹为观止：4800磅（约2200千克）面包、11705磅（约5250千克）牛肉、407磅（约180千克）火腿、21头羊、6蒲式耳（约160千克）

1859年成立的美洲茶叶公司，后更名为大西洋和太平洋（A&P）茶叶公司。 A&P至今仍是美国知名的食品品牌
图片来源：华盛顿国会图书馆。

第十五章 制壶工匠的星夜驰奔

豆子、60加仑（约230升）酸黄瓜，外加一卡车土豆。伴随着这些食物吞下的是2200加仑（约8300升）咖啡和880加仑（约3300升）冰镇凉茶。直到今天，冰镇凉茶仍然是美国人的最爱。

漫漫数百年中，微不入眼的茶在诸多人类历史的十字路口扮演了略带神秘色彩的、匪夷所思的角色。在波士顿倾茶这一独幕剧中，茶只不过是个道具。这一舶来的暴利商品不经意间却成了统治者强加于劳苦大众的苛政、贪婪和不公的象征。英国人失去北美大陆后，印度成为帝国的又一颗宝石。在这里，茶扮演了双刃剑的角色，既是殖民者征服的工具，又是新产业和生计的支撑。在种植园主和工人的倾心浇灌下，茶树在印度枝繁叶茂。茶种植园开发的速度令人吃惊，短短五十年内，印度的茶种植业由新生而壮大，出口量已超过具有两千多年种茶历史的东北邻国（中国）。

第十六章

优质精选黄金花橙白毫

印度和锡兰19世纪茶史

19世纪初,茶的历史在南亚植物王国的中心地带——布拉马普特拉河(中国境内称雅鲁藏布江)上游翻开了新的一页。上千年来,这里的生活方式几乎没有什么变化。坐落在喜马拉雅东麓和缅甸那加山之间的阿萨姆邦,是一片长400英里(约640千米)、宽50英里(约80千米)的河谷平原。数百年来,这里一直是阿霍姆族和加罗族厮杀的战场,也是那加族、密西米族、米里族、阿伯尔族、达夫塔族,以及信颇族等大小部落伺机窃取的目标。这些部落大多生活在群山密林怀抱的堡垒中。1228—1778年,阿霍姆族统治着阿萨姆邦。1779年,缅甸人成为这里的主人。不久,来自遥远国度的陌生人出现在这里,他们长着大胡子,带着火力强大的武器,热衷于贸易买卖,并对这块葱茏丰茂的土地虎视眈眈。

1823年,英国商人罗伯特·布鲁斯带着一大堆行李,开始了他在布拉马普特拉河谷的第一段旅程。到达朗布尔镇时,布鲁斯结识了信颇族部落酋长比萨盖姆。信颇部落对于当地的野生茶树非常熟悉。布鲁斯听说朗布尔地区也有茶树,便和比萨盖姆酋长约定:等他下一次来时,将会带走一些茶树苗。次年,缅军和英军之间争夺阿萨姆的战争爆发。罗伯特·布鲁斯的弟弟查尔斯·亚历山大·布鲁斯指挥英军的一艘战船，听从命令进入了阿萨姆的纵深地带萨地亚。萨地亚离比萨盖姆的老家不远，是布拉马普特拉河从喜马拉雅山进入平原的开端。英军将缅军逐出萨地亚后，信颇部落酋长下山迎接新的统治者，还带上了查尔斯·布鲁斯的兄长所预订的茶树苗。查尔斯·布鲁斯在《红茶制造记述》中写道：

> 信颇部落懂茶喝茶的时间已不短，但他们的制茶方法与中国人大相径庭。当地人摘取嫩叶后，直接将茶叶放在日光下晾干；也有人先把茶叶放在风露中，再日光暴晒三日；还有的人待茶叶稍稍晾干即放入热锅中翻炒，炙热后，将茶叶通过一小孔放入竹节中，在竹节上插入小木棍，持竹节上火烘烤。烘烤后，用树叶将竹节上的小孔堵住，将竹节挂在草屋中烟熏得到的地方。茶叶可以经年不坏。从信颇部落一直往东走，另一个村落的村民习惯在地上挖坑，用大叶子镶填四面。将煮熟后撇去杂质的茶叶倒入坑中，上覆泥叶，任其发酵；取出后置竹节中，即可入市出售。信颇人似乎深谙做茶之道。

1788 年，约瑟夫·班克斯爵士撰写了一份报告，探索在印度种茶的可行性。但在当时，东印度公司的巨额利润大多来自对华贸易，公司收到建议后即将其束之高阁。情况到 1833 年才有了转变。这一年，东印度公司失去了远东贸易的垄断权，其他公司也可以从事对中国贸易，远东贸易进入了自由竞争时期。1834 年 1 月 24 日，东印度公司组织成立了茶叶委员会，首要任务是编写提交在印度开展茶树种植的计划书。当时，印度仍然是东印度公司的控制范围，利用布鲁斯等人提供的资料，茶叶委员会在年底向英国政府提交了报告，报告辩称："毫无疑问，茶丛是阿萨姆地区的本土植物。"茶叶委员会在提交报告的同时，又派出秘书詹姆士·戈登前往中国，采购茶籽、茶苗和制茶器具，并招募茶园专业工人。

1836年，加尔各答植物园利用戈登在中国采集的茶树籽，成功培育了茶苗，两万株送往萨地亚，交给担任茶艺督查的查尔斯·布鲁斯；另外培育的两万株送往喜马拉雅西麓旁遮普附近的库马恩和德拉敦；还有两千株送往印度东南的马德拉斯[①]。布鲁斯在试种中国的茶苗之余，又在萨地亚新建了一个苗圃，培育阿萨姆本地的茶苗。另外，他还在当地搜集野茶种。戈登则在中国招募了三名专司茶苗种植的园艺工，并将其送往阿萨姆。通过和园艺工攀谈，布鲁斯摸索掌握了茶的种植和制作技术，并将其和园艺工的谈话录编辑成册，出书刊行：

"你们在中国的制茶工艺和在阿萨姆的都一样？"

"一样。"

"你们懂不懂怎么做绿茶？"

"不懂。"

"茶园里一年锄几遍草？"

"雨季锄一次，天冷时再锄一次。"

采自阿萨姆茶丛的茶叶经中国制茶工人炒制后，管理人员将一小包样品送往加尔各答，总督奥克兰公爵品评认为茶叶质量上佳。1838年5月，"加尔各答号"远洋轮上开设了阿萨姆茶叶专用舱，第一批阿萨姆茶叶运往伦敦。1839年1月10日，运抵伦敦的八箱

---

① 现称金奈（Chennai），印度东南沿海城市。——译者注

茶叶（三箱阿萨姆白毫、五箱小种）在明辛街的伦敦商业销售大厅拍卖，引起了商家的极大兴趣。拍卖的第一单被一位皮丁上尉以每磅 21 先令（以今天的价格计，折合 68 英镑或 130 美元）的价格买走。皮丁上尉随后又将剩下的几箱全部买走，以此来为他自己经营的茶叶品牌造势："浩官混叶茶——40 种名贵红茶的完美组合"。

五个星期不到，伦敦的商人就筹资 50 万英镑成立了阿萨姆茶叶公司，资本金以 50 英镑为一股，1 万股股份没几天就认购一空。东印度公司同意将其名下的阿萨姆茶园的 2/3 转租给该公司，并且免收头十年租金。随后，茶园又招募了大量中国工人。新公司成立伊始，首要任务是改良现有茶园，提高产量，同时开荒种茶，并建设一条电话线，确保和加尔各答通信畅通。在河流纵横、险滩密布的恒河和布拉马普特拉河流域，蒸汽船穿梭往来，最远能到达古瓦哈蒂。在古瓦哈蒂，布拉马普特拉河拐了一个弯，东流进入阿萨姆邦。从古瓦哈蒂溯游而上 200 英里（约 320 千米），就到了阿萨姆茶叶公司总部所在地纳齐拉。这一段行程，唯一的运输工具是名曰"乡船"的竹筏，靠苦力在激流中勉力前行，有时要耗时一个来月才能完成。

无论是从英格兰初来乍到的年轻的茶园主，还是从中国千里跋涉而来的茶园工人，抑或是抛家舍业的孟加拉苦力，无不把逆布拉马普特拉河而上，进入阿萨姆密林的旅程视作进入地狱的畏途。猛虎在林中长啸，疟疾和霍乱横行，来这里的旅程似乎没有回去的路。在离加尔各答 1000 英里（约 1600 千米）之遥的纳齐拉，坐落着阿萨姆茶叶公司总部。这里有供欧洲员工居住的小楼，也有茶园工人居住的竹屋，还有两座茶厂和一个茶苗圃。稻田、麦田和亚麻田阡陌纵横。捕获的野象经过圈养驯化，可以承担不少工作：将开荒时砍伐的原木拖走，将各地茶园新采的茶叶运输到中转站，或者

1890年，加尔各答草地上的一场茶会。索比·普林斯夫妇和弗罗伦丝·斯特里特菲尔德夫妇身后站立着两位用人（着白衣者）和两位侍卫。后者的工作是在客人到来时大声应答，并增加主人的尊贵气派

图片来源：India Office Library and Records, British Library, London。

作为交通工具穿过丛林，避免猛虎对人的袭击。茶叶制作完成，装箱铅封后，装上乡船，沿迪库河进入布拉马普特拉河，运往古瓦哈蒂和加尔各答。

1841年，印度医疗服务中心的坎贝尔大夫从库马恩带来了中国茶籽，将其播种在大吉岭的住宅附近。大吉岭南距加尔各答300英里（约480千米），是喜马拉雅山麓一片美丽的丛林地带。和英国人在印度开发的其他产茶地区不同，大吉岭并没有本地原生的茶树。但坎贝尔大夫在这里的试种非常成功，耐寒的中国小叶茶不仅在严寒澄澈的气候中生存下来，而且枝繁叶茂，发出了柔绿

鲜嫩的新芽。在坎贝尔的努力下,大吉岭逐渐发展成为一个山间中转站,一家军人和政府雇员疗养院也在这里落成迎客,一些欧洲人开始在此定居。1856 年,柯雄和大吉岭茶叶公司又开发了阿鲁拜里茶园。每年的第一茬新茶在雨季(3 月)采摘,第二茬在 6 月采摘。据说,第二茬是大吉岭最好的茶叶。

阿萨姆茶叶公司的司徽上镌刻着公司的箴言:"智慧与勤勉"(Ingenio et Labore)。到 19 世纪 60 年代初,开拓者们收获的商业上的丰硕果实吸引了一大批淘金者。但这些淘金者缺乏奋力前行的坚毅性格,只梦想着隔夜致富。茶园主爱德华·马奈记录了当时的种茶狂热:"人们蜂拥而至,热血偾张,每个人的念头都是拥有几处茶丛敛财……地块不论贫瘠,悉被辟作茶园,派来的种植园经理不仅对茶事一窍不通,甚至连稼穑农事也不识。"退伍军官、大夫、兽医、船长、药剂师、店铺管家、文员、刚脱下制服的警察,都想在阿萨姆拥有一片茶园。新茶园如雨后春笋般建成,已建成的茶园能高出市价好几倍出手转让。在阿萨姆以南的卡察地区,仅 1862—1863 年,当地政府收到开垦新茶园的申请就多达 50 万英亩。在种茶热最疯狂的时期,产量极低,甚至根本是无中生有的茶园通过花言巧语也能出售给伦敦没有商业头脑的投机客。1865 年,真相大白的时候到了,广告上吹嘘的利润其实不过是海市蜃楼,投资者大肆抛售手中的茶园股份,空中楼阁摇摇晃晃,轰然倒地。

毫无疑问,由于印度输往英国的茶叶享受免税待遇,阿萨姆和其他地区的茶叶产量正在飞速增长。另外,英国的消费者对中国茶叶的卫生和掺假问题谨小慎微,转向饮用更酽醇的阿萨姆茶,印度茶名声大噪,也促进了茶叶生产。茶树的种植、施肥、剪枝,以及茶叶的采摘、晾晒、滚碾、发酵、烘烤、包装,需要成千上万的劳动力。阿萨姆本地居民多半把自有土地出让给茶叶公司获取租金,

锡兰的采茶工人结束一天的工作,来到称重站称茶
图片来源:George Grantham Bain Collection/Library of Congress, Washington, D.C.。

还有的农民耕种经营自有的水田,不大可能成为茶园勤恳可靠的劳动力来源,茶园的劳动力主要从其他邦招募。劳工的工作条件非常恶劣,几与奴隶不相上下。1863—1868年,招募到阿萨姆各茶园工作的劳工(主要来自邻近的孟加拉邦)超过十万人,来自英国的数百名总管和经理管理着这十万大军。冷血的招募代理把未来说得天花乱坠,以提前支付现金的方式诱唆单纯赤贫的农民在他们根本不知道写了什么的劳工合同上签字画押后,把他们装上拥挤不堪的蒸汽船,沿布拉马普特拉河前行,路途中命丧黄泉的不计其数。发现被骗的劳工试图逃回家园,但多被羁押,无法如愿;被抓回的逃跑者和表现极差的工人则多受鞭笞之苦。

为阻止监工滥施刑罚,印度的英国殖民政府通过了若干法案,要求改善劳工工作条件,涉及的内容包括劳工的权利、健康状况、最低工资、工作时间、用工合同期限等等。但在残酷的现实面前,这些用心良善的法律条文显得苍白无力。1868年,政府派出了一个专门委员会调查阿萨姆地区茶园种植状况。调查发现了一系列问题:以欺骗手段招募劳工的情况屡见不鲜;劳工超负荷工作的现象随处可见;由于生活空间拥挤不堪、食物恶劣、饮用水不洁等原因,劳工死亡率居高不下;茶园管理层无人关心劳工的最低工资水平。更为恶劣的是,由于劳工极度匮乏,出现了专职的苦力劫盗。他们专门绑架前往茶区途中的劳工,并把这些劳工转卖给寡廉鲜耻的其他种植园主。不过,卡察地区的情况截然不同。专门委员会调查发现:"这里很多茶园的工作条件可以作为其他茶园效仿的榜样。劳工和家人生活在一起,挣的薪水并不薄,还拥有几头牛羊,知足而乐。每天的工作量并不特别大,生病的劳工会得到悉心照料。"因此,尽管存在剥削和滥施体罚,许多劳工在合同期满后还会选择继续留在茶区,而不是回到家乡继续贫穷的生活。就是在阿萨姆地区,这种情况也还是存在。

中国的茶园经营多以家庭为单位,印度的茶种植园则占用大片土地,雇用数百劳工,以产业化模式经营,实现了效率和产量的最佳平衡。茶叶采摘后,马上被送往工厂过磅,在箅子上薄摊18至24小时杀青。接下来是最费时费力的揉搓过程,工人手搓脚踩,捻碎茶叶,直到茶叶渗出汁液,散发出芳香。19世纪60年代,卡察地区一位名尼尔森的茶园主发明了第一台制茶机械——揉捻机,利用一块固定、一块移动的薄板碾碎茶叶,将工作效率提高了75%。茶叶杀青氧化后,下一步工序是烘烤,终止茶叶的氧化过程,去除茶中水分,并使茶叶的色、香、味维持在最佳状态。最早的烘干机是由名塞穆尔·戴维逊的茶园主发明的。1864年,戴维逊来到卡察。1875年，他发明了烘干机，"烘干茶叶的速度比用炭快了一倍。等我把烟囱再砌高10英尺（约3米）后，烘干茶叶的速度将会比用炭火烤快两倍"。

1832年，克里斯蒂博士把茶苗带到了印度南部的尼尔吉里山区（距滨海城市卡利卡特约50英里，约80千米）。1864年，博士又把茶种带到了印度西南滨海的特拉凡哥尔山区。是时，保克海峡另一端的锡兰岛（今斯里兰卡）的主要经济作物是咖啡。这是由阿拉伯人带来的。在锡兰中央高地，数百平方英里丛林被夷为平地，种上咖啡。1869年，加勒咖啡种植园的总管唐纳德·雷德在园里发现了奇怪的霉变黄叶。这就是可怕的咖啡锈病霉菌。很快，霉菌就传到了印度南部。记者约翰·弗格森在《锡兰的狂欢时代》中记载："最初的七八年间，人们对此并不关注，只是耕作种植时更加细心。但科学家调查后发现，没有什么对症之药可以根除咖啡锈病霉菌。十五年内，微不足道的霉菌把10万英亩咖啡园毁了个精光。"大量咖啡园被毁弃，投资人惊慌失措，经理们的饭碗也没了。

选择在锡兰留下来的种植园主开始改种金鸡纳树。金鸡纳树皮可以提炼奎宁，在当时是治疗疟疾的良药。16世纪，耶稣会传教士学到了提取奎宁的秘方。随后，英国的植物学家将金鸡纳树苗从南美成功偷出，并在爪哇、锡兰、印度等地种植。在欧洲人殖民统治这些疟疾肆虐的热带地区的过程中，奎宁发挥了极大作用，地位无可替代。19世纪60年代，锡兰产的奎宁药效最好，市面上售价也最高。1878—1883年，锡兰金鸡纳树的种植面积从6000英亩骤增至64000英亩。1884年，全岛的产量达到了创纪录的1180磅。生产供应过剩导致全球市场价格暴跌，奎宁热再度沦为另一波破产潮。

来自苏格兰的詹姆斯·泰勒是锡兰金鸡纳树种植的开拓者之

一。1852年,年仅16岁的泰勒来到科伦坡,并成为鲁勒康德拉种植园(在中央高地,北距旧都康提18英里,约30千米)的管理人员。1867年,鲁勒康德拉的第一批金鸡纳树开始收割树皮。同年,泰勒在当地19英亩的土地上播下了阿萨姆茶树籽。这批茶籽来自位于佩拉德尼亚的皇家植物园。泰勒的目标是培育出比阿萨姆茶更好的茶叶,"要能和商店里出售的中国茶叶相媲美"。刚开始,制茶工厂就设在泰勒的平房里,工人们在阳台的桌子上滚捻茶叶。1873年,泰勒设计开发了机械式滚茶机,并开始在锡兰销售茶叶,"价格是伦敦的两倍"。泰勒是位工作狂,从来不知道疲倦为何物,几乎没有离开过他钟爱的鲁勒康德拉,他唯一的一次离开锡兰的旅行是前往大吉岭学习茶树种植与栽培。1885年,鲁勒康德拉的茶园面积已扩展至300英亩,咖啡树已近乎绝迹。随后,金鸡纳树也消失了。1892年,拒绝休病假的泰勒实在干不动了,不得不停止工作,不久便与世长辞。24人组成的护送队将泰勒246磅的遗体送回康提。泰勒长眠在马海雅瓦墓地,墓碑上的碑文非常简单:怀念茶树和金鸡纳树种植的先驱、锡兰鲁勒康德拉茶园的詹姆斯·泰勒。1892年5月2日卒,终年57岁。

阿萨姆地区瘴气弥漫,猛虎出没,贱民打劫时有发生。相比较而言,锡兰地区空气清爽,民风淳朴。道路开通,遮天蔽日的参天林木被砍伐,森林被开发成了山坡茶园,茶园边修筑了民舍平房,生活与工作环境有了很大改善。康提高地负责砍伐丛林的汉子带着刀斧从山脚开始工作,他们把每棵树的根部砍断一半,再慢慢前行,逐渐清到山顶。山顶的大树被全部砍断,倒下的树会把下面断了一半摇摇欲坠的树压倒,一直到山脚。当地的僧伽罗人不愿意在茶园工作,从印度南部招募的泰米尔人承担了种植茶苗、采茶整枝等主要工作。1897年,记者约翰·弗格森记载:"我们最大的优势是

年轻的锡兰茶工摇动转筒，筛分茶叶
图片来源：Michael Maslan Historical photographs/Corbis。

'自由的劳动力'。一衣带水的海峡彼岸，是印度南部1200万苦力生活的地方，他们的年薪为三四英镑。确实，这点薪水足以维持他们的生计，还能养活他们的妻子和家人。利用这丰富的资源，我们选拔所需的力工。很快，他们就成为训练有素、一点就通的好伙计。"

从更积极的意义上讲，泰米尔的劳工确实是自由的。他们并没有长期合同的束缚。每年稻谷播种季节，他们会沿着所谓的"北方通道"，长途跋涉150英里（约240千米），回到印度南部的老家耕作。"北方通道"其实只是一条林间小径，从康提高地一直延伸到西北端的马纳尔。小路崎岖蜿蜒，险象环生，疟疾横行。到达马纳尔后，泰米尔人乘船渡过20英里（约30千米）宽的保克海峡就回家了。对于离开家乡前往茶园的泰米尔力工来说，北方通道还是天然的霍乱隔离带。锡兰总督威斯特·里奇威写道："行进途中，患病的力工被丢在路边，或者送到旁边的收容所。他的伙伴则继续前行。长此以往，霍乱不再蔓延，彻底绝迹。"1876年，台风侵袭印度南部，庄稼绝收，饿殍遍野。16.7万余泰米尔人逃离家园，来到锡兰的茶园寻找生计。到1900年，在锡兰茶园工作的泰米尔人已超过30万。这为泰米尔人和僧伽罗人之间的种族冲突埋下了伏笔,最终导致1983年爆发的血腥内战。

在阿萨姆地区,阿萨姆茶叶公司以及后来加盟的乔里豪特公司控制了当地绝大多数茶叶生产。但锡兰的做法并不一样,茶叶的制作与销售由各个茶园独自负责。每个茶园都有一个很亲切的名字,诸如伯加哈茶村、情人崖、波菩蕊丝小镇等等。每个茶种植园都是彼此独立的小村落,村里全部居民两千来人,都从事和茶相关的劳作。在事茶之余,英国来的经理们会出去长途旅行,打一场板球、溪边垂钓,或者狩猎(猎物有野猪、豹子、麋鹿、大象等等)都是他们消遣的内容。种植园主中,富有传奇色彩的狩猎高手当属托马斯·罗格斯少校。在他的狩猎生涯里,罗格斯一共猎杀了1300余头大象。41岁那年,罗格斯被闪电击中,陈尸荒野。在19世纪的最后20年中,岛上茶业发展如火如荼。穿着斯文的经理代替了粗犷的开拓者。新来的经理带着夫人,在时尚的社交活动中长袖善舞,彬彬有礼。

中央高地出产的成品茶用牛车沿着蜿蜒小路运到科伦坡,经过商人几道倒手后装上商船,运往伦敦。1873年,詹姆斯·泰勒所在的鲁勒康德拉出产的23磅(约10千克)茶叶运抵伦敦,售价高达4英镑7先令。1878年10月28日,伦敦商业销售大厅第一次拍卖锡兰茶,拍卖标的是980磅(约440千克)橙黄白毫和白毫小种茶。当时出版的周刊《殖民帝国》对拍卖的茶叶作了细致评论:"茶叶的加工工艺和印度一级茶不相上下,茶汤醇厚,但缺少香味。橙黄白毫为两嫩叶紧卷一金色嫩芽,白毫小种则为两叶,颜色较深。"从1864—1884年的20年间,英国茶叶进口翻了一番,从8850万磅(约4万吨)增加至1.75亿磅(约7.9万吨)。顺应这一增长大潮,锡兰茶叶出口也获得长足发展,从1884年

印度和锡兰茶叶分级

全叶茶

1. 小种
2. 白毫
3. 橙黄白毫
4. 花橙白毫（FOP，一芽一叶，以嫩绿芽尖为原茶）
5. 黄金花橙白毫（GFOP，以嫩金黄色的芽尖为原茶）
6. 精选黄金花橙白毫（TGFOP）
7. 优质精选黄金花橙白毫（FTGFOP）

碎叶茶

1. 粉末
2. 橙黄白毫微粒
3. 白毫小种碎叶
4. 白毫碎叶
5. 橙黄白毫碎叶

的250万磅（约1100吨）猛增至1887年的1500万磅（约6750吨）。1889年是历史性的一年。这年，印度对英国的茶叶出口（9450万磅，合42500吨）首次超过中国（9250万磅，合41600吨），锡兰对英茶叶出口也达到了前所未有的2800万磅。人们通常认为，味道浓烈的阿萨姆茶只适合用来制作混配茶，而产自锡兰高地的茶叶则可以直接上市销售，享有质优味醇的美名。1891年3月10日的伦敦拍卖会上，来自马斯凯利耶地区嘉特摩茶园的

托马斯·立顿是营销天才，时时刻刻都在考虑如何推广他的品牌。直到今日，他的姓（立顿）依然是茶的代名词

图片来源：The Art Archive。

一小批顶级锡兰茶被马扎瓦特茶叶公司买下，成交价高达每磅 10 英镑 12 先令 6 便士。拍卖引发了公众对于锡兰"金色芽尖"的狂热追捧，这一狂热在当年 8 月 25 日到达顶峰。当天，那哈科迪亚茶园（园主为托马斯·立顿）的新芽卖出了前所未有的每磅 36 英镑 15 先令的高价。

托马斯·立顿及其无处不在的黄标茶叶的传奇故事和锡兰难解难分。立顿的父亲是一位食品连锁店的老板，销售咸肉、黄油和鸡蛋，在英国的商铺多达三百余家。1890 年，立顿第一次前往锡兰，以极低的价格购买了莫纳拉康德、莫萨科里、里亚马托斯特、达姆巴特那等地的茶园，并在科伦坡设立了公司总部"立顿广场"，还在他钟爱的达姆巴特那茶园里1000英尺高的山崖上建造了自己的宅邸"鹰巢"。立顿的计划是撇开中间商，把茶园里生产的茶叶直接销售给消费者。他的口号是"从茶园直接送往茶壶"。这一想法竟然大获全胜，出人意料。立顿精心策划的广告效果极佳，消费者甚至认为锡兰的茶园都在立顿名下。直到今天，立顿和红茶有时候还被画上等号。在撒哈拉以南的马里首都巴马科，侍者经常会问："绿茶还是立顿茶？"在自传中，立顿如是总结自己的创业史："至少有二十年，我所有的，也是仅有的闲暇时间是在床上、火车上或者轮船上度过的。而在这些闲暇时间里，我一直在思考全新的、从未有过的广告创意。这一点，我没有夸大其词。"有一回，立顿的商船"奥罗特瓦号"正前往远东，由于大雾，商船在红海航行时被冲上浅滩，必须抛弃一部分货物。立顿从船员那里要了一桶红漆和一把刷子，"拿着这两样工具，我走上甲板，在船员和乘客的取乐声中，把将要扔到海里的大小箱包都刷上'请喝立顿茶'几个大字。许多分量较轻的箱子冲到了岸边。几个月后，我听说阿拉伯人和其他部落民捡到了'奥罗特瓦'船上抛弃的一部分货物。至于他们有没有从善如流，听从我的建议改喝立顿茶，我就不得而知了"。

爪哇的白芽茶

1827年,来自荷兰的年轻茶商兼品茶师雅各布森来到爪哇,决定在这葱茏的岛上种植茶树。同年,荷兰政府从日本进口的五百棵茶树种在了茂物植物园。利用这些茶树,雅各布森制作出了第一批绿茶和红茶样品。但是,爪哇的热带气候并不适合日本的树种生长。雅各布森费时六年,多次来到中国,费尽心机引进了中国的茶种和茶农。1832年,雅各布森五进中国,并带回了三十万株茶树苗、十二名茶农。在后来当地人的骚乱中,十名茶农死于非命。雅各布森再次(也是最后一次)前往中国,带回了七百万颗茶子和十五名茶农,以及一大批事茶用具。是时,中国清朝官府正在悬赏缉拿他,并试图扣留商船。但这位年轻的荷兰人逃脱了官府追捕,满载而归,顺利回到爪哇。在以后的十五年中,雅各布森在爪哇岛上一心事茶,并于1843年出版了《茶种植与制作手册》,这是欧洲人撰写的第一本有关茶叶生产与制作技术的专著。1848年,雅各布森英年早逝。在他死后,爪哇岛上如日中天的茶叶生产一下子停顿了,这一趋势直到19世纪70年代才有了逆转。1877年,来自印尼的第一批茶叶在明辛街拍卖。次年,来自阿萨姆的茶子开始在岛上种植,并获得了巨大成功。20世纪初,爪哇已成为世界第四大茶叶产区,当地出产的茶叶在波斯尤其畅销。1901年,福雷到访波斯。在他写给印度茶叶协会的报告中记载:"波斯人尤好产自爪哇的白芽茶,茶汤色淡如草秆,味辛浓酽醇。惜乎茶叶价格奇高,爪哇无法惠及社会各阶层。惟社会上层方能承受其高昂售价。如果茶价能下调,波斯全境的橙色芽茶将悉数被爪哇的白芽茶替代。波斯人对白芽茶的疯狂由此可见一斑。"

第十七章
快剪船的黄金时代
英国茶史

1834年,英国东印度公司对华贸易的垄断地位终结,推进了运茶快剪船的发展——这是商用风帆船时代最华丽的压轴之作。在这之前,坚固却笨拙的"东印度人"商船绕过好望角,往返于广州和伦敦之间,将远东的茶和其他珍稀商品运往欧洲。往返一个航程需要耗时八个月。当时,造船工人修造商船时,船的吨位、稳定和坚固程度是优先考虑的问题,速度并不是特别重要。随着自由贸易时代的到来,竞争日益白热化,一切都变了。

研究造船史的历史学家认为快剪船应上溯到美国独立战争时期。当时,穿梭在洋面的巴尔的摩快剪船(船身修长,甲板低平)即运茶快剪船的雏形。双桅杆的巴尔的摩快剪船多以私掠船或贩奴船的身份出现,在海面上横冲直撞。船上悬挂着骷髅海盗旗,船头、桅杆和船尾微微倾斜,甲板紧贴着水面,多叶风帆迎风鼓起。巴尔的摩快剪船只要一在洋面上出现,谁也不会认错,可能成为猎物船只上的水手顿时变得惊慌失措。

鸦片快剪船和巴尔的摩快剪船一样轻便,也一样从事着肮脏的交易。在加尔各答的政府卖场里,快剪船装满乌黑的鸦片膏后,沿着巴拉望水道，穿过巽他海峡，到达澳门后把鸦片转移到接货的小船上。这些小船的另一个功能是给停泊在从香港到长江口沿线的快剪船补充供给。鸦片快剪船中最有名的当属怡和洋行1836年购自加尔各答的"鹰隼号"。船上的水手个个都是神枪手，还能在船首的斜桅上晾挂腌肉，利用船舷的缺口钓鱼。不论船马力大小、速度快慢，也不论船所在位置、停泊在何方，亦不论交易的内容是什么，船上的水手都能轻而易举地达成这样那样的买卖。装饰精美的"鹰隼号"在中国的海岸线上来回穿梭，通过非法贸易赚取墨西哥鹰洋，再换取需求日增的茶叶。

1839年，阿伯丁伟大的造船工程师亚历山大·豪尔设计建造了英国第一艘快剪船，排水量150吨的"苏格兰女佣号"。设计大胆的"阿伯丁船头"前倾成50°角，在阿伯丁和伦敦之间的航行中甚至可以和明轮艇一较高下。九年后，豪尔的公司建造的新船"驯鹿号"下水，这艘横帆船专门用于茶叶运输。1849年10月5日，"驯鹿号"从黄埔起航，在南海的风暴中劈波斩浪，仅用107天就到达了利物浦。船东费厄凡宁公司对"驯鹿号"的表现大加赞赏，还特地奖励了船长一块怀表。

同年，英国议会废除了《航海法》，英国港口向国外的商船开放。美国修长的快剪船曾在整个19世纪40年代从事对华贸易，在广州装上茶叶后，绕道合恩角，返回纽约或波士顿。现在，这些快剪船也可以停靠在英国的港口。1850年，满载着887吨茶叶的"东方号"快剪船驶离香港，经过97天航行，停靠在伦敦西印度码头。英国人在为这一壮举欢呼的同时，也对美国造船技术的迅猛发展惊愕不已，有人甚至严肃地提出了英国商船队伍即将没落的警告。测量师来到"东方号"停泊的码头，描下商船船身轮廓。《泰晤士报》专门发表文章告诫同胞："我们必须和体形巨大、无所束缚的对手来一场比赛。在年富力强、创新求巧、充满激情活力的对手面前，我们要充分利用成熟的技能、稳固的工业和坚定的意志这些优势，务求必胜。这是父子间的竞赛。可怕的现实限制着我们，我们绝对输不起。"

19世纪40年代，广州一直是西方各国在华从事茶叶贸易的主要窗口。英国和其他欧洲国家喜好的茶叶多采自福建西南的武夷山区。在这里，茶叶装入木箱，四边封上铅皮后，苦力每次扛一两箱，穿过山区运到红茶交易集散地湖口，再从湖口走水路运往广州、上海。由于东印度公司对华垄断贸易被废止，再加上鸦片战争结束后通商口岸增多，自由贸易日渐兴盛，新茶运抵远洋港口的时间越来越早。1834年，新茶总要在10月以后才能运抵广州。1848年，在广州黄埔码头，满载茶叶的快剪船最早在7月底就扬帆起航了。

茶叶运抵广州后，西方的茶商会和中国的伙计一起仔细查看。验货合格后，茶商会向中间商开个价，安排购买事宜。1845年，广州共有262名外国商人（多数来自英美），居住在城外西南长1100英尺（约370米）、宽700英尺（约230米）的夷馆区。当时，城内还不允许洋商进入。这些洋商多以买家或代理的身份从事茶叶贸易。英国商人有时用棉、毛制品易货买进茶叶，更多是用向中国人售卖鸦片所得的墨西哥银元支付茶叶款。在茶商把货款、保险、运费等涉及费用的事情安排妥当的同时，船上水手正在准备船底的压舱物，把舱里的铸铁构件重新刷上油漆，把木构件整饬一新。随后，茶叶就可以一箱箱往上搬了。小舢板划到泊好的快剪船旁，吊索将茶叶箱吊进快剪船舱里。底层码放的通常是绿茶或老茶。这些茶价格低廉，舱底积有污水时，底层的茶叶可以保护上层的茶叶不受浸渍。"约翰·坦波利号"船长里特尔看到码放整齐的货物后，不禁赞叹道："三层茶叶箱码放完成后，在经验丰富的大副的指导下,往上摞的货物码放得方方正正,令人肃然起敬。货物顶端和船甲板齐平,从头到尾都透着光泽。"

在快剪船驶往英国三四个月的航行中,船长和水手的体格和毅力经受着不同寻常的考验。巴兹尔·卢伯克在《中国快剪船》一书中记载:"远洋航行要求船员既有爆发力,又有耐力;既胆大,又细心。只有经过重重考验,才能成为出色的船长。……多重性格或素质能在一个人身上得到完美体现的并不多见。不过,确实有少部分人拥有成为茶叶商船船长的潜能。他们果断,有魄力,有良好的判断能力;他们具有钢铁般的坚强意志,商业头脑和驾驭海船的能力不相上下。""凯恩格姆号"船长罗伯逊便是其中的佼佼者。据说,他在回国的航行中,从来不上床睡觉,只在尾楼甲板上支张帆布躺椅打个瞌睡,一只眼从来都是睁着的。

船到达英国后,人们会按照装船时的批次把茶叶卸下船,装入伦敦港沿岸的仓库。收货的公司包括红狮行、三吊车船坞行等。1884年以前,一直沿用的约定俗成的做法是:每箱茶叶提上岸以后,就地打开,茶叶全部倒出,以便政府验评官检查茶叶、海关官员确定重量。茶叶倒出时,"深色的茶末尘烟直上,仿佛11月的浓雾"。如果有必要,茶叶必须就地按比例混合,成为统一等级的混配茶。随后仓库工人才能将其重新铲回茶箱,并用钉了马掌钉的皮靴将茶叶踩实。

通过钻孔取芯的方式得到的茶叶样品很快送到了经纪人和买家的手上,训练有素的品茶师立即用他们超敏感的嗅觉和味觉器官开始工作。带盖的小茶壶排成一排,每个茶壶里放入来自不同茶箱但重量相同的茶叶,刚刚煮开的沸水倒入壶中。5分钟后,壶里的茶水倒入杯中,茶叶则留在壶中。品茶师顺着排列整齐的茶杯,每杯品尝一大口,并在口中回味一阵后,将茶水吐入茶桶。

满载着当年新茶,"太平号"扯足风帆,驶回英伦。"太平号"是当时最为出色的英国快剪船
图片来源:Mansell/Time & Life Pictures/Getty Images。

在茶叶批发商的仓库里,品茶师正在品尝刚卸下船的新茶,确定茶叶的等级和价格
图片来源:Frank Leslie's Illustrated Newspaper, 1876。

第十七章　快剪船的黄金时代

在检查了沏泡的茶叶后,品茶师会告诉身边的助手这种茶的大致价格。用品茶师的行话来说,"茶叶的折腾劲道"表示冲入沸水时茶叶的展开程度;如果茶能保持原色不变,就说这茶是"站着"的;"扁塌"的茶看起来了无生气,也没有扑鼻的香气;"全茶"则表示茶香浓郁,而且丝毫没有苦味。

东印度公司的贸易垄断权终结后,每季度一次的茶叶拍卖会从公司大楼移到了明辛街的商品交易所。后者是一幢石材砌筑的建筑,前立面和普瑞恩的密涅瓦·波利阿斯神庙几无二致,内饰则和城郊的火车站,和巴辛豪尔街上的清算法院看不出什么区别。明辛街后来成为著名的茶叶交易街,在随后的136年间一直是全球茶叶贸易中心。1971年,伦敦的茶叶拍卖会移到了黑衣修士桥下游的约翰·里昂爵士大楼。

19世纪60年代,行业杂志《杂货商》上刊登的一篇文章将茶经纪人和糖经纪人作了有趣的比较:

> 糖经纪人衣着华丽,体态魁梧,谈吐诙谐,感情外露,喜欢穿宽松的外套、浅色马甲,总体上看外表开朗柔和,洋溢着圣诞节的欢乐气氛。茶商洞察力强,对世事更苛刻,有一种屈居人下的感觉,他们嗅觉灵敏,处世精明,举止利落得体,穿着总是一本正经……糖商多穿苏格兰彩格呢裤,怀里揣着极粗的金质怀表表链;茶商的衣着多为深色或牛津格子式样,怀表的装饰通常是一件小饰件或一个小卡子。

批发商买回茶叶后,需要将不同品种的茶叶混合调配,确保每年的茶叶品质、味道稳定一致,满足最终客户的需要,适应茶叶销售地区不同的水质。负责茶叶混配的调茶师不光在茶叶品鉴方面独具匠心，还必须掌握有关茶的方方面面，诸如不同茶区的土质、气候，以及茶的品种，等等，以便熟练地按统一的质量标准混配茶叶。印度和锡兰的茶叶进入英国市场后，出现了与既有的社会经济规则格格不入的现象，人们买茶时不再考虑荷包的丰薄程度。比如，收入低下的爱尔兰农民却是质量上佳的锡兰茶和大吉岭茶的忠实拥趸；和南部的同行相比，英格兰北部的产业工人更喜欢购买价格昂贵的好茶；纽克郡的市民偏好大吉岭和特拉万科茶；苏格兰人多喝味重的阿萨姆茶，这些茶沏三遍，汤味也没什么大变化。在水质较硬的地区（如约克郡），烘烤时间长一些的茶叶最有味道；在水质较软的地区（如普利茅斯），嫩芽茶叶是最佳选择。为使调茶师更好地混配茶叶，大茶厂甚至把各地的水样送到了实验室。

　　品茶是一门精细的学问，博学的天才弗朗西斯·高尔顿甚至将其纳入了科学门类的范畴。高尔顿是查尔斯·达尔文和乔舒亚·威基伍德的亲戚，创立了优生学，曾远赴西南非洲探险，在统计学和辩论技巧方面也颇有建树。在将所有事物数量化方面，高尔顿倾注了无限热情。作为痴迷的茶客，他通过精细的实验，设计了复杂的数学公式，提出了一杯完美的茶应具有的物理参数："以我的理解看来，一杯完美的茶应该茶叶形态丰满、茶汤香味馥郁。茶汤苦涩、茶叶扁平是绝对要剔除的。"通过仔细观察，高尔顿确信：茶叶在壶中浸泡8分钟，水温控制在180 ℉—190 ℉（即80 ℃左右）时，完美的茶汤的各个要素能得到充分体现。高尔顿执著地认为："其他人和我对于茶的认识不尽相同。尽管如此，人们对于好茶的评判标准，以及他们沏一杯好茶的方式，无不与时间、数量和温度有关。除此以外，茶壶里并没有神秘可言。"

　　19世纪的短短一百年间，英国的人口增长了三倍，从1801年的1050万猛增至1911年的4080万。如果没有茶等煮沸的洁净饮料，这一增长是不可想象的。在根除霍乱等以水为传播介质的瘟疫方面，茶扮演了重要角色。在这一百年间，英国茶叶进口量增长了12倍，从2370万磅（约10700吨）猛增至2.953亿磅（约133000吨），而茶叶的价格则从5先令10便士（合70便士）降到了8便士。茶叶降价很大程度上是茶叶快剪船和汽轮船航行速度提高的结果。1851年，从广州装船出口的茶叶为6250万磅（约28000吨），从上海出口的茶叶为3670万磅（约16500吨）。1853年，上海的茶叶出口量猛增至6940万磅（约31200吨），为广州的两倍。当然，武夷茶叶的最佳装运港口是福州。1842年，《南京条约》签订后，福州成为对外国开放的通商口岸。1853年，受太平天国运动影响，上海的茶叶出口一度中断，福州罗星塔码头迎来了第一艘装运茶叶的快剪船。

1859年，在克莱德河入海的海边小城格陵诺克，罗伯特·斯蒂尔父子公司举行了新型快剪船"鹰隼号"的下水仪式。在这以前，公司的双桅横帆船在西印度群岛和英伦之间穿梭，从事糖的贸易。"鹰隼号"在横帆船的基础上，技术进一步提高。船长191英尺（约64米），宽32英尺（约11米），船舱深20英尺（约7米），排水量937吨。该船结构是一艘外形优雅的木制船，脊弧（从船头至船尾的纵向长度的甲板中心线）和干舷（吃水线至甲板之间的距离）更短，舷墙很低，甲板更开阔，逆风行驶的力量非常强劲，在风平浪静时行驶的速度亦不同寻常。1863—1864年，"鹰隼号"第二任船长约翰·凯伊只用了97天就完成了从英国前往香港的航程，继续北上到达汉口后，以每吨8英镑的价格收购茶叶，将船舱塞得满满当当。

"鹰隼号"之后，性能优良的商船一艘接一艘下水。美国南北战争期间，美国本土的快剪船制造陷于停顿，竞争主要在苏格兰的几个大船厂之间展开。在竞争中，快剪船的制造工艺不断提高，臻于极致。克莱德河沿岸的船厂生产的快剪船以装饰奢华出名，木材选用来自印度的上等柚木和桃花心木，黄铜饰件闪闪发光。阿伯丁制造的快剪船则以樯、帆和船具的抛光精细出名。1863年，斯蒂尔公司的"太平号"运茶快剪船下水。这是第一艘用不同材料建造的快剪船，船的结构件全部为铸铁件，船壳全部用木板，外面包有黄铜护套，防止水草、藤壶附着在船身。在不增加船身自重的前提下，这类船还可以延长船身。相比而言，这类快剪船更结实，外形更美观。

造船厂费尽心思改进设计的同时，英国的茶叶需求量也在飞速增长。1840—1860年的20年间，英国人均茶叶消耗量翻了一番，每年的新茶成了大家争相抢购的新宠，以至于每年从中国运回新茶的第一艘快剪船还能够得到额外的运费奖励。福州作为最靠近武夷茶区的通商口岸，占尽地利之便，沿闽江运来的茶叶在这里的装船时间要比上海或广州提前五六个星期。每年5月，快剪船便云集在罗星塔码头，为尽早把茶叶运回伦敦明辛街，在海上展开一场速度竞赛而鼓足了风帆。在英伦，人们翘首以待，热切盼望第一艘快剪船的到来。炎炎夏日里，新发明的电报机正源源不断地把漂泊在遥远洋面上的每一艘快剪船的最新消息传回岛内，赌客开始下注，商家跃跃欲试。商船抵达泰晤士河入海口的洋面时，通常需要稍事等待，等洋面上吹起西南风时，商船便顺风驶入泰晤士河道。在明辛街，许多茶商架设了钟面式风向指示器，还在屋顶架设了风标。老板要求伙计们值夜观察风向计。指针一旦指向西南，专司报信的伙计便会赶紧把老板唤醒。老板匆匆赶往码头，和熙熙攘攘的人群一道，迎接运来新茶的第一艘快剪船。

1866年，茶商同行特意安排了9艘快剪船同时从福州竞发。阿瑟·克拉克在《快剪船时代》（1911年出版）一书中，记载了这一壮观场面：

> 无论白天黑夜，随处可见中式平底帆船和西式三桅帆船横七竖八地停泊在岸边，斯文的买办、嘈杂的苦力待在船上，等着茶叶到来。一旦茶叶运上船，他们就会把一箱箱茶叶码放整齐，箱子间还隔着草席。打赤脚的中国女人性格开朗，划着小舢板，轻快地穿梭在帆船和码头之间；体格健壮的年轻人驾着六桨小艇，飞快地游弋在港口附近；有身份的船老大身着棉布或麦秸色生丝料子的上衣，穿着烟灰色布鞋，戴着宽沿帽子，不耐烦地把着舵轮。
>
> 码头岸边，满头大汗的人力轿夫抬着茶商老板和管家，步子迅捷，口里喊着绵柔却有力的号子："呵嗨——呵嗨——呵嗨——"
>
> 会所宽阔阴凉的阳台上空无一人。天祥、机利文、怡和、仁记、沙逊等诸家洋行的茶厂管理者（福州的上流阶层）高点起蜡烛，通宵达旦地整理着船货清单、提单和汇票，陪伴他们的只有轻摇的蒲扇、冰茶和弥漫着浓香的吕宋方头雪茄。

5月24日，"羚羊号"开始装茶，最先装的是低档的压舱茶，计391箱，还有220件箱子尺寸减半的半箱茶。经过搬运工人四整天连续不断地工作，123万磅（约550吨）茶叶全部装上船。借用木槌等工具，工人们把茶箱码放得严严实实。随后的三天里，"羚羊号""血十字号""太平号""绥利加号""太清号"五艘快剪船相继从罗星塔码头解缆起航。离开罗星塔后的运茶比赛中，前往巽他海峡安泽尔的一段最为艰苦，天气变化无常，风向捉摸不定，暗礁从来没有在航海图上明确标注，恶浪滔天，凶险异常。

相形之下，受印度洋东南季风之助，从安泽尔前往毛里求斯的航程是各快剪船尽力冲刺、全力表现的一段。仅6月24日，"血十字号"就航行了328海里。参加比赛的五艘船把大大小小的风帆都扯足了：翼帆、后桅纵帆、横帆、副底帆、底翼帆、次辅助帆等等。每条船上撑起的帆布足有三四万平方英尺。"羚羊号"船长凯伊在6月28日的航海日志中记录了当时的繁忙景象："木匠忙着完成通往船头舷窗的过道格栅；风帆制作工将翼帆下缘又补上了4英尺——总长达到6尺半，同时还加上了桅帆。"

离开福州47天后，"血十字号"第一个绕过好望角。几小时后，"羚羊号"也顺利通过非洲之角；渐次到达的是"太平号""绥利加号"和"太清号"。随后，"太平号"紧贴非洲海岸线航行，和海岸线的距离比其他船只近了300海里，终于在越过赫勒纳岛时占了先。8月4日，"太平号""血十字号"和"羚羊号"在同一日经过赤道。从佛得角前往亚速尔群岛的航行中，"太清号"奋起直追，把落后的三天航程都给赶上了，四条船在24小时内都通过了亚速尔群岛。9月5日，"羚羊号"和"太平号"双双升起了翼帆和彩旗，以每小时14节的速度通过英吉利海峡。次日凌晨，领航员登上"羚羊号"，向凯伊船长祝贺"羚羊号"成为本年度来自中国的第一艘快剪船。55分钟后，"太平号"抵达格雷夫森德港口，前来迎接的是一艘功率更大的拖船。很快，"太平号"就在东印度码头顺利泊位，比"羚羊号"下锚还早了20分钟。历时99天，航程1.6万海里的运茶大赛终于落下帷幕。

快剪船航行速度越来越快，运回英国的茶叶越来越多，满足了不断增长的国内需求。另一方面，如此大量的茶叶涌入英国，对人们的生活习惯和风俗人情产生了重大影响。在英帝国的形成过程中，同时发生了农村城镇化和工业革命，这些力量使人们的生活方式也发生了前所未有的改变。正是在这一时期，贝德福德公爵夫人在某日黄昏产生了莫名的"沉沦"的感觉。19 世纪上半叶，上流人家用早餐的时间比以往都要早，而晚餐的时间却逐渐往后移了，从 1780 年的四五点钟推到了 1850 年的 8 点钟。中间加餐（午餐）应运而生。午餐通常包括冷肉、面包、黄油和奶酪。根据有关英国茶的掌故，下午茶这一神圣的习俗最早是由公爵夫人发明的。公爵夫人为了缓和低血糖带来的不适，要求用人下午 5 点时给她准备一份茶，外加面包、黄油和蛋糕。下午茶别名"5 点钟茶"、"小茶"（喝茶时有少量点心，故名）、"茶几茶"（客人喝茶时多坐在带扶手的靠椅上，茶杯多放在低矮的边桌上，故名），是英国上流社会极为重要的社交活动。人类学家西德尼·明兹记载："在伦敦八月俱乐部喝下午茶的时代是英国社会历史上非常重要的一个时期。这些俱乐部是男性特权最后的庇护所。"

对于悠闲的女士而言，下午茶是聚会闲聊的极佳场合，也是展示家中华丽陈设和精美茶具的最佳时机。用人的口信、不太正规的便笺都可以用来发出邀请，客人收到邀请后亦无须确认答复，在茶会上来去自便。女主人负责倒茶，递茶的工作则由绅士（如果在家的话）或是主人家的女儿来完成。按照维多利亚时期的礼节，通常是先沏茶再加奶或炼乳，但后来这一顺序颠倒过来了。人们对加热奶或凉奶的喜好各不相同。下午茶的点心通常包括：没有硬皮的迷你三明治、烤饼、酥饼、水果蛋糕、姜饼、奶油小饼、薄脆小甜饼、蛋白杏仁饼等等。

在上流社会的生活细节中，茶的影子无处不在。每年 4—7 月、10 月至圣诞节期间，是佳丽们在伦敦从事社交活动的最佳时节。她

20世纪30年代，布洛克·邦德茶叶公司向每位购买该公司茶叶的顾客分赠红利
图片来源：Brooke Bond惠赐版权。

们云集伦敦，或彻夜歌舞，或看戏捧场，或驱车冶游，或品尝香茗。时尚的女士很晚才起床，在卧室里用早餐时就要喝上一杯早茶，5点钟的下午茶之后，晚餐后的一杯茶也是必不可少的。每年4月的艾普森德比赛马会和6月的皇家爱斯科赛马会上，来自各地的看客在赛马场周围支起色彩绚丽的帐篷，在帐篷里喝杯茶、嚼几块饼干是他们补充能量的最佳选择。1—3月，他们会回到乡下的庄园。在乡下，这些绅士在下着寒雨的黄昏迈进家门时，迎接他们的总是一壶香浓的热茶。在风和日丽的夏日，俊男淑女带着茶具去附近的公园野炊也是一道亮丽的风景。

晚茶的由来则源自工薪阶层的晚餐。后来，上流社会在周末做的简餐（用人星期日休息）也称作晚茶。农场、工厂和矿山的工人鲜有时间喝一杯下午茶,家庭主妇在等待丈夫回家前,通常会为他们精心准备晚茶,包括可口的晚餐(冷肉、咸肉片、馅饼、奶酪、土豆、燕麦蛋糕、面包等等),外加一壶滚烫的浓茶。伊莎贝拉·比顿在《家政管理全书》中写道:"在晚茶中,肉占主导地位。因此,将其称为茶餐更加确切。"对挣扎在贫困线上的穷苦家庭而言,晚餐有茶有面包就很知足了。而富足的家庭准备的周末晚茶还是相当丰盛:鲑鱼冷盘、鸽肉、小牛肉、水果、蛋糕,外加浓缩奶油。浓缩奶油是将加热的牛奶冷却后,在表面凝结形成的固状物,是一种特殊的奶油。

在很长一段时间内,本土的一些茶叶知名品牌一直占据着主导地位。直到20世纪下半叶,跨国食品巨头掀起了多宗并购案,这些知名品牌才逐渐消失。1826年,反奴隶制斗士约翰·霍尼曼第一

1840年,威廉·福克斯·塔尔博特拍摄的第一张以茶会为主题的照片。塔尔博特是摄影领域的先驱,发明了负片—正片摄影法
图片来源:Science & Society Picture Library。

次推出了包装茶，将茶叶预先装在纸袋中，用锡箔纸封边，并在袋上打上"霍尼曼"的戳记。由于公众对掺假、用人造颜料染色的伪劣茶叶越来越警惕，事先包装好、有公司标志、标准重量的茶叶给人以可信赖的感觉。通过使用新发明的包装机，辅以密集的广告攻势，霍尼曼很快成为英国家喻户晓的日用品知名品牌。

戒酒运动改革家约翰·卡塞尔也是很早就推出了包装茶。卡塞尔成立了不列颠香港茶叶公司，向工薪家庭提供价格低廉的茶叶。茶叶用锡箔纸包装，重量从一盎司到一磅不等。挣扎在贫困线上的家庭也可以买到小份的茶叶。利用茶叶销售获得的赢利，卡塞尔开拓了公司的出版业务。公司出版的第一期杂志名为"茶饮综合时报"，这似乎一点也不奇怪。在霍尼曼和卡塞尔的引领下，英国出现了一大批知名茶叶品牌和企业：伯明翰的托马斯·里奇威、曼城的布洛克·邦德、源于合作社运动的"Co-op"（合作）品牌、泰特莱、立顿、以组字方式创立的品牌马扎瓦特（Mazawattee。maza取自印度语 mazatha，甘美之意；wattee 则是锡兰僧伽罗语，意为产茶庄园）等等。马扎瓦特公司还开启了大型广告牌的先河。

由于城区不断扩大，茶苑的地盘不断被挤占；再加上新的社会风尚视茶苑为冗余之物，伦敦最后一家富有传奇色彩的茶苑沃克斯豪尔终于在1859年关门大吉。几十年后，新的时尚风又席卷英伦。英国茶室（或曰茶店）的鼻祖应该算是发酵面包公司位于伦敦桥火车站的面包铺。但里昂公司（最早从事烟草销售）沿袭了茶室这一销售方式，并将其发扬光大。1894年，位于皮卡迪利大街213号的第一家里昂茶室开张迎客。茶室洁净明亮，以白色和金色作为主色调的装饰夺人眼目。茶室的食品可口廉价，服务员统一着装，笑脸迎人。茶室甫一开张就取得了巨大成功。在随后的几年间，250家里昂茶室开遍了英伦全岛。来自各阶层、各行业的女士们把家务

访客茶

18世纪以来，咖啡一直是欧洲大陆的主流饮料，德国的东弗里西亚地区则是唯一的例外。东弗里西亚地处北海之滨，位于丹麦和荷兰之间，地貌荒芜，到处是沙丘、沼泽地和泥煤沼，是德国经济比较落后的地区。当地的水质极差。17世纪，茶传到东弗里西亚地区时，当地人很快接受了这一热饮，以此代替纯水。19世纪鼓吹禁酒的阿尔伯特·弗雷海尔·冯·塞尔德认为："这里的水质极差，沼泽地的水苦涩难耐，黏土区的水苦而咸。为此，当地人多有用桶窖贮存雨水的习惯。另外，当地人也很少喝生水、白水，他们多喝热饮，主要是茶。单是东弗里西亚一地，茶叶消耗量就有汉诺威地区的十倍之多。"

对于东弗里西亚辛苦劳作的农民来说，咖啡和茶不能同日而语，后者有很多咖啡不能及的优势：首先，茶叶价格低廉，亦无须研磨等额外设施；其次，在物质匮乏时期（如拿破仑大陆封锁时期），淡茶还可以将就，淡咖啡就很难忍受了。东弗里西亚人从清茶开始，逐渐发明创造了独具风味的"客茶"，客人喝到的是一杯加了奶和红糖块的浓茶。20世纪20年代，作家爱里希·施拉德如是写道："渐渐地，单纯的茶饮之乐成为味蕾感受的升华，东弗里西亚人在沏茶上培育了自己的秘方，'东弗里西亚茶'成了德国顾客争相购买的抢手货。"同时，东弗里西亚人还总结不同家庭的备茶用茶习惯，形成了独具特色的用茶风俗。在东弗里西亚茶仪中，人们多选用带有当地特色青花图案的白瓷杯。在茶杯中放入两块方糖后，倒入浓黑的热茶，再用茶匙舀入奶或奶油。奶油渐渐沉入杯底，杯中仿佛凝聚了小朵白云。最关键的是不要搅拌茶汤。这样糖得以一直沉淀在杯底，茶越喝越甜，直到最后一滴。

琐事抛在一边，在这里稍事休憩；有的在一天购物之余，在这里吃午餐；有的安排在茶室访客会友，聊一些亲密的话题。格拉斯哥更是以拥有众多精致的茶室和美味的茶点闻名，其最佳者当属垂柳茶室。茶室由查尔斯·伦尼·麦金托什设计。设计师对光的感觉具有天才的敏感，室内装饰绚丽多彩，装饰着镜子、壁板和雕花裙墙带。所有的座椅都华丽无比。

20世纪初，英国人均茶叶消耗量达到了6磅2盎司（约2.8千克）。在明辛街，每季一次的茶叶拍卖改成了每月一次或每周一次，最后几乎成了每日一次：每周一三拍卖印度茶，周二拍卖锡兰茶，周四则拍卖来自中国、日本和其他地区的茶叶。不同品牌的厂家通过技术革新，在选茶、配茶、包装、配送等方面不断推陈出新，并通过创新的广告营销手段，逐步扩大市场份额。曾经在世界各地以英国红茶代名词出现的立顿茶，竟然在英国本土市场上日渐萎缩。据说，1905年，伯明翰茶商小约翰·萨姆纳的妹妹在喝了碎叶茶后，消化功能有了很大改善。这一发现催生了一个新的茶叶品牌：精选代夫茶（取自中文医生"大夫"的谐音）。富于想象的推销员声称，代夫茶属于"叶边茶"，"不含对人体有害的五倍子单宁酸"。代夫茶多在药房出售，以其明显的助消化功能深受家庭喜爱。"一战"期间，代夫茶大行其道。为了将政府茶库里的碎叶茶末区分保管，以备生产代夫茶之需，军队还专门征召了四千名医务人员。代夫茶之外，另一个更为成功的营销故事是由布洛克·邦德公司创造的。该公司推出的 PG 嫩芽茶（预消化茶）至今仍是英国市场上广受青睐的茶叶品牌。

19 世纪，伦敦确立了其作为世界茶叶贸易中心的地位，英国人也成为世界上最嗜茶的民族。为了把当年的新茶尽快运回英伦，快剪船应运而生，装饰精美的帆船在各大洋间穿梭往来，乘风破浪。在英国，不论家庭贫富，历史悠久的下午茶和晚茶已成为家庭生活中雷打不动的一部分。随着品牌包装茶的出现，茶逐渐成为现代意义上的消费类商品，其在市场上的畅销程度，不仅取决于茶本身的香浓程度，还取决于广告的质量和营销人员的推广能力。

第十八章
地球村里的香茗
世界各地的茶风俗

20世纪初,澳大利亚人均红茶消费量跃居全球首位,人均年消费量达到了7.5磅(约3.4千克)。对于要在丛林中开辟新路的澳大利亚人来说,他们的煮茶方式另有一套。用石头堆砌一个还凑合的土灶,中间填满桉树枝,上面支一个三脚架,用根金属线把俗称"比利"的锡制水罐吊起来,水罐里自然要装满旁边溪涧取来的清泉。通常,总会有几片桉树叶落到水罐里。水煮开后,按每人一大把的量加入茶叶,再加一把犒劳水罐本身。桉树枝燃烧时散发出一股特殊的香味,茶汤因此也变得别有一番味道。茶叶放入水罐中煮开一两分钟后,画着圈地摇动水罐三圈,调匀茶汤。接下来就可以倒入锡制的马克杯中享用了。如果有人刚好带着奶和糖,当然也可以加一点。

1895年,澳大利亚诗人班尼尔·彼得森创作了著名的短诗《华尔兹·马蒂达》:

> 从前有个快乐的流浪汉,
> 扎了帐篷在枯水塘旁,

古里巴树下好阴凉。

他坐着歌唱,

等待壶里水烧开。

谁会跟我一起,

背上行囊来流浪?

  诗歌的创作背景,似乎是为了纪念一位罢工的剪羊毛工萨缪尔·霍夫曼斯特,他纵火焚毁了达格沃斯农场主的家宅,被农场主和三位警察追捕,但他不愿被捕,在康勃水塘边开枪自杀。1903年,比利茶叶公司将广为传诵的《华尔兹·马蒂达》谱曲,作为一则广告的主题曲。这首曲子没能成为澳大利亚的国歌,但它一直是当地人最喜爱的歌曲,总能让人回忆起开发澳大利亚大陆时简单质

1850—1950年的一百年间,英国出现了众多知名的茶叶品牌,为获得家庭主妇的青睐展开激烈竞争

图片来源:引自 Ukers, 1935。

朴的生活，想起那些酷爱自由，大口喝酒、大碗喝茶的开拓者们。

如果说澳大利亚人的煮茶方式是当地人质朴粗犷的完美体现，茶具有启人心智的神奇功效并一直为人乐道的原因则是茶带来的灵感诞生了文学史上不朽的篇章。1908年新年的凌晨时分，法国作家马塞尔·普鲁斯特从外面步行回到位于奥斯曼大街上的寓所，坐在桌边瑟瑟发抖。他的女仆赛琳提醒他喝杯热茶暖和暖和，"普鲁斯特心不在焉地把一小块面包在茶里泡了一下，便把这黏糊糊的东西塞进了嘴里。很快，莫名的快感再一次充斥他的全身。这种快感打开了他并没有意识到的记忆的大门：他闻到了稍纵即逝的天竺葵花香和橘园芳香，芳香里还弥漫着奇异的光和快乐的感觉。普鲁斯特一动都不敢动，体味着这思绪中的大餐，直到记忆之闸突然洞开。叔祖父路易·维尔在奥图耶的美丽花园重新回到他的记忆中，这一记忆神奇地封藏在浸泡了茶汤的面包干的香味里。19世纪80年代的普鲁斯特还是一名孩童。当他在夏日的早晨来看望祖父纳特·维尔时，祖父总会犒劳他泡了茶的面包干"，普鲁斯特的传记作家乔治·佩因特如是记载当时的情形。这一禅悟的时刻成就了普鲁斯特的皇皇巨著《追忆逝水年华》。在书中，普通的茶和饼干成了打开思绪之窗的柠檬茶和玛德琳蛋糕，尘封的记忆渐次打开，"就像日本的绢花，只有投入水中才能获得生命一样"。

20世纪50年代，中国作家老舍完成了中国现代文学史上的名著《茶馆》。话剧通过记述北京一家老式茶馆的形形色色的故事，反映了中国传统生活方式在20世纪上半叶逐渐消亡的历程。作品第一幕发生在1898年秋。是时，康有为、梁启超领导的试图改革中国封闭、落后的封建社会的百日维新以失败告终。裕泰大茶馆的屋子非常高大，摆着长桌与方桌，长凳与小凳。墙上贴着"莫谈国事"的纸条。在书中，老舍写道："在这里，可以听到最荒唐的新闻，如某处的大蜘蛛怎么成了精，受到雷击。奇怪的意见也在这里可以听到，像把海边上都修上大墙，就足以挡住洋兵上岸。"第二幕发生在20世纪20年代，中国军阀割据，时时发动内战。北京城内的大茶馆已相继关了门。裕泰茶馆的后半部已改成了公寓，"烂肉面"等等已成为历史名词，财神龛已经撤去，贴上了外国香烟公司时尚的广告画。"莫谈国事"的纸条可是保存了下来，而且字写得更大。第三幕发生在20世纪40年代，"抗日战争胜利后，国民党特务和美国兵在北京横行的时候"。裕泰茶馆的样子破败而不体面了，到处贴着"莫谈国事"的纸条，旁边还贴着"茶钱先付"的新纸条。作品结尾，茶馆掌柜王利发上吊自杀。二十余年后，话剧作者老舍自沉而亡。

　　1880年以后，中国官府横征暴敛，贪官污吏横行，外患内战不断，曾经兴盛的茶叶生产和交易一落千丈。到1940年，许多茶

1948年，北京的一家茶馆，法国摄影师亨利·卡迪尔·布雷森摄
图片来源：Henri Cartier Bresson/Magnum Photos。

园荒芜，蔓草丛生。1944年甚至没有茶叶出口的记录。但同年印度和锡兰的茶叶生产却创新高，有力地支持了英国和英联邦盟军在前线并肩作战。历史学家汤普逊1942年记载："人们谈论着希特勒的秘密武器，但鲜有人知的是，英军也有秘密武器——茶。这是鼓励我们前行、突破重围的重磅武器。"如果说美国人喝着可口可乐打赢了第二次世界大战，茶则是鼓励英国人奋力前进，打败第三帝国的能量之源。丘吉尔称茶比弹药更重要，并命令海军舰船向士兵供茶时不得有任何限制。茶带来温暖和宽慰，还能在疯狂的战争中带来些许正常生活的假象。在伦敦遭受轰炸袭击期间，流动售茶点依然出现在被炸得坑坑洼洼的大街上，给人们带来一丝暖意。负责在伦敦东南区售茶的诺尔·斯特里特费尔德记录了当时的情形："在每一个避难所，都有一位经验或多或少的品茶师。担当品茶师的有避难所负责人，也有经验丰富的先生或女士。我们给琼斯太太倒茶时，避难所里的男女总会围过来问一句：'今晚上怎么样，琼斯太太？'有时候她会满面春风，表扬我们两句：'宝贝儿，茶很好。'最糟糕的晚上，她会一言不发。在死人般的沉寂中，偶尔会有枪炮声从头顶响起，琼斯太太一声不响就把茶杯还了回来。如果有人追问，她会加一句'水没煮开'，最难听的当然是'茶里是不是混了菜汤了？'。"

20世纪上半叶，东非逐步发展成为全球重要的茶叶产地。1850年，德班植物园成功地培育了第一批茶树苗。1886年，埃尔姆斯利博士将茶树种子从爱丁堡皇家植物园带到了位于马拉维布兰太尔的苏格兰教堂。教堂园丁乔纳森·邓肯种下了这些种子，并精心培育出两丛茶树苗。其中一丛被分栽到姆拉杰、松恩伍德、劳德代尔，成为这些茶园的始祖。随后几十年中，茶树种植逐渐推广到今天的乌干达、坦桑尼亚、肯尼亚、莫桑比克、扎伊尔等国家。在肯尼亚，

1937年,拉萨,一场足球赛后的茶会。英国领事馆建立了一支足球队,球员中也有藏人。这在当地是一支主场球队:拉萨联合队

图片来源:伦敦大英图书馆允可复制。

维多利亚湖以东大裂谷两侧的高地上种满了茶树。1963年肯尼亚脱离英联邦宣布独立以前,茶叶生产主要由大种植园承担。独立后,小规模茶园如雨后春笋般发展起来。现在,全国有约四十万家小型茶园,每家茶园的种植面积1公顷左右,出产的茶叶占全国总产量的61%。近年来,肯尼亚逐渐成为全球重要的茶叶出口国,主要出口市场为巴基斯坦、英国、埃及、阿富汗和苏丹。

20世纪下半叶,东非的红茶产量逐步上升,饮茶风俗逐渐成为当地居民传统文化的一部分。在肯尼亚北部干旱平原区,生活着萨布鲁族牧民近十万人。这些牧民从20世纪40年代开始喝茶。文化人类学家约翰·霍兹曼记载:"参观萨布鲁人家时,主人最先拿给你的多半是一杯茶。当地人的小屋多用树枝搭建,墙上涂满了干泥巴和牛粪，并不经久耐用。小屋的入口和主人弯腰时的高度相仿，毕竟房子是主人亲手搭建的。走进小屋，主人会请你坐在手工削凿的、低矮的小板凳上，再给你端上一杯茶。"一开始，萨布鲁人认为茶叶和烟草一样神圣，只有成年人才能消受。随着茶和糖在市面上越来越常见，男女老幼都可以享受茶饮了。近几十年来，萨布鲁族人口有所增加，但其饲养的牲畜数量不增反降，当地人每天必喝的纯奶饮逐渐被加糖奶茶代替。牧民在柴火上架起茶锅，加入两份水、一份奶，外加一大把茶叶，茶汤煮开时再加入一大把糖。有的部落民会在纯奶中加茶，没有奶的家庭则会在茶水中光加入糖。

沏茶和加奶的先后次序一直是英国人争吵不休的问题。萨布鲁人在加茶叶以前先将奶倒入水中的做法为英国人提供了第三条解决之道。1946年，作家乔治·奥威尔也参与了这一令人挠头问题的讨论，并提出了冲沏一杯完美茶汤的十一条黄金法则，其中的第十条便是作者对于沏茶和加奶顺序的看法。这十一条法则分别是：一、茶用印度茶或锡兰茶；二、壶用中国产瓷壶或陶壶；三、先在炉上暖壶；四、茶必须浓；五、茶叶直接放入壶中；六、水将开时，将茶壶端至水壶边；七、在茶叶沉入壶底之前，轻摇茶壶；八、用圆柱形马克杯；九、奶要先脱脂备用；十、将茶从壶里倒入茶杯。奥威尔认为：这第十步是最富争议的，"可以说，英国家庭在这个问题上的观点分成了截然不同的两派。主张先加奶的能够列举出不少有说服力的论据，但都无法驳倒我所坚持的观点。先沏茶，边搅拌边加奶可以准确地控制加入的奶量；如果颠倒步骤，往往会出现奶加多了的情况"。最后，第十一步，享受奶茶（不加糖）。

冷战时期，共产主义阵营的两个大国——苏联和中国在斯大林和毛泽东的领导下，签订了同盟条约。中国出口茶叶，以易货的方式换取苏制坦克。在双重间谍和用毒伞尖谋杀的时代,据说判断一位苏联间谍的最好办法就是看他把茶杯拿到嘴边时的眼神。据说,俄罗斯人沏茶时通常会用长颈杯,下套金属茶托,茶匙则留在茶杯里。喝茶时用拇指扣住茶匙,眼睛会自然地闭上,以防被茶匙碰伤。派往国外执行危险使命的苏联王牌间谍自然记得把茶匙从茶杯里取出放在茶碟里,但已经深深印在脑海里本能的眯眼动作则会把他的身份暴露无遗。

冷战时期的一些绝密文件已获解密。其中一份文件显示,英国军方对于自己国家遭受苏联核打击时,是否具备战斗能力深为担忧,其中一项格外关注的议题就是"茶的问题"。有分析人士估计,国家75%的茶叶供应来源会受到威胁。为此,英国采取了很多措施,提高生产效率,保障茶叶供应安全。这一时期,茶叶机械化生产过程中一项革命性的创新成果诞生在印度西北部的托克拉伊实验茶场。这项名为CTC(压碎—撕切—揉卷)的茶叶生产工艺凸显了现代社会的高效特征。利用这项新工艺后,老式又占地的竹篱和晾晒用的竹筛都被弃置一边,取而代之的是可以连续工作的烘干机;原来由手工或机器完成的揉捻活儿则由名为洛特凡转子切茶机的筒状新设备包揽了,机器直接将茶叶碾成碎茶或茶末。高速完成的CTC生产工艺使碎茶里的儿茶素迅速氧化,最后的成茶只需短时间浸渍,即能形成浓酽的茶汤,缺憾是茶汤几乎没有什么香味,还有一股发涩的辛味,不加糖会很难喝。

就其积极的一面而言,CTC生产工艺大大提高了茶叶产量,降低了市场价格。世界各地的大批消费者发现茶叶不再高不可及,新的茶叶市场(印度、非洲、中东)正在形成。印度人在碎茶中加入奶和糖,再加入各种香料(豆蔻、肉桂、姜、茴香、胡椒、丁香等),创造了马萨拉茶(印度奶茶)。在印度的茶馆里,每天都有数

古老而神圣的茶叶品鉴完全取决于经验丰富的品茶师敏锐的感官和不懈的追求。经过五年的学徒练习,品茶师一小时内可以抽查数百种茶样
图片来源:Gilbert M. Grosvenor/National Geographic/Getty Images。

亿当地人享受着这种美味的能量茶饮。近年来,类似的奶茶在西方也有了一大批忠实拥趸,俄勒冈茶(在红碎茶中加入糖、香草和蜂蜜调制而成)即众多品牌中的一种。生产商踌躇满志,试图把它推向全球市场。在香港这个和茶有着很深渊源的大都市,当地的赌马客是当仁不让的品茶行家。他们每天会去固定的茶餐厅,享受一杯丝袜奶茶。茶餐厅的大厨把灌在丝袜里的红碎茶投入壶中煮开(配方自然是秘而不宣的)后,倒入厚壁茶杯,辅以糖和脱脂奶,端给客人品尝。

香港茶餐厅的饮料单上,还有一种名为"鸳鸯"的热饮。这种独一无二的饮料其实是咖啡和茶的混合物。在中东,世界上两大咖啡因饮料亲密无间的关系得到了完美体现。伊朗的男人通常会去咖啡馆喝茶,而土耳其人要喝咖啡或茶总要去茶馆。这两种大相径庭的饮料,一种产自本土,一种购自他乡;一种质朴,一种精致;一种令人亢奋,一种使人安宁。在美索不达米亚的古代语言(如苏美尔语、阿卡德语、阿拉姆语和古叙利亚语）里，人们有写辩论诗的传统，把彼此对立的两件事物写入同一首诗里，如锄与犁、芦苇与大树、苍鹭与乌龟、葡萄藤与雪松、约瑟与波提乏之妻、耶稣与法利塞人、黄金与小麦、钻井产油与潜海采珍珠等等。1955年，巴林诗人阿卜杜拉·侯赛因·阿尔卡里沿袭辩论诗的传统，创作发表了《咖啡与茶的争论》，生动地描述了两种饮料的差别。诗人躺在床上，茶壶和咖啡壶坐在炉子边打着口水仗。咖啡贬损茶是来自伊朗的侵略者，煮在俄罗斯的茶炊里，却倒进了日本的陶具里。茶则反唇相讥，称咖啡是奴隶家的女孩，在研钵里被击得粉碎，烘烤后的颜色和印度女人差不多。"而我，"茶自夸道，"闻闻这迷人的龙涎香。"双方吵得不可开交，咖啡联合杯、壶、烤盘、长柄勺、研钵，威胁要大战一场。茶则躲到了躺着的诗人背后，寻求保护。诗人无奈，只能对这对冤家同时安抚：

咖啡和茶轮着喝，
他们在我唇边亲吻相拥，
在碰触的一瞬间，
是如此的激动！

茶包是20世纪改变全世界饮茶方式的又一重大发明，也是我们的生活方式不断被改变的有力证明。1896年，伦敦的史密斯先生首次获得了茶包发明专利。20世纪初，纽约人托马斯·萨利文开始将茶叶样品装在丝织小袋里分发给顾客。很多客人在拿到样品后并没有将茶叶从小袋里倒出，而是直接将整个小袋搁进了茶壶。但他们发现，丝织的茶包太密，不利于茶味渗入茶汤中。听到顾客的反馈后，萨利文改用纱布做茶包。美国人很快就接受了这一没有多大意义的新发明。在英国,茶包的推广遭遇了传统饮茶习俗的顽强抵抗。1935年,泰特莱公司成为英国第一家使用茶包的当地公司,但推广进程步履蹒跚。1968年,茶包茶在英国市场的份额还不到3%;1971年,这一数字上升到了12.5%;接下来的几十年是茶包迅速扩大市场份额的时期,现在英国市面上的茶叶有90%是袋装茶。

在韩国,由于14世纪高丽王朝末期大规模的灭佛运动,茶道几乎不存。进入20世纪后,在僧人和茶道师范晓堂、崔凡述的努力下,韩国的茶道得以浴火重生。晓堂根据19世纪僧人草衣禅师留下的文献,重新唤起了国人对茶道的兴趣。晓堂的传记作者安东尼如此评价晓堂:"和草衣禅师一样,晓堂也是一位执著于禅的释家信徒,是黑暗时期受迫害的异见分子的忠诚朋友,是团结力量的源泉。在他身后,晓堂拥有一大批信众。他们在信仰佛教的基础上,执著地探索茶道,并将其作为精神上休养生息、四海兄弟和平的根本。"

晓堂以光大佛门、宣扬民族复兴思想和教育兴国为己任,在颠沛流离中度过了大半生后,落脚大雪寺,发展了般若露茶道(般若系梵文音译,智慧之意),将韩国茶道发扬光大。晓堂还编著了韩国茶道史,成立了韩国茶道研究会。1979年,晓堂去世,夫人蔡元和继承发展了他的茶道思想。蔡元和每年都会去附近的地理山(智异山)检查指导般若露茶的制作。新摘的茶叶投入九成开的热水中,捞出晾干数小时后,架锅生火,茶叶在锅里边烘烤边翻卷。经过长达四小时的揉、搓、压等工艺后,成品茶会泛出油亮的光泽,散发出独特的芳香。茶叶制作中的微妙独到之处都由晓堂单独传授给蔡元和,后者必然也只会传授给精心挑选的受业弟子。

在日本,千利休的后人继承了他创立的茶道,并分成了三大流派(三千家),分别是表千家、里千家和武者小路千家。由于不同流派的形成,到19世纪,茶道的礼法规则(手前)已经细化成一千多条,对身体姿势、茶具使用等都作了细致规定。比如,向客人展示茶勺时,表演者必须确保勺尾和榻榻米边缘之间的距离为榻榻米草编缝针间距的三倍。又比如,里千家茶道规定,喝茶前赏茶时,茶杯的转向为顺时针方向;表千家则要求逆时针转动茶杯。

1868年的明治维新以后,日本的妇女也可以参加茶道活动,茶道礼仪成为年轻女子出嫁以前必须接受的培训课程。到"二战"结束时,按茶道规矩上茶待客似乎成了日本女人专司的工作。这时,日本的知识分子试图提出茶道完整的体系,将其作为日本传统文化的代表,振兴国家文化形象。今天,茶在日本随处可见,小到下班回家坐通勤车以前在自动售卖机上买一瓶冰凉的乌龙茶,大到知名企业如法国玛黑兄弟茶馆在东京繁华的新宿和银座开设分店,专售极品庄园茶。在当代日本,尽管煎茶(在茶壶中冲泡散叶茶)是日常生活中最常见的饮茶方式,茶道的影响依然无处不在,随处可以感受到深厚的文化积淀不经意间散发的气息。据估计,单是里千家一流,其培训学校的学生就有一百万之众。参加学习的大多是中老年家庭主妇。她们分成小组,和老师一起,切磋交流茶道技艺。有意思的是,在紧张学习如何制作抹茶(绿茶)、如何应对主客谈话的课程之余,这些家庭主妇课间休息时,通常会点一杯红茶,外加一块蛋糕。

1895—1945年,中国台湾曾经被日本占据。在此期间,台湾逐步发展为重要的茶叶产区。20世纪50至60年代,台湾是北非绿茶的主要供应来源。20世纪70年代台湾经济高速发展,成为亚洲"四小龙"之一,岛内茶农大量制作乌龙茶,供应本地不断扩大的消费群体,福建功夫茶文化浴火重生。今天,在台湾,人们到了深夜还喜欢泡在离家不远的茶室里,一边喝着主人以功夫茶方式沏泡的乌龙茶，一边海阔天空地神聊。一番龙门阵以后，客人陆续离店，临走前总会买上一两包茶叶感谢小店主人的盛情。闻香杯是台湾人独创的一件功夫茶具，杯身比普通茶杯修长。茶汤倒入闻香杯后，上面倒扣普通的茶杯，紧扣两杯杯缘后将其迅速翻转，茶汤

膨风茶——吹牛茶

19世纪末，台湾北部新竹的茶农担着新茶上市。这些茶叶被视作世界范围内极罕有、最精美的茶叶。在众多蚕食茶丛从而减少茶农收成的虫害中，小绿叶蝉（浮尘子）一直让茶农头痛不已。小绿叶蝉通长三四毫米，通体莹绿，双眼凸出，双翼透明，在茶叶背面栖息，吸食汁液，直到茶叶变成灰红色，停止生长。整个夏天，小绿叶蝉能产卵繁殖十至十七次，排泄物也会沾满整个茶丛。某年夏天，新竹的茶园也受到了小绿叶蝉的侵袭。一些筋疲力尽的茶农最后决定把这些受虫害的茶叶按以往工艺采摘加工，并送往台北的茶市出售。茶叶送到了在台北采买的外国茶商手上。令茶农惊奇不已而且喜出望外的是，外商对这些受虫害的茶叶一见倾心，出高价全部买下。外商发现，这些茶叶融合了麝香、葡萄和蜂蜜的独特香味。茶农回到村里，将卖茶奇遇告诉了左邻右舍。邻居嗤笑不已，所卖的茶叶也被起了外号：膨风茶（吹牛茶之意）。据说，维多利亚女王非常喜欢膨风茶，将在茶杯中翩翩起舞的纤细茶叶起名为"东方美人"。而今，在新竹、苗栗、坪林等地依然有少量"东方美人"出产，当地茶农为了小绿叶蝉的顺利生长，一直拒绝使用农药。

倒入茶杯，端起闻香杯，就可以享受茶的余香。台湾出产的乌龙茶品种繁多，除了"东方美人"名扬海内，坪林包种、冻顶乌龙、木栅铁观音也是品茶客的至爱。主要的乌龙茶品种都有在年度赛茶会上夺魁的记录，但参赛的老茶农有时候会抱怨：为了给评判留下茶叶外形美观的印象，茶农只能采摘极嫩的茶叶，将其卷成所要的花形。实际上，和更成熟的茶叶相比，嫩叶的香味很淡；而茶香浓郁对考究的乌龙茶来说是必不可少的。

以前，中国出产的茶叶尽管包装不怎么入眼，味道却是极佳。毛泽东在1976年去世以前，一直保持着用绿茶漱口代替刷牙的习惯。邓小平实施改革开放政策后，曾经荒芜的茶园重现一片葱茏，茶厂整饬一新，茶叶研究所重新挂牌，茶叶产量从1976年的5.13亿磅（约23.1万吨）猛增至1986年的10亿磅（约45万吨）。曾经的国营大农场重新划分后改由茶农家庭经营管理。在茶农无微不至的悉心照应下，茶园的产出（如果产量和质量不可得兼，至少是产量）得到进一步提高。中国重新跻身于茶叶出口大国之列。中国的知识分子一直在努力捍卫国家在当代世界中的地位，他们把茶视作中国文化的重要组成部分，近年来关于茶饮这一文化遗产的研究日见增多。比如，中国的茶叶百科全书中列举了不下138种栽种在全国各地的绿茶品种，每种绿茶都有其特有的生产工艺、外观、芳香和口味，都是茶（山茶属中国种，*Camellia sinensis*）的独立品种。进入21世纪后，带有台湾风格的茶室装饰一新，如雨后春笋般出现在首都北京。"非典"过后，习惯于喝茉莉花茶的北京人深信绿茶具有较好的医药成分，开始改喝绿茶。在京华夜店和酒吧的最新流行趋势是最具有中国特色的鸡尾酒——甜甜的绿茶配芝华士威士忌。

在太平洋的另一侧，在俄勒冈州波特兰市时尚的波尔区，名为麦特的茶鸡尾酒大行其道。这种冰冷的茶鸡尾酒将乌龙茶、伏特加

茶壶路口位于加州死亡谷。在每一段历史的十字路口,茶总会帮着开拓一条新路。茶饮也因此成为全球最受欢迎的饮料和全人类共同的文化遗产
图片来源:Luis Castaneda/The Image Bank/Getty Images。

酒混在一起,还加了点桃味杜松子酒和糖腌姜汁。另外,一款名为"成吉思牛仔"的鸡尾酒也很受欢迎。酒单上对这款酒的描述是:由极浓绿茶和威士忌调制,加冰,是威力极强的抗氧化能量饮料。如果说西雅图是新时代当之无愧的咖啡中心,称呼其劲敌波特兰为美国最前卫的茶饮城再恰当不过了。在波特兰,人们把红茶、绿茶和乌龙茶无所顾忌地混在一起,甚至创造了绿茶意式咖啡,外加一两片香蜜瓜,撩起顾客的好奇心。公众眼里最完美的饮料是当地厂商的拿手好戏:免咖啡因茶、有机茶、公平贸易茶、热带雨林认证茶等等。当地茶室还提供各种颜色鲜艳、稀奇古怪的冷热茶饮,诸如超级爱尔兰早茶、双份佛手柑伯爵茶等等。波特兰还是不少茶饮特许品牌的发源地,诸如典藏茶、泰舒茶、俄勒冈茶等品牌都诞生在这里。波特兰人发明的"滤袋"使茶包重获新生。另外,波特兰人还发明了很多和茶有关的新词,他们用"米香"和"爆米花味"来形容调制的新茶,用"魔咒"(mojo)来形容"茶所散发的灵异气氛,这种灵异气氛只有那些能感受超自然力的人士才能体会到"。在美国东海岸,传统的茶叶供应商,诸如马萨诸塞州的阿普顿茶叶

公司，则把目光瞄准了需求不断增长的美国高端客户市场，通过提供全球各地的高级庄园茶，通过向顾客介绍茶饮悠久尊贵的传统，满足顾客各方面的需求。

如果说波特兰是茶饮最前卫的代表，茶饮传统强有力的捍卫者则非伦敦莫属，当然变化也在这里上演。1998年6月29日，伦敦工商会举办了最后一次茶叶拍卖。来自赫尔伯德茶庄的一箱97磅（约44公斤）重的锡兰花橙白毫以4万英镑的高价成交，买家是来自哈罗盖特的泰勒公司。这次拍卖落槌后，有着319年历史的伦敦茶叶拍卖宣告寿终正寝。尽管明辛街上的茶叶拍卖倒计时的烛光再没有点亮过，英国人关于"先沏茶还是先加奶"的争论却一直没有停歇。2003年，化学教授安德鲁·斯泰普里在总结弗朗西斯·戈尔顿和乔治·奥威尔研究成果的基础上，经过两个月的潜心研究，得出了先加奶的结论。斯泰普里在《卫报》上解释说："如果把奶倒入热茶中，散溅的奶滴和滚烫的茶汤接触后，会迅速变性降解。如果先加奶再沏茶，这种情况就不大可能发生。"2005年，英国人在速溶咖啡上的支出首次超过了喝茶的开销。但专家认为，就数量而言，茶饮在英国依然是首屈一指的，每天全英国的茶消费量在1.65亿杯左右。同年，数代英国人的梦想成为现实。英格兰西南特勒戈特南庄园约两万丛的茶叶采摘上市，这是英国本土的茶叶第一次上市销售。在伦敦著名的福特纳姆和玛森商场，这些茶叶卖到了680英镑（合1300美元）一磅。福特纳姆和玛森商场为美食家和商贾巨富提供世界上最稀有珍贵的茶叶，在世界享有盛名。

19世纪法国人类学家亨利·杜维里埃记载："英国人将（北非当地人）喝咖啡的习惯培养成喝茶的习惯，确实创造了奇迹。一开始，他们把茶作为礼物送给部落首领，当地人纷纷效仿部落首领喝茶之风。而今，摩洛哥、整个撒哈拉地区、中非部分地区都要通过英国购买茶叶。"游牧民族柏柏尔人即其中一员。柏柏尔人生活在撒哈拉以南的尼日尔和马里,数百年来控制着穿越撒哈拉沙漠的五路贸易商队。在沙漠商队的往返行进中,柏柏尔人在18世纪逐渐认识了从英国转口到摩洛哥的珠茶(绿茶)。而今,茶已成为柏柏尔人日常生活中不可或缺的一部分。喝茶决定了一天的生活节奏:餐后要喝茶,待客要喝茶,午后小憩前要喝茶,黄昏时分还要喝茶。如果去柏柏尔人家,拒绝主人的任意一杯茶都会被视作粗鲁无礼。柏柏尔人的备茶、上茶过程冗长而繁复,茶叶放入茶壶后,先要倒入一点开水"洗茶",一分钟后将茶汤倒掉,再往壶中加入薄荷和大量糖,倒入开水闷三五分钟;倒出一杯茶汤,再将其回入壶中,以使壶中茶汤混合更均匀。这一过程要反复好几次。其间还可以再加糖。如果主人觉得茶汤浓香恰到好处了,他会把茶壶提到离茶杯很高的地方沏茶,茶杯里会泛起一层泡沫。整个品茶过程持续好几个小时。其间,主人会给客人倒上三杯茶。第一杯是苦的,柏柏尔人认为这代表着生活;第二杯是甜的,寓意爱情;第三杯则是淡的,这是生命终结的气息。

随着有益身心的茶向世界各地传播,喝茶人对杯中饮品的要求也越来越高,他们要求茶园是可持续经营的、茶树是有机种植的、茶叶生产精心而且遵守商业道德、茶叶交易公平进行。同时,茶叶广告创作人员还意识到了茶叶含有神奇的物质——表没食子儿茶素没食子酸酯(Epigallo-catechin gallate,EGCG)[1]。毫无疑问,讲谈节目、网页、杂志报纸很快就会长篇累牍地报道这一万能药的故事。我们看待这些报道,应该和陆羽就着一撮盐端起茶杯时的心态

---

[1] 茶多酚中最有效的活性成分,属于儿茶素。具有抗氧化、抗病毒等作用。存在于绿茶中。

一样。尽管茶有益健康,有一定的医疗效果,从根本上讲,它不是草药,而是一天里的生活节奏,是必要的片刻小憩,是一种哲学。随着世界的喧嚣渐渐退去,地球越来越小,茶成了我们对宁静和交流的追寻。以这样的心情喝茶,健康、知足、宁静恒一的生活会一直伴随着你。

附录一

陆文学自传

陆 羽

　　陆子，名羽，字鸿渐，不知何许人。或云字羽名鸿渐，未知孰是。有仲宣、孟阳之貌陋，相如、子云之口吃，而为人才辩，为性褊躁，多自用意，朋友规谏，豁然不惑。凡与人燕处，意有所适，不言而去。人或疑之，谓生多嗔。及与人为信，虽冰雪千里，虎狼当道，不愆也。

　　上元初，结庐于苕溪之湄，闭关对书，不杂非类，名僧高士，谈宴永日。常扁舟往山寺，随身惟纱巾、藤鞋、短褐、犊鼻。往往独行野中，诵佛经，吟古诗，杖击林木，手弄流水，夷犹徘徊，自曙达暮，至日黑兴尽，号泣而归。故楚人相谓，陆子盖今之接舆也。

　　始三岁，茕露，育乎大师积公之禅院。九岁学属文，积公示以佛书出世之业。予答曰："终鲜兄弟，无复后嗣，染衣削发，号为释氏，使儒者闻之，得称为孝乎？羽将校孔氏之文可乎？"公曰："善哉！子为孝，殊不知西方之道，其名大矣。"公执释典不屈，予执儒典不屈。公因矫怜抚爱，历试贱务，扫寺地，洁僧厕，践泥圬墙，负瓦施屋，牧牛一百二十蹄。

竟陵西湖，无纸学书，以竹画牛背为字。他日，问字于学者，得张衡《南都赋》，不识其字，但于牧所仿青衿小儿，危坐展卷，口动而已。公知之，恐渐渍外典，去道日旷，又束于寺中，令芟剪榛莽，以门人之伯主焉。或时心记文字，懵焉若有所遗，灰心木立，过日不作，主者以为慵惰，鞭之。因叹云："岁月往矣，恐不知其书。"呜咽不自胜。主者以为蓄怒，又鞭其背，折其楚，乃释。因倦所役，舍主者而去。卷衣诣伶党，著《谑谈》三篇，以身为伶正，弄木人假吏藏珠之戏。公追之曰："念尔道丧，惜哉！吾本师有言：'我弟子十二时中，许一时外学，令降伏外道也。'以我门人众多，今从尔所欲，可捐乐工书。"

天宝中，郢人酺于沧浪，道邑吏召予为伶正之师。时河南尹李公齐物出守，见异，捉手拊背，亲授诗集，于是汉沔之俗亦异焉。后负书于火门山邹夫子墅，属礼部郎中崔公国辅出守竟陵，因与之游处，凡三年。赠白驴乌犎一头，文槐书函一枚。云："白驴乌犎，襄阳太守李恺见遗；文槐书函，故卢黄门侍郎所与。此物皆己之所惜也。宜野人乘蓄，故特以相赠。"

洎至德初，秦人过江，予亦过江，与吴兴释皎然为缁素忘年之交。

少好属文，多所讽喻，见人为善，若己有之，见人不善，若己羞之，苦言逆耳，无所回避。由是俗人多忌之。

自禄山乱中原，为《四悲诗》，刘展窥江淮，作《天之未明赋》，皆见感激当时，行哭涕泗。著《君臣契》三卷，《源解》三十卷，《江表四姓谱》八卷，《南北人物志》十卷，《吴兴历官记》三卷，《湖州刺史记》一卷，《茶经》三卷，《占梦》上、中、下三卷，并贮于褐布囊。上元辛丑岁子阳秋二十有九日。

附录二
茶酒论
王 敷

【导读】

20世纪初，人们在中国西北甘肃敦煌莫高窟藏经洞内发现了四万余卷手卷遗书。对研究中国中古时期历史、宗教、社会和文学的学者来说，这些手卷是极其珍贵的资料。这些手卷中，有一份读来令人忍俊不禁的《茶酒论》。《茶酒论》写于10世纪后半叶。在敦煌卷子中，完整或部分抄写《茶酒论》的卷子至少有六份，足见这篇文章当时传播之广。《茶酒论》以对话口语的形式写成，卷首注明作者王敷是乡贡进士（另一份成于978年的敦煌卷子注明王敷为进士），余不可考。

学者喜欢将《茶酒论》和成书于17、18世纪的藏文学作品《茶酒仙女》进行比较。《茶酒仙女》内容更多，更富有哲理性。但两篇文章有很多相似之处，有人因此认为两文同出一辙。事实上，写两物辩论诗的传统最早见于苏美尔文学，人们把彼此对立的两件事物写入同一首诗里，如冬与夏、鸟与鱼、山羊与谷物、芦苇与大树、椰枣与柽柳、锄与犁、银与铜等等。在东亚其他语言文学（如中国西南傣语支的布依族）和明朝的小说中，茶酒论辩的题材也很常见。

【原文】

窃见神农曾尝百草，五谷从此得分；轩辕制其衣服，流传教示后人。仓颉致其文字，孔丘阐化儒伦。不可从头细说，撮其枢要之陈。暂问茶之与酒，两个谁有功勋？阿谁即合卑小，阿谁即合称尊？今日各须立理，强者光饰一门。

茶乃出来言曰：诸人莫闹，听说些些。百草之首，万木之花，贵之取蕊，重之摘芽，呼之茗草，号之作茶。贡五侯宅，奉帝王家，时新献入，一世荣华。自然尊贵，何用论夸？

酒乃出来曰：可笑词说！自古至今，茶贱酒贵。单醪投河，三军告醉；君王饮之，赐卿无畏；群臣饮之，叫呼万岁。和死定生，神明歆气。酒食向人，终无恶意，有酒有令，仁义礼智。自合称尊，何劳比类！

茶谓酒曰：阿你不闻道，浮梁歙州，万国来求；蜀山蒙顶，骑山蓦岭；舒城太湖，买婢买奴；越郡余杭，金帛为囊。素紫天子，人间亦少，商客来求，舡车塞绍。据此踪由，阿谁合小？

酒谓茶曰：阿你不闻道，剂酒干和，博锦博罗。蒲桃九酝，于身有润。玉酒琼浆，仙人杯觞。菊花竹叶，君王交接。中山赵母，甘甜美苦。一醉三年，流传千古。礼让乡间，调和军府。阿你头脑，不须干努。

茶谓酒曰：我之茗草，万木之心，或白如玉，或黄似金。名僧大德，幽隐禅林。饮之语话，能去昏沉。供养弥勒，奉献观音。千劫万劫，诸佛相钦。酒能破家败宅，广作邪淫，打却三盏之后，令人只是罪深。

酒谓茶曰：三文一壶，何年得富？酒通贵人，公卿所慕。曾遣赵主弹琴，秦王击缶。不可把茶请歌，不可为茶教舞。茶吃只是腰疼，多吃令人患肚。一日打却十杯，腹胀又同衙鼓。若也服之三年，养虾蟆得水病苦。

茶谓酒曰：我三十成名，束带巾栉，蓦海骑江，来朝今室。将到市廛，安排未毕，人来买之，钱则盈溢。言下便得富饶，不在明朝后日。阿你酒能昏乱，吃了多饶啾唧，街中罗织平人，脊上少须十七。

酒谓茶曰：岂不见古人才子，吟诗尽道，渴来一盏，能生养命。又道，酒是消愁药。又道，酒能养贤。古人糟粕，今乃流传。茶贱三文五碗，酒贱盅半七钱。致酒谢坐，礼让周旋，国家音乐，本为酒泉。终朝吃你茶水，敢动些些管弦！

茶谓酒曰：阿你不见道，男儿十四五，莫与酒家亲。君不见猩猩鸟，为酒丧其身？阿你即道，茶吃发病，酒吃养贤。即见道有酒癀酒病，不见道有茶疯茶癫？阿阇世王为酒杀父害母，刘伶为酒一醉三年。吃了张眉竖眼，怒斗宣拳，状上只言粗豪酒醉，不曾有茶醉相言，不免求守杖子，本典索钱。大枷磕顶，背上抛椽。便即烧香断酒，念佛求天，终身不吃，望免迍邅。

两家正争人我，不知水在旁边。

水谓茶酒曰：阿你两个，何用匆匆？阿谁许你，各拟论功！言辞相毁，道西说东。人生四大，地水火风。茶不得水，作何相貌？酒不得水，作甚形容？米曲干吃，损人肠胃；茶片干吃，砺破喉咙。万物须水，五谷之宗。上应乾象，下顺吉凶。江河淮济，有我即通。亦能漂荡天地，亦能涸煞鱼龙。尧时九年灾迹，只缘我在其中。感得天下钦奉，万姓依从。由自不能说圣，两个何用争功？从今以后，切须和同，酒店发富，茶坊不穷。长为兄弟，须得始终。若人读之一本，永世不害酒癫茶疯。

附录三
茶的词源考

人们通常认为：世界各种语言中，有关茶的词汇均源于中文。笼统地说，这一说法在很大程度上是对的。然而，就像茶植株（*Camellia sinensis*）一样，茶的词汇家族更深的根在东南亚。在本文中，所有语言学的术语在注释中有简单介绍。读者诸君如果对有关茶的音韵学研究不感兴趣，可径直跳过"音韵学上对于'茶'的探讨"一节。

探究人类各种语言中茶的词源问题是一项繁杂的工作，涉及语言学和音韵学诸方面。在此，我们以非专业研究人士为对象，在保留提纲概要和核心资料的同时，把大量的研究成果以精简的形式呈现给读者。另外，正式的语言学论文必然包含的大量标志、符号、特殊字母和记号，在此也一概不用。

首要，有必要对汉语言文字作一简单介绍。简单地说，人类各种语言都是先有口头文字，随后才会有书面文字。在人类历史上，曾经有过的语言绝大部分没有书面文字，有书面文字的都是通过发明或引入借用（外来语）的方式流传下来的。人类所有的语言中，凡是和其他语言发生联系（迄今仍在使用的语言彼此之间存在着密切联系）

的，都会或多或少借用外来语言。另外，随着时间和地域的变化，所有的语言都会发生变化。一成不变的语言是没有的。

汉语[①]的共时性和历时性研究绝非易事，主要原因是：在有文字以来的两千年间，尽管汉字结构本身并没有多大变化，但汉语的共时性和历时性却发生了历史性的变化。汉字本身并没有体现音节（多数音节还是词素[②]）如何发音。大多数汉字是形声字，但音与义都只是提示性的，并不绝对。而且，汉语的文字系统还是开放的，随时都有新的文字诞生——到现在，汉字的总数已逾十万，但新的汉字还在发明。当我们追溯"茶"的字根、研究其看起来互不相关的衍生形态时，牢记这些汉语文字的特点很重要。

Tea，Char，Chai

我们的研究从英语的"tea"开始，这是全世界称谓"茶"这一饮料用得最多的一个词。今天，"tea"的发音和 tee 一样，但在三百年前，这一词和"obey"是同韵词。在今天英国部分地区，人们还是这样发音。在其他语言中，以"t"开头的"茶"的词汇有：丹麦语 te，荷兰语 thee，爱沙尼亚语 tee，芬兰语 tee，法语 thé，德语 Tee，匈牙利语 tea（读 teya），冰岛语 te，意大利语 tè，后期拉丁语 thea，马来语 the，挪威语 te，西班牙语 té，瑞典语

[①] 汉语指汉民族使用的各种语言和方言的总和。汉语有两千余年历史，包括普通话、粤语、上海话及其他各种方言（次级方言）。说不同方言的人彼此之间并不相通——这种现象并不罕见。另外，在现在的中国境内，除了汉语，还有若干少数民族语言存在：蒙古语、藏语、突厥语系的维吾尔语、哈萨克语和吉尔吉斯语、泰语系的壮语、傣语，等等。

[②] 词素（morpheme）是语言中语义的最小单位。

te[①]。这些词的拼法不一，但发音和"tequila"的"te"差不多。这是可以理解的，因为这些词都来源于中国福建省的闽南方言[②]。荷兰语、英语、法语、德语的这些词源自厦门港附近，当地人称呼茶为 te（其韵母和"eh"发音一致）。

在"茶"的词汇中，同样可以归入 te 家族的还有波兰语 herbata。对于非专业人士来说，这两者的联系并不一目了然。Herbata 很有可能来自荷兰语 herba thee（部分学者认为来自后期拉丁语 herba thea。两者近乎一致）。其他类似的词汇还有：卡舒比语 arbata/harbata，西部乌克兰语 gerbata，白俄罗斯语 garbata（这两个词的 g- 的发音均为 h-）和立陶宛语 arbata。

在现代标准汉语中，茶的发音为 cha（阳平）。在中国北方和西南地区的方言中，cha 的音调略有不同；在粤语中，人们用 caa4（tshaa2）称呼茶。在日语中，人们用 cha 指代这一深受欢迎的非酒精饮料，但会加上前缀 o-。其他语言中，可以归入 cha 一族的茶的词汇包括：葡萄牙语 cha，孟加拉语 châ，塔加路语 tsa，泰语 cha，藏语 ja，西夏语（11 世纪）tse，女真语（15 世纪）cha，以及 20 世纪英国军队中的俗语 char。

通过对这些词汇的地理分布的分析，我们发现：源于闽南方言 te 的词汇主要通过海路传播到了欧洲和美洲（最早是荷兰商船，后来通过英国商船传播）。同样，源于 cha 的词汇的传播也有类似的规律，或者从中国北方或西北地区通过陆路传到邻近地区，或者从粤语地区的港口通过葡萄牙商船传到了没有和荷兰、英国开展大规

---

① 所举的例子并不穷尽，只选择了其中有代表性者。在列举和 char、chai 相关的各国文字时也是如此。
② 闽南话是汉语的一支。使用闽南方言的地区还包括：台湾大部分地区（和厦门话很接近）、潮州和海南。

模贸易往来的地区。

比较有意思的现象是：在越南语（trà, chà）和韩语（ta, cha）中，源于cha和te的茶的词汇同时存在。我们认为，这主要是因为：一方面，这两个地区和中国使用cha的地区邻近；另一方面，这两个地区的港口又从中国使用te的港口进口了很多茶叶。意大利语（cià）和英语（chaa）中最初曾使用过源自cha的词语，这是16世纪末、17世纪初，当时的旅行家和葡萄牙商人引入的；很快，由于荷兰的影响，两个地区都改用了源自te的词汇。

而今，在全球迅速传播的一个称呼茶饮料的词是chai。这是外来语印地—乌尔都语cây转化成英语的形式。印度曾是英国最重要的殖民地。这一时期，英国人引入了该外来语。人们使用chai时，一般会加上修饰语masala（香料）；但即使单独使用chai一词时，人们通常也专指添加了印度香料（如豆蔻、丁香、八角茴香、胡椒、姜、肉桂等等）的茶。需要指出的是，这一词是最近才流行起来的。二三十年前，北美区英语中最早出现了这一词汇，新一代传播茶和咖啡的商人又将其迅速传到了欧洲和其他地区。在下面我们还会谈到，在很多语言中也有和chai联系密切的词，但他们最早时只是专指红茶。由于历史的原因，英语里有三个指代茶的词汇：tea、char和chai。也有部分语言（如摩洛哥的阿拉伯语口语）保留了源于chai和te的茶的词汇，ashay一般指中东的普通红茶，atay则特指混有鲜薄荷叶的绿茶（来自福建、浙江）[①]。

一般的读者都会注意到，chai和cha关系密切。确实如此。然而，在研究"茶"的词汇演化中，解释-i为什么成为cha的后缀是最具挑战性、最复杂的问题。很多学者认为，chai源自中文

---

① 在两个名词中，a-都是柏柏尔语中表示阳性的前缀。

的茶叶（chaye）一词，只是省略了最后的元音。从音韵学的角度来看，这一说法并不成立。首先，chai 是单音节词；而 chaye 是两个音节（即便是发音很快也是如此），并且 ye 后面还有一个后缀 -p。11、12 世纪以前的北方方言中，这个后缀一直存在（现在的粤语中依然存在）。而在 11、12 世纪，发音具有 chai 雏形的词汇已经在中亚地区广泛使用了[①]。对于不说汉语的外国人来说，当他听到中国人说 chayep 时，要让他忽略后缀 -p 并将两个音节压缩成 chai 是不可能的。

也有部分研究 chai 词源的学者认为，chai 源自另一汉字"斋"。他们认为，在给佛门僧人的各种非酒精类供养中，茶的重要性是独一无二的，以至于成了斋供的替代词。这是一种以偏概全的说法。学者们认为 chai 很重要，但却没能解释布斋中为什么没有 chai！学者们提出了各种证据，试图多方面论证他们的这一观点，论据之一是：元朝时，蒙古贵族宫廷曾效仿西藏的茶供，斋醮不断；藏文茶供（mang ja）翻译成汉文即莽斋。显然，莽是藏文 mang 的音译，斋从根本上说也只是藏文的转译，尽管在意义上也和斋供巧合了。利用这一论据并不能说明茶和斋同出一辙，也不能因此解释说藏文的 ja 和汉语的 zhai 混合成了蒙古语的 čai。

要更能自圆其说地解释 chai 的起源，看一看由 chai 发展而来的茶的词汇的地理分布是大有裨益的：波斯语 chây，蒙古语 čai，满语 cai，印地－乌尔都语 cây，维吾尔语 chai，土耳其语 çay，阿拉伯语 shay[②]，俄语 chai，捷克语 čaj，克罗地亚语 čaj，现代希腊语

---

① 生于波斯花剌子模城的学者比鲁尼（973—1048）在《药学》中对茶作了详细记载，将其称为 jây（阿拉伯语，相当于波斯语的 chây）。
② 阿拉伯语中没有 ch- 音，当引入的外来语中有这一音时，通常记作 sh- 或 j-。

tsai，罗马尼亚语 ceai，斯洛文尼亚语 čaj，乌克兰语 chai，等等[①]。显然，这些语言都集中在欧亚大陆中心地带，从大草原一直到东欧和亚洲西南地区。在其他地区，有关茶的基本词汇中没有和 chai 相关的，最多只是借用欧亚大陆中心地带某个国家的词汇作为其语言的补充，或者在近代从南亚引入（见上文）。

我们或许会问，谁会是这一地区传播 chai 一词的使者？极有可能的答案是波斯语——这是蒙古帝国的通用语。随着蒙古大军攻城略地，与 chai 相关的词语也随处传播，这不应被视作简单的偶然事件。有意思的是，波斯语中表示"茶"的词有一个长元音 -â（châ。也许，波斯语借用 cha 这一词时，cha 本身就是长元音）；该词还有一个并列形式，词尾为 -i 或 -y（châi 或 chây）。在 10 世纪的新波斯语中，这种以 -â 和 -ây 为后缀的名词之间的互换替用已经出现。值得注意的是，这种现象在印地-乌尔都语中也存在。由于莫卧儿王朝[②]的影响，印地-乌尔都语从波斯语借用了我们现在英语中所用的 chai 一词。音韵学上对这一借用中出现的变化的解释是：有的语言不允许以开放元音[③]-â 结尾，也不允许以半元音[④]-y 或以颚滑离音[⑤]封闭音节；出现这种情况时，音节会转换成以 -i 结束。一个有趣的现象是，在波斯语口语中，人们有时将茶念作 châ-î。

---

① 上述所举例中，写作 chây，čai，cai 或 čaj 者，读音都同 chai。
② 16 世纪初至 19 世纪中叶，莫卧儿王朝统治着印度大陆。有意思的是，"Mughal"（莫卧儿王朝）和 "mogul"（蒙兀儿人）均来自于 "Mongol"（蒙古）一词。"Mughal" 一词表明，其祖先是来自北方大草原所向披靡的征服者。
③ 开放的音节以元音结尾，封闭的音节以辅音结尾。
④ 半元音又称滑音，发音与元音类似，但并非音节的核心部分，而是和元音一起组成音节的一部分，如 w- 和 y-。
⑤ 舌尖接触或接近上颚时所发的音为颚音。滑离音是指在元音后，发音器官移离某一发音动作的过渡音。

音韵学上对于"茶"的探讨

我们在前面介绍过，人类语言有关茶的词汇基本可以归为三大类：即以标准汉语或粤语 cha 为词源的衍生、以闽南方言 te 为词源的衍生和以波斯语 chai 为词源的衍生。当然，这一分类还有一些例外，主要见于东南亚的几个小语种。值得注意的是，这些语言刚好存在于茶植株起源的中心地带。在介绍这几个小语种之前，让我们对汉语中有关"茶"的词汇作一补充。标准汉语或粤语中的 cha 和闽南方言中的 te 尽管读音大相径庭，它们实质上还是源于同一个根。我们对早期就存在的 chai 不作更多介绍，这个词显然是从 cha 衍生出来的。

那么，我们怎么来理解 cha 和 te 在音韵学上的关系呢？用半专业的语言学上的术语，我们可以简单描述历史上的变迁（我们将主要考察词首的辅音，而非后面的元音）。cha 和 te 都可以追溯到 600 年左右的中古汉语[1]时期，当时描述"茶"的词是一个卷舌首塞音，历史音韵学家将其转记作 dr-。当然这只是单声母（卷舌 d-）的速记形式。这一单声母（卷舌 d-）又可以上溯到设想中的上古汉语时期（公元前 600 年左右）的 *dr-，这是一个辅音群，即首音 *d- 和介音 *r- 的组合。和其他方言相比，闽方言从上古汉语中分离的时间比较早（这是一个非常笼统的说法，但足以解说我们现在的话题）。在闽方言中，介音 *r- 消失了，表示茶的发音变成了以 *d- 为首音，并逐步去音变为 t-，即 te。这是英语"tea"和许多同类词

---

[1] 远古汉语和中古汉语是汉语言发展史研究中假想的两个时期。浊音是声带振动发出的声音。卷舌音是指由舌尖卷曲或抵住或接近硬腭前部阻碍气流而形成的音。塞音是辅音发音方法的一种，发音时气流通路闭塞，然后突然打开发出噪音。首音是指位于单词或音节开始的音。

的始祖。

现代标准汉语和上海地区的吴方言中"茶"的词汇则继承了中古汉语时期的卷舌首塞音（dr-）。在现代汉语中，这样的塞音都变为塞擦音，在浊音变清音的过程中，成为送气音①，如 ch-。在吴方言中，中古汉语中的浊声母得以保留；但在标准汉语中，卷舌塞音则演变为齿塞擦音②，而非卷舌塞擦音。其演化过程可能首先经历了类似标准汉语中的卷舌塞擦音阶段。因此，上面提到的从 dr- 到 dzr- 到 dz- 的演化，以及从 dr- 到 dz- 的演化中，-r- 只是表示其中有卷舌音的一个标记。在华南地区的方言（如台湾地区方言）中，也出现了类似的变化，茶的发音带上了齿声母，成为 tsha（即拼音中的 ca 音）。在部分吴方言中，塞擦音 dz- 演化成 z-。比如，在吴方言区的东北部地区（包括上海和苏州），人们念"茶"时读 zo；这一现象在其他吴方言区没有出现，人们还是保留了塞擦音。比如，常州人念"茶"时读 dzo。简单地说，上古汉语向中古汉语的演化也是一个卷舌化的过程，即 d- 和 -r- 的组合演变成卷舌音 d-。在后中古汉语时期，各个方言区的卷舌塞音都演化成为齿擦音③——闽方言区是唯一的例外：声母依然是塞音（比如清音 t-）。

为了复原上古汉语"茶"这个词的前身，我们再往前一步的追溯工作是至关重要的。我们在前面提到，上古汉语中的首音是 *dr-。事实上，历史音韵学家对于这一复原重建④结果意见并不一致，因为这完全是基于假想的基础上的，这也是学者们使用星号（*）的原

---

① 塞擦音是气流通路紧闭然后逐渐打开而摩擦发出的辅音，起头近似塞音，末了近似擦音，如 s- 和 z-。送气音是呼出的气流较强的塞音或者塞擦音。
② 齿音是指舌尖顶住上门牙发出的音。
③ 齿擦音发音时舌头与上牙或下牙或同时与两者接触，让气流通过位于发音部位的狭窄通道，发生湍流，如 s-、sh-、z- 和 zh-。
④ 历史音韵学家从事复原重建工作是为了确定某些汉字历史上的发音。

因。对于上古汉语中的首音 *dr- 是如何发音的，专家复原的结果也不一致，其中包括 *llr-，*rl-，*d-l-，*d'-，*d-，等等。尽管复原后的形式不尽相同，专家学者的意见有一点似乎是一致的，即声母曾是一个齿边流音 l[①]，但逐渐向浊齿塞音 d 演化（或许还结合了闪音[②] -r-）。需要注意的是，d 和 l 有相似之处，两者都是浊齿音。唯一的区别是，发 l 音时，空气从舌两侧流走；而发 d 音时，空气向前送出。这或许是因为：在某些音节中，存在控制空气从两边逸出的前声母或其他细节。所以说，l 和 d 发音极其相似，l 音极易变成 d 音。在华中地区的部分方言中，人们将 li 念成了 di。综上所述，在上古汉语中可能发生的变化是：浊边音 l- 演变成为浊塞音 d-，而介音 -r- 逐渐将前面的 d- 音演化成卷舌音。

至于上古汉语中"茶"的元音，历史音韵学家的复原结果为 -a[③]。这样，我们就能将上古汉语中"茶"的发音演变按顺序排列如次：*la 而 *lra 而 *dra。讲完汉语"茶"的发音演化过程，下面我们将讨论有关"茶"的文字。

茶的文字

茶树并非针叶植物，没有多刺棘手的叶，但研究汉语中有关"茶"的文字却是非常棘手的问题。单以现代标准汉语为例，至少有八个汉字与茶有关：荼（以及另外两个生僻的变异字）、茶、槚、

---

① 边音发音时，口腔的气流通路的中间被阻塞，气流从舌头的两边通过。流音不是摩擦音，发音时能像元音一样拖长，如 l 和 r。
② 闪音发音时，舌头有力地轻微闪颤一下，与齿龈或上颚接触，瞬间即离开。
③ 在中古汉语时期，元音发生了很大变化，主要分成 -a 和 -u 两支，还有若干发音中的变体。

  藂[①]、茗、荈。"荼"字很早就出现了，但它也指另外一种植物苦菜。"茶"字是现代标准汉语中最常用的，在闽南方言中念 te。"槚"和"藂"字可能是方言字。"茗"字通常指质量极好的嫩芽茶或特殊的茶。"荈"字的意思并不很明确。荼、槚、藂、荈四字多出现在古代汉语中，一直以来都是生僻字，为此专家学者花了很多精力探讨其真正含义（早茶、晚茶、末茶等等），但提出的论据并不很充分。现代汉语中常用的茶和茗，我们将会在后面讨论。

  荼和茶两者仅有中间一横之差，很难区分。中唐时期（8世纪中叶），人们由荼改用茶字。有学者提出：中国茶圣陆羽在"荼"的基础上创造了"茶"字。但如此改动的原因何在？学者为此困惑思索了一千年。

  我们认为，有四个互相影响的因素促成了陆羽（或其他涂抹了"荼"字中间一横的任何人）创造"茶"字：第一，从发音上看，在长江以北，表示茶的词的发音发生了很大变化，不再适合用指代苦菜的"老字"——"荼"来表示茶。不过，在长江以南的福建沿海地区，表示茶的发音没有多大变化，人们念"茶"字依然念 te。第二，从语义上看，人们做茶的原料已经从"苦菜"改成"能沏成芳香饮料的植物叶子"。第三，从文化上看，喝茶已经由南方半开化的居民的生活方式转变为北方居民广为效仿的生活习俗。第四，从个人来讲，发明"茶"字的学者一定是茶的积极的推广者，发明这一新字是为了使茶饮这一习俗焕然一新，彻底分割与"荼"相关的食苦菜的恶俗。

[①] 9世纪中期，前来中国的阿拉伯旅行家详细记录了茶，并将其称为 sâkh。有东方学家认为，sâkh 即 cha 中世纪的音译。但对于 sâkh 后面的辅音，专家学者甚为困惑——cha 后面从来没有如此的后缀。如果我们假设 sâkh 是 she（藂）的音译，这个问题就迎刃而解了。藂在福州地区的发音是 siek，在上海地区的发音是 suhg 或 sag。

综上所述，以"荼"字为基础创造"茶"字有众多的语言学、社会和心理上的原因。历史上也确实如此。创造性地抹去这一横，还是一种天才的营销策略，就像当代的公司为了推销产品而为其起一个新名字一样——但产品本身也许只是新瓶装着的旧酒而已。无论原因孰轻孰重，由"荼"而"茶"的转变是非常成功的。"茶"字发明后不久，饮茶习俗就在中国蔚然成风，并很快传到周边国家。

限于篇幅，本节的内容无法进一步展开陈述。在8世纪中叶（陆羽生活的时代）以前，"茶"字还没有发明，人们用"荼"字指代茶，这一字的另一层含义是"苦菜"。人们将茶和苦菜混淆，甚至等同的做法也是情有可原。

从民族植物学的角度探讨茶

在公元前6世纪至前3世纪的文献中，出现了上文中提到的"荼"字。但"荼"字究竟指代哪些植物，我们并没有明确的答案。以往的注释中，"荼"被解释为苦菜，现代学者在注释《诗经》（"荼"字出现了九次）和《楚辞》（"荼"字出现了两次）时，将"荼"解释为苣苦菜、莠草、蒲草、蒲黄、苦草、苦菜等等。确实，"荼"代表多种植物是有可能的，考虑到其中的几种生长在南方，茶可能就是其中的一种也是可以理解的。需要指出的是，汉代以前（具体地说，在公元前59年左右王褒写《僮约》之前），并没有哪个文献（文学作品）中的"荼"字可以根据上下文合理地解释为茶。另外，王褒写《僮约》的地理环境是在中国的西南地区。如果说，最早的有据可查的与茶有关的文字确实发生在西南地区，这丝毫不足为奇。当时，中国的西南地区还不是汉民族的聚集区。王褒《僮约》中的僮奴便了的一些特征（须髯、名字）足以让我们相信：便了所属的族群并非汉族。

有证据表明，直到 543 年，"荼"字的使用依然很常见。在现存最早、最完整，也是最重要的农书，贾思勰的《齐民要术》中，最后一篇题为"非中国物产者"。题中"中国"指中国北方，标题本身为我们提供了重要信息。"非中国物产者"中，第 53 项为荼（苦菜）；有意思的是，第 95 项还是荼，只是这一次加了"木"字旁，以强调该植物具有树木的特征。这说明贾思勰（生活在北方——山东）所指可能确实就是茶树。从《齐民要术》以前的文献来看，确实如此。有文献记载："饮真荼，令人少眠。"[①] 还有成书于 4 世纪的文献记载："浮陵荼最好。"[②] 历史上，浮陵[③] 也是盛产好茶之地。这些文献记载直接或间接地回答了我们求证的问题：一、6 世纪中叶以前，北方地区还没有接受茶；二、荼具有双重含义：茶和苦菜；三、由于荼具有双重含义，经常会出现指代不清的情况，人们需要再创造一个字（即木＋荼）特指"茶"；四、新创造的表示茶的字在发音上和荼没有多大区别，在口语中还是会混淆，只有牢记"木"字旁才能避免和表示苦菜的荼混在一起。

茶树最早长在中国西南地区——这里最早并非汉民族聚居之地。8 世纪中叶以前，汉语中表述"茶"的文字并不明确，容易引起混乱；人们可能从西南地区当地语言中引入了表述"茶"的词汇。在汉民族定居西南地区以前，这里的居民主要归属两大语言族系：南亚语系（Austro-Asiatic）和藏缅语族（Tibeto-Burman）。在

---

① 见于《博物志》。——译者注
② 见于《荆州记》，是书散佚已久，唐、宋地理典籍中多有征引。——译者注
③ 浮陵在今江西景德镇（历史上盛产瓷器）。作者所谓在今江西景德镇者为浮梁。浮陵，无此地名，应是"涪陵"之误，在今四川、两广境内。——译者注

南亚语系和藏缅语族中，la（叶子）这一词很常见。我们在前面讨论过，汉语中，表示"苦菜、茶"的词的最初形式也是 *la。可以认为，这一词可能是从南亚语系或藏缅语族中引入的。我们做出这样的推测的理由是：一、通常情况下，人们在引入一个通用词时，一般会限制其语义用以特指；二、历史文献表明，中国北方汉族居民通过向南方的少数民族学习，认识了茶。现在我们要回答的问题是：这一词究竟是从南亚语系还是藏缅语族中引入的？在下面的讨论中，我们将追溯汉字的茶由南亚语系发展而来的演化过程（自 *la 而 dra 而 cha）。当然，我们也不排除演化过程中，受到藏缅语族影响的可能性。

在茶的发源地，最早的原住民属于南亚语系。南亚语系包括三大语族：蒙达里语族（Mundaric）、孟－高棉语族（Mon-Khmer）、卡西－库米语族（Khasi-Khumic）。在南亚次大陆的四大语言族系〔南亚语系、达罗毗荼语（Dradivian）、印度－雅利安语（Indo-Aryan）、藏缅语族〕中，南亚语系是最古老的。当然，毋庸置疑，这一语系发源于南亚，随后其三大语族逐渐向东南亚传播。结合语言学文献和考古发现，我们可以确信：这些语言的根可以追溯到一万年甚至更早以前。而藏缅语族的居民从北方移居到该地区还不过是一千年以前的事；至于使用泰语的人口从东部大规模迁入的历史则更短。大约两千年前，汉民族（主要是军队将士和官员）开始进入这一地区的北部交界地带。

南亚语系的三大语族中，有一个非常古老的、共用的词根：*la（表示"叶"）。当孟－高棉语族的人口进入茶的发源地的中心地带（即今缅甸东北部、老挝西北部、云南西南地区）时，随他们一起带来的还有词根 *la 的衍生词。当然，他们在称呼茶叶时，所用的词自然也源于词根 *la。当地居民生活劳作中与植物之间的密切关系表明：在当地孟－高棉语族居民中，茶是当地文化的灵魂。另外，通过考察当地与茶有关的宗教、社会、文化、饮食、医药等方方面面，我们发现：当地人视茶为宝，用茶的历史也非常悠久。

当汉族、藏缅语族和泰族从北方和东部相继进入这一地区时，他们和当地南亚语系的原住民密切接触，在学习有关茶的基本知识的同时，还借用了南亚语系中表示"叶/茶"的词汇。而今，生活在这一地区的非孟－高棉语族居民中，la 并不专指茶，而是一个通用的词，用来指代可以煮汤饮的十余种植物。这一现象说明：后来进入该地区的居民借用的南亚语系中的 la 一词，其最初的含义是概指"树叶"，只是到了后来才专指茶叶和茶树。

这里要特别提及北孟－高棉语族中的佤德昂语支。使用这一语言的居民主要生活在伊落瓦底江河谷、萨尔温江①、湄公河②汇流地区，这里是植物的天堂，也是人类最早使用茶的地区。这里的居民包括：生活在老挝西北地区的拉棉人，生活在缅甸东北部的布朗族、佤族，生活在云南西南边境地区的佤族、布朗族、德昂族等等。和孟－高棉语族居民一样，这些民族表示"叶/茶"的词汇中，也共用了古老的 *la 词根。但在这些民族的语言（方言）中，还有不少描述发酵茶或酸茶的词汇，如 meng, myâm, myan, mem, mi:n, 等等。其中的一个典型代表是缅甸布朗族使用的发酵茶，我们姑且用 meng 来称呼。这类茶在当地的文化传统中扮演着重要角色。比如，生活在缅甸北部和云南西南地区的佤族称呼从别处买的茶为 la，而称呼从山上采的野茶为 miiem（或 mîam）。当地的祭

---

① 中国称怒江。——译者注
② 上游在中国境内，称澜沧江。——译者注

司（moba）在举行宗教仪式时会用到茶，他们将其称为 miiem，而不称 la。孟－高棉语族的拉棉人是生活在老挝北部的火耕民族，喜欢嚼食发酵茶叶。当地人将这种茶叶称为 myem，收藏时将茶叶紧压在竹节里后，在村外掩埋。泰语中称发酵茶为 miang，很可能也来源于此。老挝和缅甸北部的其他孟－高棉语族的居民在称呼发酵茶或酸茶时，也使用 meng 或类似的词语，显然，meng 一词最早即来自孟－高棉语族，使用历史已非常悠久。我们认为，汉字"茗"（精致的嫩芽茶）即从孟－高棉语族中富含民族和文化底蕴的"meng"转化而来。两者的差别是，"meng"的含义很明确，而"茗"所指则略显含糊。

藏缅语族中的 la-pa 是该语族中的自有词语 pa（"可供出售的叶子"之意）和南亚语系中词根 la（"叶子"）结合后的复合词，但类似的双音节复合词并没有出现在汉语中。另外，酷爱发酵茶的缅甸人在称呼发酵茶时，并没有使用孟－高棉语族近乎神圣的 myem 一词，而是在融合了藏缅语族的复合词后，自行发明了两个复合词组：laphet thoke 和 laphet thote（"混合的叶子/茶叶"）。讨论至此，我们的结论是：汉字的荼、茶和茗都源自南亚语系，而非藏缅语族。历史上表示"茶"的八个汉字中，只有三个（荼、茶和茗）还在使用。这三个字作为源自孟－高棉语族的外来语并非偶然。另外，仅从时间先后上讨论，我们也可以得出荼、茶和茗是源自南亚语系（而非藏缅语族）的外来语的结论。早在藏缅语族居民借用南亚语系中词根 la 并和自有词语 pa 结合组成表示茶叶的复合词以前，汉民族已经和孟－高棉语族的居民有密切来往了。

对孟－高棉语族北部地区的居民来说，发酵茶（myem）在当地人的文化传统中扮演着重要角色，但当地人同时也晾晒烘炒茶叶，沏喝茶汤。但在历史上，这种习俗并不常见，晒炒茶叶只供自家使用。生活在茶起源中心地带的当地人并没有大规模生产茶叶,并将其用于商业目的。直到汉族人从当地人那里学会了茶树种植和茶叶加工后,茶叶生产交易才大规模开展起来。中国人成就了商品化的茶,并在荷兰、英国等国商人的推介下,将茶推广到世界各地。中国人还命名了茶,现代各国语言中的有关"茶"的词汇亦源于此。因此,将茶的拉丁学名命名为 *Camellia sinensis*(山茶属中国种)也是恰如其分的。然而,当我们介绍了植株茶和文字"茶"与东南亚地区的渊源后,我们将茶的拉丁学名改为更中性的 *Camellia thea*(山茶属茶种)或 *Camellia theifera*(山茶属茶种)也是可以理解的。事实上,部分学者更喜欢这两个学名。

结　论

东南亚西北地区、东亚南部地区、南亚的东北角是茶的发源地。从这里出发,茶作为商品和贡品(主要是商品)传播到了地球上每一个角落。世界上有不少具有特殊经济和文化价值的产品从其原产地(起源地)出口到了世界各国,类似的产品包括咖啡、巧克力、烟草、卡拉OK、琵琶、锡塔尔琴、X射线等等。和这些产品一样,"茶"这一词随着茶叶/茶树一道也传到了异国他乡,融入了其他国家的语言中。而今,不同国家和地区的备茶饮茶风俗各有千秋,各国语言中"茶"的词汇也丰富多彩。

就像可以重走茶叶商路一样,我们也能正本清源,追溯有关茶的词汇的本源。这两条路线——商路和语言学的路线——在很大程度上是重叠的。世界上描述茶的词汇可以归为三大类:te、cha 和 chai。te 起源于中国东南沿海的闽方言;cha 通过陆路从中国北方传到了邻国,又通过海路从广州传向南方;chai 则随着驮载货物的骆驼、骡马、人力和篷车穿过草原沙漠和高山传到他乡。因此，"茶"文字的历史研究同时也是地理语言学的研究课题。可以说，人类产品及其名称从源头至终端的传播过程，归根到底，都是和大地联系在一起的。茶的发展史就是人类和地球母亲亲密相连的最好的例子。

致　谢

这本书是我们三年通力合作的成果，但写这本书的种子在更早以前就种下了。1965—1967年，梅维恒曾是尼泊尔和平队的志愿者，和茶结下了不解之缘，迷上了马萨拉茶（加入糖和印度香料的奶茶）。尼泊尔海拔高，在严寒的冬日，一杯茶犹如一座小火炉，可以马上让他温暖起来；在炎炎盛夏，酷热难耐，他背负重荷穿行在山间小径（数英里的路程，高差可达数千尺），大汗淋漓，一杯茶给他带来能量的同时，也带给他丝丝清凉。另外，喝着滚烫的茶水，他也会觉得很踏实，不用担心痢疾等疾病缠身——喝凉水容易感染这类疾病。

在几次探访大吉岭后，梅维恒和印度茶的感情越来越深。大吉岭号称地球上优质茶产区中的"钻石岛"，山间云雾缭绕，有助于茶树生长。作者认为：喜马拉雅东麓的这块神秘土地，和上等茶叶之间有着难以解释的必然联系。尽管熟知阿萨姆和锡兰红茶同样醇酽柔和，梅维恒和大吉岭茶的感情持续了半个世纪，至今矢志不渝。在尼泊尔和平队的经历让梅维恒迷上了茶，还指引他一生致力于佛学和汉学研究。在佛学研究中，梅维恒深刻感悟到茶饮与佛教密不可分的联系；在汉学研究中，梅维恒认识到茶在中国文化中的重要地位。而今，世界各地的人们都在喝茶，中国在茶饮的历史中发挥了关键作用；但是在早期的茶历史中，神话、传说和史实混在一起，让梅维恒在研究中深感困惑。二十余年前，梅维恒决心写一本书，还历史于真实，并以此为目标开始搜集大量资料。

梅维恒写一本茶书的冲动一直在心，苦于教学和其他事务繁重，无法付诸行动。令人高兴的是，梅维恒认识了记者郝也麟。两人第一次见面时，郝也麟正在研究中国甘肃神秘的"罗马"古城——骊靬城。另外，郝也麟还写了不少文章，题材广泛，包括埃及新的亚历山大图书馆、中国人用鸬鹚捕鱼，以及在寒冷的冬日，在伦敦海德公园的演讲角和各色人等度过一个个周末，等等。不知不觉地，郝也麟的好奇心、精湛的写作功夫和兢兢业业的研究精神促成了我们在这本书上的合作。

郝也麟认识茶的过程和梅维恒的经历大相径庭。郝也麟关于茶的第一印象是一把上了棕色釉的、名为"棕色贝蒂"的陶茶壶，这是他祖母在斯德哥尔摩郊区洛特伯罗的家里用的。在乌帕萨拉大学城生活的教授诗人总喜欢去欧风德尔咖啡馆，必点的茶饮自然是正山小种。20世纪80年代中期，郝也麟喜欢在贝纳雷的茶室里和同学们一起品尝美味的甜茶；当时，台湾乌龙茶对他来说只是一个苦字。2001年，郝也麟回到中国台湾，开始享受岛上浓厚的茶文化，并对这一主题进行深入研究。他在伦敦参观了布拉马赫茶叶博物馆，又参观了福特纳姆和玛森商场琳琅满目的茶叶柜台。随后，他前往云南，探寻普洱茶的发展历程；前往武夷和安溪，探访乌龙茶的家乡；前往浙江、安徽、江苏等地，考察绿茶产区。某个冬日的下午，风尘仆仆的他来到一座有点破败的小庙，喝到了一杯碧螺春。这令他喜出望外——正是在这里，僧人焙炒了第一捧碧螺春茶。

三年间，我们两个人的合作非常愉快。最初，我们热切地开始落实这一课题时，没费多少周折就安排了各自的工作。梅维恒心中已经有了经纬，郝也麟开始组织文字，形诸笔墨。大部分时间里，我们并驾齐驱，边调研，边写作。当然，我们也会安排时间在斯德哥尔摩或费城见面，进行深入探讨，保证我们慢慢往前赶的手稿内容一致、格式统一。我们合作中最重要、最紧张的几个星期是在瑞典北部郝也麟的乡间小屋里度过的。这里的生活和托尔斯泰一直津津乐道的生活差不多：在电脑旁工作之余，劈点柴火，种点土豆。在夏天，这里的太阳一直停在天空，我们也是没白天没黑夜地工作，困极了的时候会打个盹，醒来又接着干。通常，我们的早晨是在这几年来搜集的资料堆里度过的，下午则是对历史文献和事件的热烈探讨，晚上则是汇总一天的研究成果。当然，点缀我们工作节奏的是无数杯茶，让我们清醒和知足的茶。

要感谢的人实在是太多了。尽管我们会列出一长串的名字，感谢他们为这本书的写成给予的帮助，但以各种方式帮助我们，却没有列入这个名单的朋友要多得多。首先，我们要感谢 Thames & Hudson 公司的责编 Colin Ridler，他以独特的视角和精辟的分析，帮助我们把大量的史料和想法分门别类。没有他的指导，我们或许还会在成山的资料面前踯躅不前。在将冗长的书稿整理成书的最后阶段，Ben Plumridge 删繁就简，体现了精干的才学。在力图使本书成为一本精品佳作的过程中，他对于细节和完整性的关注贡献巨大。Louise Thomas 作为美工编辑，同样扮演着非常关键的角色。由于他的才思和能力，在大量图稿中搜集选配本书的插图对他而言成了庖丁解牛的工作。我们还要感谢 Celia Falconer 为本书印制、Therse Vandling 为本书设计排版以及出版社其他员工为本书出版所作的大量工作。

我们在瑞典北部工作期间，Thomas Lee Mair 和我们在一起，承担了大量工作，担当了各种角色：厨师、砍柴工、渔夫，当然还是快乐的伙伴。当然，在我们在山间溪涧和森林中推进这一项目的过程中，Thomas 的贡献远不止这些。Thomas 对于自己的领域有独特的心得，核查了很多资料，并为我们提供了很多有趣有益的细节。没有他的帮助，我们可能永远也不会发现这些细节。另外，他还为我们的茶的资料室增添了很多实物。

我们要感谢的朋友和同事还包括：Anthony Addison, Thomas Allsen, Christoph Anderl, Urs App, Kathlene Badanza, Ahmad Bashi, Robert S. Bauer, William Baxter, Christopher Beckwith, Mark Bender, Ross Bender, James Benn, Rostislav Berezkin, Heike Bodeker, David Branner, Francesco Brighenti, Josh Capitanio, Michael Carr, Abraham Chan, Frank Chance, Linda Chance, Che-Chia Chang, S. K. Chaudhuri, Alvin Chia, Hugh Clark, W. South Coblin, Luke Collins, Carol Conti-Entin, Nicola Di Cosmo, Patricia Crone, Pamela Crossley, George Van Driem, Machael Drompp, Mark Elliot, Johan Elverskog, Joakim Envall, Wayne Farris, Magnus Fiskesjö, Philippe Foret, T. Griffith Foulk, Piet Gaarthuis, Naga Ganesan, Hank Glassman, Peter B. Golden, Carrie Gracie, David Graff, Patricia J. Graham, William Granara, Alvin Grundström, Natasha Gunchenko, William Hanaway, Zev Handel, William C. Hannas, Stevan Harrell, John E. Herman, Wilma Heston, Wolfhart Heinrichs, Brigitta Hoh, Hsu Der-Sheng, Juha Janhunen, Åke Johansson, Matthew Kapstein, Arthur Karp, Gaetano Kazuo Maida, Brian Keeley, John Kieschnick, Leonard van der Kuijp, Hiroshi Kumamoto, William Lafleur, Lin Chang-Kuan, Pär Linder, Peter Lorge, Joseph Lowry, Pavel Lurje, Philip Lutgendorf, Timothy May, Laetitia

Marionneau, John Mcrae, John N. Miksic, Pardis Minuchehr, David Morgan, Susan Naquin, Ruji Niu, Jerry Norman, Steven Owyoung, Roger Pearson, Peter C. Perdue, Rodo Pfister, Frances Pritchett, S. Robert Ramsey, Donald Ringe, Paula Roberts, Staffan Rosen, Morris Rossabi, Laurent Sagart, Harold Schiffman, Susanne Schönström, Sxel Schuessler, Tansen Sen, Paul Sidwell, Nicholas Sims-Williams, Prods Oktor Skjarvo, Marie-Christine Skuncke, Jonathan Smith, Elliot Sperling, Brian Spooner, Krishnan Srinivasan, Jan Stenvall, Devin Stewart, Hoong Teik Toh, Joost Tenberge, Michele Thompson, Tseng Yu-Hui, James Unger, Urban Vännberg, Geoff Wade, Justin Watkins, Daniel Waugh, Julie Wei, Julian Wheatley, Endymion Wilkinson, Jack Wills, Christian Wittern, Frances Wood, Jonathan Wright, Duan Xingyan, Kovio Zanini, Peter Zieme。

特别要感谢来自克佑植物园的 Mark Nesbitt，他帮助我们修正了专业上的错误。如果其中还有错误，责任当然由作者承担。梅维恒还要特别向瑞典高等研究院，向对书稿提出批评建议的 Gayle Bodorf、张立青表示感谢。郝也麟还要特别向一直支持他工作的 Kit Ping，向为他检索瑞典大学图书馆文献时提供帮助的 Sorsele 图书馆的员工，向在寒冷的北极冬日带来温暖与光明的 Eva 和 Stig Vännberg 表示衷心感谢。

梅维恒、郝也麟

中文参考书目

陈焕堂、林世煜:《台湾茶》,台北:猫头鹰出版社,2001。

廖宝秀:《也可以清心:茶器、茶事、茶画》,台北:台北故宫博物院,2002。

黎树添:《五代社会生活与茶》,香港:香港大学,硕士论文,1971。

刘润和:《宋代之茶榷对社会经济的影响》,香港:香港大学,硕士论文,1972。

滕军:《中日茶文化交流史》,北京:人民出版社,2004。

黄康显:《清季西藏与四川等地茶叶贸易之史的分析》,香港:香港大学,硕士论文,1966。

吴存浩:《中国农业史》,北京:警官教育出版社,1996。

朱自振:《茶史初探》,北京:中国农业出版社,1996。

李时珍:《本草纲目》,罗希文英译,北京:外文出版社,2003。

老舍:《茶馆》(三幕话剧),John Howard Gibbon 英译,北京:外文出版社,1980。

陆羽:《茶经》,Carpenter, F.R. 英译,Boston:Little, Brown & Co., 1974。

马欢:《瀛涯胜览》,Mills, J.V.G. 英译注,Hakluyt Society Extra Series 第 42 本,London:Cambridge University Press。

杨衒之:《洛阳伽蓝记》,王伊同英译,Princeton:Princeton University Press, 1984。

英文参考书目

Allsen, T.T. 2001. *Culture and Conquest in Mongol Eurasia.* Cambridge: Cambridge University Press.

Anderson, J. 1991. *An Introduction to the Japanese Way of Tea.* Albany: State University of New York Press.

Aubaile-Sallenave, F. 2005. "Le Thé, un Essai de sa Diffusion dans le Monde Musulman." In S. Bahuchet, and P. de Maret (eds.), *El Banquete de las Palabras: La Alimentación de los Textos Árabes.* Madrid: Consejo Superior de Investigaciones Científicas, 153–191.

Avery, M. 2003. *The Tea Road: China and Russia Meet Across the Steppe.* Beijing: China Intercontinental.

Baddeley, J.F. 1964. *Russia, Mongolia, China.* New York: Burt Franklin.

Ball, J.D. 1904 (4th ed. rev.). *Things Chinese.* London: Murray.

Ball, S. 1848. *An Account of the Cultivation and Manufacture of Tea in China.* London: Longman, Brown, Green, and Longmans.

Bawden, C.R. (tr.). 1961. *The Jebtsundamba Khutukhtus of Urga: Text, Translation and Notes.* Wiesbaden: Otto Harrassowitz.

Bell, C. 1928. *The People of Tibet.* Oxford: Clarendon.

Benn, C. 2002. *Daily Life in Traditional China: The Tang Dynasty.* London: Greenwood.

Benn, J.A. 2005. "Buddhism, Alcohol, and Tea in Medieval China." In R. Sterckx (ed.), *Of Tripod and Palate: Food, Politics and Religion in Traditional China.* New York: Palgrave Macmillan, 213–236.

Blofeld, J. 1985. *The Chinese Art of Tea.* Boston: Shambala.

Bodart, B.M. 1977. "Tea and Counsel: The Political Role of Sen Rikyū," *Monumenta Nipponica*, 32.1, 49–74.

Boswell, J. 1792 (2 vols.). *The Life of Samuel Johnson, LL.D.* London: Charles Dilly.

Boxer, C.R. 1948. *Fidalgos in the Far East 1550–1770: Fact and Fancy in the History of Macao.* The Hague: Martinus Nijhoff.

——— 1965. *The Dutch Seaborne Empire 1600–1800.* London: Hutchinson & Co.

Brinkley, F. 1903–1904. *Japan: Its History and Culture.* London: T.C. & E.C. Jack.

Bruce, C.A. 1838. *An Account of the Manufacture of the Black Tea, as Now Practised at Suddeya in Upper Assam...* Calcutta: G.H. Huttmann.

Brunot, L., and E. Malka. 1939. *Textes Judéo-Arabes des Fès.* Vol. XXXIII. Rabat: L'institut des Hautes Études Marocaines.

Burnes, A. 1973. *Travels into Bokhara: Together with a Narrative of a Voyage on the Indus.* London: Oxford University Press.

Burton, A. 1997. *The Bukharans: A Dynastic, Diplomatic and Commercial History 1550–1702.* New York: St. Martin's.

Butel, P. 1989. *Histoire du Thé.* Paris: Les Éditions Desjonquères.

Cammann, S.V.R. 1951. *Trade Through the Himalayas.* Princeton: Princeton University Press.

Campbell, D. 1735. "A POEM upon TEA. Wherein its Antiquity, its several Virtues and Influences are set forth, and the Wisdom of the sober sex commended in chusing so mild a Liquor for their Entertainments. Likewise, the reason why the Ladies protest against all Imposing Liquors, and the Vulgar Terms used by the Followers of Bacchus. Also, the Objections against TEA, answered; the Complaint of the Fair Sex redress'd, and the best way of proceeding in Love-Affairs. Together with the sincere Courtship of DICK and AMY, &c." Printed, and sold by Mrs. Dodd; J. Roberts; J. Wilcox; J. Oswald; W. Hinchliff [and 5 others] in London.

Carpenter, F.R. (tr.). 1974. *The Classic of Tea. By Lu Yu.* Boston: Little, Brown and Co.

Cave, H.W. 1900. *Golden Tips: A Description of Ceylon and Its Great Tea Industry.* London: Sampson Low, Marston and Co.

Ceresa, M. 1993. "Discussing an Early Reference to Tea Drinking in China: Wang Bao's *Tong Yue*," *Annali di ca Foscari, Rivista Della Facoltà di Lingue e Letterature Straniere Dell'Università di Venezia*, 32.3, 203–211.

Chan, H. 1979. "Tea Production and Tea Trade under the Jurchin-Chin Dynasty." In *Studia Sino-Mongolica: Festschrift für Herbert Franke*, Münchener Ostasiatische Studien 25. Wiesbaden: Franz Steiner Verlag, 109–125.

Chang, K.C. (ed.). 1977. *Food in Chinese Culture: Anthropological and Historical Perspectives.* New Haven: Yale University Press.

Chang, T.T. 1933 (rpt. 1969). *Sino-Portuguese Trade from 1514 to 1644: A Synthesis of Portuguese and Chinese Sources.* Leiden: E.J. Brill.

Chen, H., and S. Lin. 2001. *Formosa Oolong Tea.* Taipei: Maotouying.

Chow, K., and I. Kramer. 1990. *All the Tea in China.* San Francisco: China Books and Periodicals.

Clark, A.H. 1911. *The Clipper Ship Era: An Epitome of Famous American and British Clipper Ships, Their Owners, Builders, Commanders and Crews, 1843–1869.* New York: G.P.

Putnam's Sons.
Coe, S.D., and M.D. Coe. 1996. *The True History of Chocolate.* London and New York: Thames & Hudson.
Cooper, M. (tr., ed., and annot.). 1973. *This Island of Japon: João Rodrigues' Account of 16th-century Japan.* Tokyo: Kodansha International.
Cousins, D., and M.A. Huffman. "Medical Properties in the Diet of Gorillas — An Ethnopharmacological Evaluation," *African Study Monographs,* 23 (2002), 65–89.
Creel, H.G. 1965. "The Role of the Horse in Chinese History," *The American Historical Review,* 83.3, 647–72.
Crossley, P.K. 1997. *The Manchus.* Cambridge, MA: Blackwell.
Curtin, J. 1908. *The Mongols.* Boston: Little, Brown and Co.
Davidson, J.W. 1903. *The Island of Formosa: Past and Present.* London and New York: Macmillan & Co.
Desideri, I. 1937. *An Account of Tibet: The Travels of Ippolito Desideri of Pistoia, S.J., 1712–1727.* F. de Filippi (ed.). London: G. Routledge & Sons.
Diffie, B.W., and G.D. Winius. 1977. *Foundations of the Portuguese Empire 1415–1480.* St. Paul: University of Minnesota Press.
Dikötter, F., L. Laamann, and X. Zhou. 2004. *Narcotic Culture: A History of Drugs in China.* London: Hurst & Co.
Doerfer, G. 1967. *Türkische und mongolische Elemente im Neupersischen, unter besonderer Berücksichtigung älterer neupersischer Geschichtsquellen, vor allem der Mongolen- und Timuridenzeit. Band III: Türkische Elemente im Neupersischen.* Wiesbaden: Franz Steiner.
Doughty, C.M. 1923. *Travels in Arabia Deserta.* London: Cape.
Douglas, C. 1899. *Chinese-English Dictionary of the Vernacular or Spoken Language of Amoy, with the Principal Variations of the Chang-chew and Chin-chew Dialects.* London: Presbyterian Church of England.
Drake, G. (tr. and annot.) 2002. *Linnés Avhandling Potus Theae 1765.* By C. Linnaeus. Uppsala: Svenska Linnésällskapet.
Duveyrier, H. 1864. *Les Touâreg du Nord: Exploration du Sahara.* Paris: Challamel Aîné.
Eden, T. 1958. *Tea.* London: Longmans, Green.
Elverskog, J. 2003. *The Jewel Translucent Sūtra: Altan Khan and the Mongols in the Sixteenth Century.* Leiden: Brill.
Elwood, E.S. 1934. *Economic Plants.* New York and London: D. Appleton-Century Co.
Etherington, D.M., and K. Forster. 1993. *Green Gold: The Political Economy of China's Post-1949 Tea Industry.* Hong Kong: Oxford University Press.
Evans, J. 1992. *Tea in China: The History of China's National Drink.* New York: Greenwood.
Farrington, A. 1991 (2 vols.). *The English Factory in Japan, 1613–1623.* London: The British Library.
Ferguson, J. 1887. *Ceylon in the "Jubilee Year."* London: John Haddon & Co.
Fitzpatrick, A.L. 1990. *The Great Russian Fair: Nizhnii Novgorod 1840–1890.* London: Macmillan.
Fitzpatrick, F.L. 1964. *Our Plant Resources.* New York: Holt, Rinehart, and Winston.
Forrest, D.M. 1967. *A Hundred Years of Ceylon Tea. 1867–1967.* London: Chatto & Windus.
———1973. *Tea for the British: The Social and Economic History of a Famous Trade.* London: Chatto & Windus.

Fortune, R. 1847. *Three Years' Wanderings in the Northern Provinces of China.* London: John Murray.
Furber, H. 1976. *Rival Empires of Trade in the Orient 1600–1800.* Minneapolis: University of Minnesota Press.
Galton, F. 1914–1930 (4 vols.). *The Life, Letters, and Labours of Francis Galton.* Karl Pearson (ed.). Cambridge: Cambridge University Press.
Gardella, R. 1994. *Harvesting Mountains: Fujian and the China Tea Trade, 1757–1937.* Berkeley and Los Angeles: University of California Press.
Gilmour, J. 1888. *Among the Mongols.* London: Religious Tract Society.
Gilodo, A.A. 1991. *Russian Samovar.* Moscow: Sovetskaja Rossija.
Glamann, K. 1958. *Dutch-Asiatic Trade 1620–1740.* The Hague: Martinus Nijhoff.
Gompertz, G.St.G.M. 1958. *Chinese Celadon Wares.* London: Faber & Faber.
Goodman, J., P.E. Lovejoy, and A. Sherratt (eds.). 1995. *Consuming Habits: Drugs in History and Anthropology.* London: Routledge.
Gordon, G.J. 1835. "Journal of an Attempted Ascent of the Min River to Visit the Tea Plantations of the Fuh-kin Province of China," *Journal of the Asiatic Society of Bengal,* 4, 553–564.
Graham, P.J. 1998. *Tea of the Sages: The Art of Sencha.* Honolulu: University of Hawai'i Press.
Griffiths, P. 1967. *The History of the Indian Tea Industry.* London: Weidenfeld and Nicolson.
Gronewold, S.E. 1984. "Yankee Doodle Went to China," *Natural History,* 93.2, 62–74.
Hanes, W.T., and F. Sanello. 2002. *Opium Wars: The Addiction of One Empire and the Corruption of Another.* Naperville: Sourcebooks.
Hanway, J. 1756. *A Journal of Eight Days Journey from Portsmouth to Kingston upon Thames.... To which is added, An Essay on Tea....* London: Printed by H. Woodfall.
Harler, C.R. 1956 (2nd ed.). *The Culture and Marketing of Tea.* London: Oxford University Press.
Herlihy, P. 2002. *The Alcoholic Empire: Vodka & Politics in Late Imperial Russia.* Oxford: Oxford University Press.
Hill, A.F. 1952. *Economic Botany: A Textbook of Useful Plants and Plant Products.* New York: McGraw-Hill.
Hirota, D. (ed.). 1995. *Winds in the Pines: Classic Writings of the Way of Tea as a Buddhist Path.* Freemont, CA: Asian Humanities.
Hirth, F., and W.W. Rockhill (tr. and annot.). 1911. *Chau Ju-kua: His Work on the Chinese and Arab Trade in the Twelfth and Thirteenth Centuries, entitled Chu-fan-chï.* St. Petersburg: Imperial Academy of Science.
Hobhouse, H. 1999. *Seeds of Change: Six Plants that Transformed Mankind.* London: Papermac.
Holes, C. 1996. "The Dispute of Coffee and Tea. A Debate-poem from the Gulf." In J.R. Smart (ed.), *Tradition and Modernity in Arabic Language and Literature,* Richmond: Curzon, 302–315.
Holtzman, J.D. 2003. "In A Cup Of Tea: Commodities and History among Samburu Pastoralists in Northern Kenya," *American Ethnologist,* 30.1, 136–155.

Honey, W.B. 1946. *Dresden China: An Introduction to the Study of Meissen Porcelain.* London: Adam and Charles Black.
Houssaye, J.G. 1843. *Monographie du thé: Description botanique, torréfaction, composition chimique, propriétés hygiéniques de cette feuille.* Paris: Chez l'auteur.
Huang, H.T. 2000. "Tea Processing and Utilisation." In *Science and Civilisation in China.* Volume 6, part 5. Cambridge: Cambridge University Press, 503–570.
Huc, É.R. 1925 (2 vols.). *Souvenirs d'un voyage dans la Tartarie, le Thibet et la Chine.* Paris: Plon-Nourrit.
Hudson, C.M. 1979. *Black Drink: A Native American Tea.* Athens, Georgia: University of Georgia Press.
Israel, J.I. 1989. *Dutch Primacy in World Trade 1585–1740.* Oxford: Clarendon.
Ivanov, M. 2001. "Steeped in Tradition," *Russian Life*, 58–63.
Izikowitz, K.G. 1951. *Lamet Hill Peasants in French Indochina.* Gothenburg: Etnografiska Museet.
Jacob, H.E. 1935. *Coffee: The Epic of a Commodity.* New York: Viking.
Jacobs, E.M. 1991. *In Pursuit of Pepper and Tea: The Story of the Dutch East India Company.* Amsterdam: Netherlands Maritime Museum.
Jagchid, S., and C.R. Bowden. 1965. "Some Notes on the Horse Policy of the Mongol Dynasty," *Central Asiatic Journal*, 10, 246–268.
Jarring, G. 1993. *Stimulants Among the Turks of Eastern Turkestan. An Eastern Turki Text Edited with Translation, Notes and Glossary.* Scripta Minora. Lund: Kungl. Humanistiska Vetenskapssamfundet.
Jenkins, G.L. 1941. *The Chemistry of Organic Medicinal Products.* New York: John Wiley and Sons.
Johnson, S. 1757. "Review of 'A Journal of Eight Days Journey'...," *Literary Magazine*, Vol II, No. xiii, 333–348.
Kato, E. 2004. *The Tea Ceremony and Women's Empowerment in Modern Japan: Bodies Re-Presenting the Past.* London: RoutledgeCurzon.
Kaufmann, T. 1989. *Un Drint'n Koppte Tee... Zur Socialgeschichte des Teetrinkens in Ostfriesland.* Aurich: Museumfachstelle Mobile der Ostfriesischen Landschaft.
Keene, D. 2003. *Yoshimasa and the Silver Pavilion: The Creation of the Soul of Japan.* New York: Columbia University Press.
Khamis, S. 2006. "A Taste for Tea: How Tea Travelled to (and Through) Australian Culture," *The Journal of the History of Culture in Australia*, 24, 57–80.
Kieschnick, J. 2003. *The Impact of Buddhism on Chinese Material Culture.* Princeton: Princeton University Press.
Koerner, L. 1999. *Linnaeus: Nature and Nation.* Cambridge, Massachusetts: Harvard University Press.
Labaree, B.W. 1964. *The Boston Tea Party.* Oxford: Oxford University Press.
Lai, S. 1971. "Tea in the Tenth Century: A Study of its Place in Social Life and the Development of its Trade." University of Hong Kong: M.A. thesis.
Lancaster, O. 1944. *The Story of Tea.* London: Tea Centre.
Lane, G. 2006. *Daily Life in the Mongol Empire.* Westport, Connecticut: Greenwood.
Lao, S. 1980. *Teahouse: A Play in Three Acts.* John Howard-Gibbon (tr.). Beijing: Foreign Languages Press.
Lattimore, O. 1928. *The Desert Road to Turkestan.* London: Methuen & Co.
Lau, Y. 1972. "The Patent Laws of Tea and its Impact on the Economy and Society of the Song Dynasty." University of Hong Kong: M.A. thesis.
Laufer, B. 1919. *Chinese Contributions to the History of Civilization in Ancient Iran. With Special Reference to the History of Cultivated Plants and Products.* Publication 201, Anthropological Series, Vol. XV, No. 3. Chicago: Field Museum of Natural History.
Lempriere, W. 1791. *A Tour from Gibraltar to Tangier, Sallee, Mogodore, Santa Cruz, Tarudant, and Thence over Mount Atlas to Morocco: including a particular account of the royal harem, &c.* London: Printed for the author, and sold by J. Walter, J. Johnson, and J. Sewell.
Lettsom, J.C. 1772. *The Natural History of the Tea-tree.* London.
Lewis, W.H., and M.P.F. Lewis. 2003. *Medical Botany. Plants Affecting Human Health.* Hoboken, N.J.: John Wiley & Sons.
Li, S. 2003. *Compendium of Materia Medica.* Beijing: Foreign Languages Press.
Liao, B. 2002. *Vessels, Replenished Minds: The Culture, Practice and Art of Tea.* Taipei: National Palace Museum.
Lipton, T.J. 1931. *Leaves from the Lipton Logs.* London: Hutchinson & Co.
Liu, Y. 2007. *The Dutch East India Company's Tea Trade with China, 1757–1781.* Leiden: Brill.
Lubbock, B. 1919 (4th ed.). *The China Clippers.* Glasgow: J. Brown and Son.
Ludwig, T.M. 1974. "The Way of Tea: A Religio-Aesthetic Mode of Life," *History of Religions*, 14.1, 28–50.
——— 1981. "Before Rikyū: Religious and Aesthetic Influences in the Early History of the Tea Ceremony," *Monumenta Nipponica*, 36.4, 367–390.
Macfarlane, A. 2004. *Green Gold: The Empire of Tea.* London: Ebury.
MacGregor, D.R. 1983 (2nd ed.). *The Tea Clippers: Their History and Development 1833–1875.* London: Conway Maritime Press.
Mack, G.R., and A. Surina. 2005. *Food Culture in Russia and Central Asia.* Westport: Greenwood.
Mackerras, C. 1972. *The Uighur Empire According to the T'ang Dynastic Histories: A Study in Sino-Uighur Relations 744–840.* Canberra: Australian National University Press.
Mair, V.H., ed. 1994. *The Columbia Anthology of Traditional Chinese Literature.* New York: Columbia University Press.
Mason, S. 1745. *The Good and Bad Effects of Tea Consider'd.* London: Printed for M. Cooper.
Mather, R.B. (tr., intro., and annot.). 1976. *Shih-shuo Hsin-yü. A New Account of Tales of the World.* By Liu I-ching, with commentary by Liu Chün. Minneapolis: University of Minneapolis Press.
Matthee, R. 1996. "From Coffee to Tea: Shifting Patterns of Consumption in Qajar Iran," *Journal of World History*, 7.2.
Medley, M. 1976. *The Chinese Potter: A Practical History of Chinese Ceramics.* Oxford: Phaidon.
Miege, J.L. 1957. "Origine et Developpement de la Consommation du Thé au Maroc," *Bulletin Économique et Social du Maroc*, 20.71.
Mills, J.V.G. (tr. and annot.). 1970. *Ying-yai sheng-lan: "The Overall Survey of the Ocean's Shores."* By Ma Huan. Hakluyt Society, Extra Series, no. 42. London: Cambridge University Press.

Millward, J.A. 1998. *Beyond the Pass. Economy, Ethnicity and Empire in Qing Central Asia, 1759–1864.* Stanford: Stanford University Press.

Mintz, S.W. 1985. *Sweetness and Power: The Place of Sugar in Modern History.* New York: Viking Penguin.

Morton, W.S. 1994 (3rd ed.). *Japan: Its History and Culture.* New York: McGraw-Hill.

Mote, F.W. 1999. *Imperial China 900–1800.* Cambridge, MA: Harvard University Press.

Moxham, R. 2003. *Tea: Addiction, Exploitation and Empire.* New York: Carroll & Graf.

Mui, H., and L.H. Mui (eds.). 1973. *William Melrose in China 1845–1855: The Letters of a Scottish Tea Merchant.* Edinburgh: T. and A. Constable.

Murdoch, J. 1903–1926. *A History of Japan.* Yokohama: Kelly & Walsh.

Nathanson, J.A. 1984. "Caffeine and Related Methylxanthines: Possible Naturally Occurring Pesticides," *Science,* 226:4671, 184–187.

Okakura, K. 1989. *The Book of Tea.* Tokyo: Kodansha International.

Ovington, J. 1699. *An Essay Upon the Nature and Qualities of Tea.* London: Printed by R. Roberts.

Painter, G.D. 1989. *Marcel Proust.* London: Chatto & Windus.

Parkes, H. 1854. "Report on the Russian Caravan Trade with China," *Journal of the Royal Geographical Society of London,* 24, 306–312.

Parmentier, J. 1996. *Tea Time in Flanders: The Maritime Trade Between the Southern Netherlands and China in the 18th Century.* Bruges-Zeebrugge: Ludion.

Paulli, S. 1746. *A Treatise On Tobacco, Tea, Coffee, and Chocolate: In which the advantages and disadvantages attending the use of these commodities are … considered. … The Whole Illustrated with Copper Plates, exhibiting the Tea Utensils of the Chinese and Persians.* Dr. James (tr.). London: T. Osborne.

Perdue, P. 2005. *China Marches West: The Qing Conquest of Central Eurasia.* Cambridge, MA: Harvard University Press.

Pettigrew, J. 2001. *A Social History of Tea.* London: The National Trust.

Pitelka, M. (ed.). 2003. *Japanese Tea Culture: Art, History and Practice.* New York: RoutledgeCurzon.

Plutschow, H.E. 1986. *Historical Chanoyu.* Tokyo: The Japan Times.

——2003. *Rediscovering Rikyū and the Beginnings of the Japanese Tea Ceremony.* Kent: Global Oriental.

Pomet, P. 1694 (3 vols. in 1). *Histoire Générale des Drogues, Traitant des Plantes, des Animaux & des Mineraux.…* Paris: J. B Loyson.

Pregadio, F. 2006. *Great Clarity: Daoism and Alchemy in Early Medieval China.* Stanford: Stanford University Press.

Purseglove, J.W. 1968 (2 vols.). *Tropical Crops: Dicotyledons.* New York: John Wiley and Sons.

Raji, N.K. 2003. *L'Art du Thé au Maroc: Traditions, Rituels, Symboles.* Paris: ACR Édition.

Reppler, A. 1932. *To Think of Tea.* Boston: Houghton Mifflin.

Richardson, H. 1962. *Tibet and Its History.* London: Oxford University Press.

——1998. *High Peaks, Pure Earth: Collected Writings on Tibetan History and Culture.* London: Serindia.

Robbins, M. 1974. "The Inland Fukien Tea Industry: Five Dynasties to the Opium War," *Transactions of the International Conference of Orientalists in Japan,* 19, 121–142.

Rockhill, W.W. 1891. *The Land of the Lamas.* London: Longman, Green and Co.

Rossabi, M. 1970. "The Tea and Horse Trade with Inner Asia during the Ming," *Journal of Asian History,* 4, 136–168.

——(ed.). 1983. *China Among Equals: The Middle Kingdom and Its Neighbors, 10th–14th Centuries.* Berkeley: University of California Press.

Rosthorn, A. de. 1895. *On the Tea Cultivation in Western Ssŭch'uan and the Tea Trade with Tibet viâ Tachienlu.* London: Luzac & Co.

Royle, J.F. 1850. "Report on the Progress of the Culture of the Chinese Tea Plant in the Himalayas from 1835 to 1847," *Journal of the Agricultural and Horticultural Society of India,* 7, 11–41.

Sadler, A.L. 1934. *Cha-No-Yu: The Japanese Tea Ceremony.* Kobe: J.L. Thompson; London: Kegan, Paul, Trench, Trubner & Co.

Sage, S.F. 1992. *Ancient Sichuan and the Unification of China.* Albany: State University of New York Press.

Schafer, E.H. 1967. *The Vermilion Bird: T'ang Images of the South.* Berkeley and Los Angeles: University of California Press.

Sealy, R.J. 1958. *A Revision of the Genus Camellia.* London: The Royal Horticultural Society.

Sen Sōshitsu XV. 1998. *The Japanese Way of Tea: From Its Origins in China to Sen Rikyū.* V. Dixon Morris (tr.); P.H. Varley (foreword). Honolulu: University of Hawai'i Press.

Serruys, H. 1963. "Early Lamaism in Mongolia," *Oriens Extremus,* Jahrgang 10, 181–216.

——1975. "Sino-Mongol Trade during the Ming," *Journal of Asian History,* 9.1, 34–55.

Shaw, R. 1871. *Visits to High Tartary, Yârkand, and Kâshgar (Formerly Chinese Tartary), and Return Journey over the Karakoram Pass.* London: John Murray.

Shaw, S. 1900. *History of the Staffordshire Potteries.* London: Scott, Greenwood & Co.

Shewan, A. 1927. *The Great Days of Sail: Some Reminiscences of a Tea-Clipper Captain.* London: Heath Cranton.

Short, T. 1730. *A Dissertation Upon Tea, Explaining Its Nature and Properties by Many New Experiments, and Demonstrating from Philosophical Principles, the Various Effects It Has on Different Constitutions.* London: W. Bowyer, for Fletcher Gyles.

Sladkovskii, M.I. 1966. *History of Economic Relations Between Russia and China.* Jerusalem: Israel Program for Scientific Translations.

Smith, P.J. 1991. *Taxing Heaven's Storehouse: Horses, Bureaucrats, and the Destruction of the Sichuan Tea Industry 1074–1224.* Cambridge, MA: Council on East Asian Studies, Harvard University.

Smith, R.E.F., and D. Christian. 1984. *Bread and Salt: A Social and Economic History of Food and Drink in Russia.* Cambridge: Cambridge University Press.

Spengen, W. van. 1992. "Tibetan Border Worlds: A Geo-historical Analysis of Trade and Traders." University of Amsterdam: Ph.D. thesis.

Standage, T. 2007. *A History of the World in Six Glasses*. London: Atlantic Books.
Staunton, G.T. 1821. *Narrative of the Chinese Embassy to the Khan of the Tourgouth Tartars*. London: John Murray.
Suzuki, D.T. 1970. *Zen and Japanese Culture*. Princeton: Princeton University Press.
Tapper, R., and S. Zubaida (eds.). 1994. *Culinary Cultures of the Middle East*. London: I.B. Tauris.
Tea on Service. 1947. Introduced by Admiral Lord Mountevans and Lord Woolton. London: The Tea Centre.
Teng, J. 2004. *Zhong-Ri Cha Wenhua Jiaoliu Shi* ("A History of Sino-Japanese Tea Culture Exchanges"). Beijing: Renmin.
Torniainen, M. 2000. *From Austere Wabi to Golden Wabi: Philosophical and Aesthetic Aspects of Wabi in the Way of Tea*. Helsinki: Finnish Oriental Society.
Trotzig, I. 1911. *Cha-No-Yu: Japanernas Teceremoni*. Stockholm: Rikmuseets Etnografiska Avdelning.
Twining, R. 1784. *Observations on the Tea and Window Act, and on the Tea Trade*. London.
Ukers, W. 1935 (2 vols.). *All About Tea*. New York: The Tea and Coffee Trade Journal Company.
Upton Tea Quarterly, 14.4 (2005) to 17.2 (2008).
Van Dyke, P. 2005. *The Canton Trade: Life and Enterprise on the China Coast, 1700–1845*. Hong Kong: Hong Kong University Press.
Varley, P., and Kumakura I. (eds.). 1989. *Tea in Japan*. Honolulu: University of Hawai'i Press.
Waddell, L.A. 1939 (rptd.). *The Buddhism of Tibet*. Cambridge: W. Heffer & Sons, Ltd.
Wakeman, F. 1978. "The Canton Trade and the Opium War." In J. Fairbanks (ed.), *The Cambridge History of China*, Volume 10, part 1. Cambridge: Cambridge University Press, 163–212.
Waldron, J. 1733. *A Satyr Against Tea. Or, Ovington's Essay Upon the Nature and Qualities of Tea, &c. Dissected and Burlesq'd*. Dublin: Printed by Sylvanus Pepyat.
Waley, A. 1958. *The Opium War Through Chinese Eyes*. London: Allen & Unwin.
Wang, L. 2005. *Tea and Chinese Culture*. San Francisco: Long River Press.
Wang, Y. (tr.). 1984. *A Record of Buddhist Monasteries in Lo-yang*. By Yang Hsüan-chih. Princeton: Princeton University Press.
Waugh, M. 1985. *Smuggling in Kent & Sussex 1700–1840*. Newbury, Berkshire: Countryside Books.
Weatherstone, J. 1986. *The Pioneers, 1825–1900: The Early British Tea and Coffee Planters and Their Way of Life*. London: Quiller.
Wesley, J. 1825. *A Letter to a Friend, Concerning Tea*. London: Printed by A. Macintosh.
Wong, H. 1966. "A Historical Analysis of Tibet's Tea Trade with Szechuan and Other Regions in the Ch'ing Dynasty." University of Hong Kong: M.A. thesis.
Wood, F. 1995. *Did Marco Polo Go To China?* London: Martin Secker & Warburg.
Wu, C. 1996. *Zhongguo Nongye Shi* ("A History of Chinese Agriculture"). Beijing: Jingguan Jiaoyu.
Yuan, J.H. 1981. "English Words of Chinese Origin," *Journal of Chinese Linguistics*, 9, 244–286.
——— 1982. "An Anglo-Chinese Glossary," *Journal of Chinese Linguistics*, 10, 108–165.
Yule, H., and A. Coke Burnell. 1886. *Hobson-Jobson: being a glossary of Anglo-Indian colloquial words and phrases, and of kindred terms: etymological, historical, geographical and discursive*. London: John Murray.
Zhu, Z. 1996. *Chashi Chutan* ("An Initial Investigation into the History of Tea"). Beijing: Zhongguo Nongye.
Zhuang, G. 1993. *Tea, Silver, Opium and War: The International Tea Trade and Western Commercial Expansion into China in 1740–1840*. Xiamen: Xiamen University Press.

索 引

A

阿拔斯王朝 Abbasid Caliphs　31
阿贝·瑞纳尔 Reynal, Abbe　152
阿卜杜拉·侯赛因·阿尔卡里 al Qari Abdallah Husayn　232
阿布基尔海战 battle of Aboukir Bay　165
阿楚济巴洛部落 Achuar Jíbaro tribe　5
阿尔伯特·弗雷海尔·冯·塞尔德 Seld, Albert Freiherr von　220
阿尔西斯特号 *Alceste*　172
阿方索·德·阿尔布克尔克 Albuquerque Afonso de　143
阿富汗 Afghanistan/Afghans　4, 17, 56, 128, 130, 131, 136, 140, 228
阿拉伯茶叶 khat　2
阿里·阿克巴 Akbar, Ali　131
阿里苏丹 Ali, Sultan　62
阿美施德 Amherst　172
阿米尔·卡比尔 Kabir, Amir　136
阿普顿茶叶公司 Upton Tea　237
阿萨姆 Assam　5, 9, 11, 12, 137, 140, 151, 189, 190, 191, 192, 194, 195, 196, 198, 200, 201, 204, 211
阿萨姆茶叶公司 Assam Tea Company　192, 194, 200
阿兹特克 Aztecs　7
埃尔姆斯利 Elmslie　227
埃及（人）Egypt/Egyptian　25, 130, 171, 228
埃兰娜号 *Eleanor*　1
埃塞俄比亚 Ethiopia　8, 142
艾德蒙·沃勒 Waller, Edmund　148
艾普森德比 Epsom Derby　217
爱德华·甘力克 Garrick Edward　180
爱德华·马奈 Money, Edward　194
爱德华·温斯洛 Winslow, Edward　183
爱尔兰 Ireland　149, 155, 185, 211, 237
爱里希·施拉德 Schrader, Erich　220
爱玛（汉密尔顿夫人）Hamilton, Lady Emma　165
　　威廉·汉密尔顿爵士 Sir William　165
安德里亚斯·克莱杰尔 Clejer, Andreas　150
安德鲁·斯泰普里 Stapley, Dr. Andrew　238
安德斯·留恩斯泰特 Ljungstedt, Anders　163
安东尼·杰恩逊 Jenkinson, Anthony　132
安禄山 An Lushan　28, 29
安娜·奥斯汀 Austen, Anna　170
俺答汗 Altan Khan　105
奥尔梅克 Olmecs　7
奥古斯特·莫略 Mouliéras, Auguste　134

奥罗特瓦号 Orotava　　203
奥斯曼帝国 Ottoman: Empire　　141, 142
　　突厥人 Turks　　28, 132
澳大利亚人（人）Australia/Australians
　　223, 225
澳门 Macao　　144, 162, 163, 175, 206

B

巴比耶·德·梅纳尔 Meynard, Barbier de　　141
巴达维亚 Batavia　　134, 145, 150
　　泰格运河 Tiger Canal　　150
巴尔的摩 Baltimore　　205
巴格达 Baghdad　　104, 129, 131, 133
巴黎 Paris　　8, 122, 149, 152, 154, 171, 178, 185
　　奥斯曼大街 Boulevard Haussmann　　225
巴洛夫博士 Balov, Dr. A. V.　　127
巴人 Ba people　　14
巴沙·阿哈默德 Ahmad, Basha　　134
巴兹尔·卢伯克 Lubbock, Basil　　208
白茶 white tea　　44, 96, 100, 137
白居易 Bo Juyi　　35
白令海峡 Bering Strait　　115, 186
白牡丹 bai mudan（white peony）　　96
白千层属 melaleuca tree　　11
柏柏尔人 Tuaregs　　135, 239
班禅喇嘛 Panchen Lama　　105
班尼尔·彼得森 Paterson, Banjo　　223
般若露茶 Panyaro tea　　233
坂本屋贯 Hechigan, Sakamotoya　　86
帮会商人，行商 western guild merchants　　118
薄茶 usucha（thin tea）　　84, 85
保罗·里维尔 Revere, Paul　　180, 181, 185
北方通道 North Road　　199
北京 Beijing　　28, 47, 50, 56, 60, 61, 64, 98, 99, 103, 104, 105, 115, 117, 118, 170, 172, 174, 225, 226, 236, 290
北向道陈 Dochin, Kitamuki　　77
北野大茶会 Kitano tea gathering　　85
北苑茶园 Northern Park tea estate　　92

贝德福德公爵夫人 Bedford, Duchess of　　216
备茶 tea preparation　　42, 47, 70, 83, 95, 111, 135, 220, 239, 261
背山工 Giama Rongbas　　110
本茶 honcha　　66, 67, 68, 69, 71, 73, 74, 75, 76, 77, 79, 82, 83, 145, 264
本杰明·法尼尔 Faneuil, Benjamin　　183
本杰明·哈里斯 Harris, Benjamin　　177
本杰明·伍兹·拉伯雷 Labaree, Benjamin Woods　　182
比利茶叶公司 Tea Company　　224
比鲁尼 Al Biruni　　43, 44, 129, 250
比萨·盖姆 Gaum, Beesa　　56, 189, 190
碧螺春茶 biluochun tea　　264
表千家 Omotesenke　　233, 234
别茶 betsugi tea　　42, 78
别茶下 betsugi sosori tea　　78
别所氏 Bessho clan　　80
槟榔 Betel　　1, 2, 3, 52, 92
冰茶 iced tea　　214
兵马俑 terracotta army　　24
波士顿 Boston　　176, 177, 179, 180, 182, 183, 184, 185, 188, 206
　　茶党 Tea Party　　182
波斯（人）Persia/Persians　　133, 136, 138, 204
波特兰 Portland　　236, 237, 238
　　波区 Pearl district　　236
伯爵茶 Earl Grey tea　　237
伯克利勋爵 Berkeley, Lord　　151
不列颠 Britain/British　　155, 185, 219
不列颠香港茶叶公司 British Hong Kong Tea Company　　219
布达拉宫 Potala Palace　　106
布哈拉 Bukhara　　132, 134, 136, 137
布洛克·邦德茶叶 Brooke Bond tea　　217
嫩芽茶（预消化茶）PG Tips　　222

C

采茶工 tea-pickers　　41, 195

蔡京 Cai Jing　　50
蔡元和 Chae Wonhwa　　233
茶包 tea bag　　110, 131, 232, 233, 237
茶杯 teacups　　91, 95, 99, 120, 127, 133, 140, 141, 163, 170, 172, 208, 216, 220, 227, 229, 230, 231, 234, 235, 236, 239
茶炊 samovars　　114, 120, 121, 122, 123, 124, 126, 128, 136, 140, 141, 232
茶的礼仪 tea etiquette　　120
　　茶礼 Sarei　　69, 135
　　茶仪 Tea ceremony　　220
茶壶 teapots　　64, 88, 90, 95, 107, 112, 121, 124, 127, 134, 135, 137, 140, 141, 151, 152, 157, 158, 168, 172, 180, 181, 183, 187, 203, 208, 211, 229, 232, 234, 237, 239, 264
茶具 tea utensils　　26, 29, 33, 34, 37, 38, 45, 46, 71, 73, 76, 84, 85, 87, 88, 90, 91, 95, 120, 141, 152, 171, 172, 180, 181, 216, 217, 225, 234, 235, 236
茶马司 Tea and Horse Agency　　57, 62
茶室/茶馆 tea houses　　72, 73, 76, 77, 80, 81, 82, 83, 84, 85, 127, 154, 178, 219, 221, 234, 236, 237, 264
茶税 tea tax　　36, 37, 46, 62, 104, 146, 156, 163, 166, 167, 181, 182, 183
茶叶 ja lo　　1, 2, 8, 9, 10, 11, 12, 13, 14, 18, 20, 21, 23, 27, 28, 29, 30, 31, 32, 35, 36, 37, 40, 41, 44, 45, 46, 48, 51, 52, 53, 57, 58, 59, 60, 61, 62, 63, 64, 67, 71, 73, 78, 88, 89, 90, 93, 94, 95, 96, 97, 100, 101, 102, 103, 105, 109, 110, 111, 113, 114, 116, 117, 118, 119, 120, 124, 125, 126, 128, 129, 131, 132, 134, 137, 138, 139, 140, 141, 142, 143, 144, 145, 147, 149, 150, 151, 152, 155, 156, 159, 160, 161, 162, 163, 166, 167, 168, 170, 175, 176, 177, 178, 179, 181, 182, 183, 184, 186, 187, 190, 191, 192, 193, 194, 196, 197, 198, 199, 200, 201, 202, 203, 204, 206, 207, 208, 209, 210, 211, 212, 213, 214, 215, 217, 218, 219, 220, 221, 222, 223, 224, 226, 227, 228, 229, 230, 231, 232, 233, 234, 235, 236, 237, 238, 239, 249, 250, 258, 259, 260, 261, 263, 264, 289
茶与窗户法案 Tea and Window Act　　166, 167
茶园（种植）tea gardens（production）　　26, 41, 78, 92, 128, 137, 191, 192, 194, 195, 196, 198, 199, 200, 201, 202, 203, 226, 227, 228, 235, 236, 239
　　阿鲁拜里茶园（大吉岭）Alubari（Darjeeling）　　194
　　宇治茶园 Uju　　78
茶苑（消费）tea gardens（consumption）　　164, 165, 166, 178, 219
　　茶茗汲水园 Tea Water Pump Garden　　178
　　拉内勒夫茶苑 Ranelagh　　165, 166
　　沃克斯豪尔茶苑 Vauxhall　　164
茶盏 tea bowl　　33, 34, 38, 39, 44, 45, 46, 47, 71
茶砖 brick tea　　63, 100, 102, 106, 107, 110, 111, 112, 113, 119, 126
查尔斯·贝尔 Bell, Charles　　106
查尔斯·达尔文 Darwin, Charles　　211
查尔斯·狄更斯 Dickens, Charles　　169
查尔斯·葛瑞维尔 Greville, Charles　　165
查尔斯·伦尼·麦金托什设计 Mackintosh, Charles Rennie　　221
查尔斯·蒙塔古·道迪 Doughty, Charles Montagu　　138
查尔斯·亚历山大·布鲁斯 Burce, Charles Alexander　　190
查理·马特 Martel, Charles　　129
查理二世 Charles II　　134, 148
侘 wabi　　74, 75, 77, 80, 81, 83, 85, 87, 88
长安（西安）Chang'an/Xi'an　　19, 24, 25, 26, 27, 36, 41
长城 Great Wall　　51, 54, 64, 113
西明寺 Ximing Temple　　27
超级爱尔兰早茶 Super Irish Breakfast tea　　237

炒茶 chao cha　　78, 90, 96, 104, 260
成都 Chengdu　　14, 15, 16, 63
成化 Chenghua　　62
成吉思汗 Chinggis Khan　　59, 60
传教士彼尔特 Biet, Monseigneur　　110
窗户税 Window Tax　　166
瓷器 porcelain　　18, 25, 31, 46, 72, 91, 92, 117, 119, 129, 152, 153, 171, 172, 186, 257
　　法国瓷 porcelaine de France　　171
　　皇家瓷 porcelaine royale　　171
　　景德镇 Jingdezhen　　91, 92, 152, 257
　　青花 blue and white　　74, 91, 92, 220
村田珠光 Shukō, Murata　　73, 75
嵯峨天皇 Saga, Emperor　　27

D

达·伽马 Gama, Vasco da　　142
达赖喇嘛 Dalai Lama　　102, 105, 109, 110
达姆巴特那茶园 Dambatenne tea estate　　203
达特茅斯号 Dartmouth　　183
鞑靼 Tartary/Tartars　　64, 112, 114, 132, 144
打箭炉 Dajianlu　　108, 109, 110, 111
大博弈 Great Game　　136, 137
大冬青树 guayasa holly tree　　5
大吉岭 Darjeeling　　10, 12, 193, 194, 198, 211, 263
大林宗套 Sōtō, Dairin　　74
大篷车（商队）caravans/caravan route　　105, 114, 118, 124, 126, 127, 132, 137, 138, 142, 184
大运河 Grand Canal, Imperial　　23, 24, 43
代夫茶 Ty-phoo Tipps tea　　221
代宗 Dai Zong, Emperor　　26, 35
轪侯 Dai, Marquis of　　18
袋装茶　　233
丹吉尔 Tangier　　133, 134, 135, 148
丹麦（人）Denmark/Danes　　156, 163, 178, 220, 247
丹尼尔·蔡特 Chater, Daniel　　157
丹尼尔·弗农 Vernon, Daniel　　177

丹尼斯·福瑞斯特 Forrest, Denys　　167
丹戎潘丹 Tanjung Pandan　　38
道教 Daoism　　17, 19, 20
道元 Dōgen　　69
德国 Germany　　4, 21, 31, 38, 136, 145, 149, 153, 155, 220
德宗 De Zong, Emperor　　36
邓小平 Deng Xiaoping　　236
迪戈·洛佩兹·塞克拉 Siqueira, Diogo Lopes de　　142
东方号 Oriental　　206
东方美人 Oriental Beauty tea　　235, 236
东弗里西亚茶 East Frisian tea　　220
东京 Tokyo　　86, 234
东印度公司 East Indian Company　　1, 95, 144, 145, 147, 149, 150, 151, 152, 155, 156, 159, 160, 161, 162, 163, 166, 182, 183, 184, 190, 192, 205, 207, 210
斗茶 doucha　　45, 46, 50, 52, 71, 100
杜牧 Du Mu　　36

E

俄亥俄大陆公司 Ohio Land Company　　178
俄勒冈茶 Oregon Chai tea　　231, 237
俄国 Russia　　111, 114, 115, 116, 117, 118, 119, 120, 122, 123, 124, 125, 126, 128, 132, 133, 136, 141, 160
恩格尔伯特·肯普费 Kaempfer, Engelbert　　21

F

发酵面包公司 Aerated Bread Company　　219
法国 French　　4, 7, 8, 10, 14, 110, 111, 119, 134, 142, 145, 156, 162, 163, 165, 171, 178, 179, 185, 225, 226, 234, 238
法国印第安人战争 French and Indian War
法门寺 Famen Temple　　33, 34, 37
法塔赫·阿里·沙阿 Shah, Fath Ali
方济各·沙勿略 Xavier, Francois　　149
访客茶 Besuchstee　　220
非茶 Hicha　　67, 71

非洲 Africa　　12, 153, 211, 215, 230
费城 Philadelphia　　177, 179, 181, 182, 184, 185, 186, 265
费多尔·拜科夫 Baikov, Fedor　　116
费厄凡宁公司 Fear & Vining, Messrs　　206
费尔干纳河谷 Ferghana valley　　55
费尔南·佩雷兹·德·安德拉德 Andrade, Fernão Peres de　　143
丰臣秀吉 Hideyoshi, Toyotomi　　75, 80, 85, 86, 149
冯·霍普肯 Höpken, A.J.von　　161
冯时可 Feng Shike　　11
佛得角 Cape Verde　　215
佛教 Buddhism/Buddhists　　17, 18, 20, 21, 25, 26, 27, 39, 40, 62, 68, 101, 103, 105, 107, 109, 117, 133, 149, 233, 263
　　禅宗 Zen　　21, 38, 39, 40, 68, 69, 73, 88
　　梵文 Sanskrit texts　　17, 21, 103, 133, 233
　　密宗 esoteric　　27
　　寺院 Monasteries　　16, 20, 21, 23, 26, 27, 67, 68, 69, 72, 73, 87, 105, 106, 107, 109
　　藏传 Tibetan　　103, 105, 107
弗朗西斯·高尔顿 Galton, Francis　　211
弗朗西斯·罗奇 Rotch, Francis　　183
弗朗西斯一世 Francis I　　142
弗里德里希·沙勒 Sarre, Friedrich　　31
弗利特利伯·费迪南·伦格 Runge, Friedlieb Ferdinand　　4
弗罗伦丝·斯特里特菲尔德夫人 Streatfield, lady Florence　　193
伏龙佐夫兄弟 Vorontsov brothers　　121
浮雕玉石 Jasper ware　　171
弗拉基米尔·费德罗维奇·奥代夫斯基 Odoevsky, Vladimir Fedorovich　　124
福雷 Foley, E. G.　　7, 204
福特纳姆和玛森商场 Fortnum & Mason　　238, 264
福州 Fuzhou　　39, 176, 212, 213, 214, 215, 255, 289
罗星塔码头 Pagoda Anchorage　　212, 213, 214, 289
傅咸 Fu Xian　　21

G

高加索 Caucasus　　124, 128, 141
高丽王朝 Koryo dynasty　　233
高祖 Gao Zu, Emperor　　22
歌德 Goethe, Johann Wolfgang von　　4
格拉斯哥垂柳茶室 Glasgow: Willow Tea Rooms
格鲁吉亚 Georgia　　128, 131
葛洪 Ge Hong　　19
工业革命 Industrial Revolution　　169, 172, 216
公平贸易茶 Fairtrade tea　　237
贡眉茶 gongmei tea
供春 Gong Chun　　90, 91
古柯 coca　　1, 3
古瓦哈蒂 Gauhati　　192, 193
古伊·帕京 Patin, Guy　　149
骨茶 Rera ja　　46, 111
顾实汗 Gushir Khan　　105
顾炎武 Gu Yanwu　　15
顾渚山贡茶 tribute tea（Guzhu Mountain）　　35, 41
瓜拉那 guarana　　6
瓜拉尼部落 Guaraní tribe　　6
关帝 Guan Di
广州 Canton　　40, 95, 126, 129, 143, 150, 152, 154, 161, 162, 163, 172, 174, 175, 176, 186, 205, 206, 207, 212, 213, 261
　　黄埔港 Whampoa docks

H

哈吉·穆罕默德 Mohammed, Hajji　　143
哈拉和林 Karakorum　　59, 103
哈里·凡肖爵士 Featherstonhaugh, Sir Harry
哈罗德·罗斯 Routh, Harold　　154
哈萨克斯坦 Kazakhstan/Kazaks　　28, 126, 129

海恩里希·爱德华·雅各布 Jacob, Heinrich Eduard　155
海狸号 *Beaver*　1
韩鄂 Han E　35
韩信 Han Xin　90, 95
汉朝 Han dynasty　55, 95
　　东汉 Eastern　17, 33, 56, 95
汉口 Hankow　117, 126, 212
汉宣帝 Xuan of Han, Emperor　16
杭州 Hangzhou　31, 43, 48, 50, 51, 176
豪克赫斯特帮 Hawkhurst gang　156
好望角 Good Hope, Cape of　1, 3, 142, 205, 215
浩官混叶茶 Howqua's Mixture　192
合恩角 Cape Horn　92, 206
荷兰 Dutch　2, 119, 128, 134, 142, 144, 145, 146, 147, 149, 150, 152, 154, 156, 159, 163, 177, 178, 204, 220, 247, 248, 249, 261
赫尔伯德茶庄 Hellbodde Tea Estate　238
黑色玄武岩 Black Basalt ware　171
亨利·杜维里埃 Duveyrier, Henri　238
亨利·卡迪尔·布雷森 Bresson, Henri Cartier　226
亨利·佩莱姆 Pelham, Henry　180
亨利·肖 Shore, Henry　162
弘治 Hongzhi, Emperor　62
红茶 Black tea　2, 11, 12, 93, 95, 96, 100, 118, 126, 130, 140, 141, 151, 167, 168, 169, 186, 190, 192, 203, 204, 207, 221, 223, 228, 234, 237, 249, 263
洪武 Hongwu, Emperor　60, 61, 90, 91
忽必烈汗 Khubilai Khan　59, 130, 131
胡安·迪亚斯·德·索利斯 Solís, Juan Díaz de　6
胡克 Huc, Père Evariste Régis　111, 112
花茶 jasmine tea　48, 98, 99, 236
华尔兹·马蒂达 Matilda, Waltzing　223, 224
黄标茶叶 Yellow Label tea　202
黄茶 yellow tea　97, 100, 113
黄教 Yellow Hats　2, 103, 105

黄巾军 Yellow Turbans　17
黄油 butter　164, 165, 178, 185, 202, 216
灰狗号 *Greyhound*　184
徽宗 Hui Zong, Emperor　48, 50, 58, 96
回纥 Uyghurs　29
惠遵房 Ejunbō　78
霍乱 cholera　192, 199, 212

J

基督教 Christianity　24, 68, 87, 107, 109, 133, 149, 150, 164, 170
吉亚斯·乌德丁 Naqqash, Ghiyathuddin　131
极茶下 *goku* tea　78
加尔各答号 *Calcutta*　191
加勒韦（咖啡馆）Garraway's　146
贾思勰 Jia Sixie　20, 257
煎茶 *sencha*　27, 37, 86, 88, 89, 90, 234
简·贝里 Berlie, Jean　14
建窑 Jian: kilns　45, 46, 71, 91
　　建溪 River　41
　　建窑瓷器 Ware
　　建州地区 Prefecture　45
堺市 Sakai　74, 76, 77, 79
金牌信符 gold tablet tally system　61, 62, 63
晋朝 Jin dynasty　19, 20
　　东晋 Eastern　15, 19
禁酒运动 temperance　127, 169
京都 Kyoto　27, 66, 67, 68, 69, 70, 71, 72, 73, 74, 80, 85, 87, 88, 145
　　本能寺 Honnōji Temple　80
　　大德寺 Daitokuji Temple　69, 73, 87
　　高山寺 Kōznaji Temple　67, 78
景德镇窑 Jingdezhen kilns　91
酒 alcohol　1, 2, 3, 4, 2, 3, 15, 18, 19, 20, 23, 26, 27, 29, 44, 45, 49, 52, 67, 78, 82, 92, 98, 99, 103, 104, 109, 116, 117, 121, 122, 127, 133, 138, 146, 153, 155, 159, 166, 169, 173, 176, 184, 185, 187, 219, 220, 225, 236, 237, 243, 244, 245, 248, 250, 256

艾尔考拉 Alkola　127
伏特加 vodka　127, 236
啤酒 beer（including jiu）　146, 153
葡萄酒 wine　103, 109, 122, 159, 185
清酒 sake　67, 82
威士忌 whiskey　236, 237
以茶代酒 tea as an alternative to　1, 18
君山银针 junshan yinzhen tea　97

K

咖啡 coffee　4, 5, 6, 2, 4, 5, 7, 8, 11, 12, 53, 60, 89, 128, 132, 133, 134, 138, 139, 140, 141, 146, 148, 153, 154, 155, 156, 159, 164, 165, 185, 188, 197, 198, 220, 231, 232, 237, 238, 249, 261, 264
咖啡锈病霉菌 Hemileia vastatrix fungus　197
咖啡因 caffeine　4, 5, 7, 8, 11, 12, 53, 60, 89, 231, 237
卡尔·古斯塔夫·艾克伯格 Ekeberg, Carl Gustaf　161
卡尔·古斯塔夫·耶斯维支 Izikowitz, Karl Gustav　14
卡尔·林奈 Linnaeus, Carl　5, 11
卡尔干 Kalgan　105
卡尔梅克（人）Kalmykia/Kalmyks　115, 117
卡拉斯库尔 Karaskul, Prince　115
卡利卡特 Calicut　142, 197
卡默尔 Camel, G. J.　11
卡瓦酒 kava　2, 3
开封 Kaifeng　29, 50, 57
凯恩格姆号 Cairngorm　208
坎贝尔 Campbell, Dr.　193, 194
康熙 Kangxi　97, 109
康有为 Kang Youwei　225
柯雄和大吉岭茶叶公司 Kurseong and Darjeeling Tea Company　194
科伦坡 Colombo　198, 200, 203
科内利斯·戴克尔 Decker, Cornelis　149
科内利斯·凯撒 Caesar, Cornelis　147
科宁斯比·诺伯里 Norbury, Coningsby　134

可可 cacao　7, 8, 156, 166
可乐果 cola nut　5
克里斯蒂博士 Christie, Dr.　197
克里斯托弗·布拉德 Braad, Christopher　163
克里斯托弗·哥伦布 Columbus, Christopher
客茶 guest tea　71, 220
肯尼亚 Kenya　2, 227, 228
肯特号 Kent　152
空海 Kūkai　27, 28, 64, 67, 68
苦力 coolies　1, 57, 58, 108, 192, 196, 199, 207, 214
库库河屯 Köke-qota　105
快剪船 clippers　5, 205, 206, 207, 208, 209, 212, 213, 214, 215, 222

L

拉布拉多茶 Labrador tea　179
拉法耶特将军 La Fayette, General
拉方丹 La Fontaine　154
拉莫修 Ramusio, Giambattista　143
拉萨 Lhasa　26, 101, 107, 109, 110, 111, 112, 228
拉施德丁 Rashīd al-Din　130, 131
兰司铁 Ramstedt, Gustav John　113
蓝冬青部落 Blue Holly clan　6
郎瑛 Lang Ying　99
朗达玛 Lang Darma　103
朗费罗 Longfellows, Henry Wadsworth　180
老舍 Lao She　225, 226
乐烧茶碗 Raku bowls　83, 84
冷战 Cold War　229, 230
李广利 Li Guangli　55, 56
李楠 Li Nan　63
李时珍 Li Shizhen　16, 99, 100
李延寿 Li Yanshou　118
李自成 Li Zicheng　64
里昂茶室 Lyons Tea Shop　219
里昂公司 J. Lyons & Co.　219
里海 Caspian Sea　117, 130, 132, 136, 140
里千家 Urasenke　233, 234

里特尔船长 Little, Captain R.
理查·考克斯 Cocks, Richard　145
理查·威克汉姆 Wickham, Richard　145
理查德·川宁 Twining, Richard　167
　　托马斯·川宁 Twining, Thomas　154
理查德·克拉克 Clarke, Richard　183
利玛窦 Ricci, Matteo　64
连歌 renga poetry　70, 71, 74, 75, 87
梁朝 Liang dynasty　20
梁启超 Liang Qiqiao　225
林黛玉 Lin Daiyu　99
林则徐 Lin Zexu　174, 175
羚羊号 Ariel　214, 215
刘松年 Liu Songnian　42
刘挚 Liu Zhi　57
鲁勒康德拉种植园 Loolecondera estate　198
鲁斯梯谦 Pisa, Rusticchello da　52
陆若汉 Rodrigues, João　78, 79
陆树声 Lu Shusheng　100
陆羽 Lu Yu　3, 6, 28, 29, 30, 31, 32, 33, 35, 37, 100, 239, 255, 256
伦敦　1, 5, 7, 104, 122, 125, 126, 134, 146, 150, 152, 154, 155, 157, 162, 164, 170, 174, 178, 183, 191, 192, 194, 198, 200, 201, 205, 206, 208, 210, 213, 216, 217, 219, 222, 227, 228, 232, 238, 264
　　东印度码头 East India Docks　215
　　金狮茶室 Golden Lyon tea house　154
　　拉内勒夫茶苑 Ranelagh tea gardens　165, 166
　　商业销售大厅（位于明辛街）Commercial Sales Room, Mincing Lane　192, 200
　　西印度码头 West India Docks　206
　　沃克斯豪尔茶苑 Vauxhall tea gardens　164
罗伯特·布鲁斯 Bruce, Robert　13, 189, 190
罗伯特·福钦 Fortune, Robert　168
罗伯特·莫里斯 Morris, Robert　186
罗伯特·斯蒂尔父子公司 Robert Steele & Son Co.　212

罗伯特·肖 Shaw, Robert　137
罗布藏旺布札勒三 Gegen, Öndür　105
洛阳 Luoyang　17, 19, 21, 22, 23
绿茶 green tea　4, 5, 6, 8, 11, 12, 52, 63, 90, 94, 95, 97, 110, 126, 130, 134, 135, 137, 139, 140, 141, 151, 154, 155, 168, 169, 176, 177, 186, 187, 191, 203, 204, 207, 234, 236, 237, 239, 249, 264
绿茶意式咖啡 green chai latte　237

M

麻黄 ephedra　1, 3, 4, 145
马黛茶 yerba maté　6, 7
马蒂尼斯·德尔格 Draeger, Mathias　38
马欢 Ma Huan　92
马戛尔尼勋爵 Macartney, Lord　170
马可·波罗 Polo, Marco　51, 52, 143
马萨拉茶 masala chai　230, 263
马萨林红衣主教 Mazarin, Cardinal　145
马塞尔·普罗斯特 Proust, Marcel　225
马援 Ma Yuan　55
马扎瓦特 Mazawattee: Ceylon Tea Company　202, 219
玛丽·恩明 Unwin, Mary　170
玛雅 Maya　7
买卖城 Maimaicheng　118, 119
迈森瓷厂 Meissen factory　172
满族 Manchuria/Manchus　97, 113, 116, 154, 164
毛茶 Maocha　94
毛蟹茶 banca tea　137
毛泽东 Mao Zedong　6, 229, 236
美国/美洲 America (s)/Americans　2, 5, 6, 5, 11, 73, 126, 163, 166, 168, 176, 177, 178, 180, 181, 182, 185, 186, 187, 188, 205, 206, 212, 226, 227, 232, 237, 238
　　独立战争 War of Independence　2, 163, 166, 180, 181, 185, 186, 205
　　南北战争 Civil War　187, 212
美洲茶叶公司 Great American Tea Company

187

美洲土著 Native Americans　4, 186
蒙山 Meng Mountain　16, 32, 110
孟德斯鸠 Montesquieu, Charles　8
孟加拉 Bengal　92, 172, 192, 195, 248
梦窗圆印 Kokushi, Muso　69
米内山庸夫 Yonaiyama, Tsuneo　31
缅甸 Burma/Burmese　9, 12, 13, 189, 258, 259, 260
名山茶 Mingshanxian tea　58, 63
明朝 Ming dynasty　3, 60, 61, 62, 64, 88, 90, 91, 92, 93, 96, 97, 100, 105, 147, 243, 245
明帝 Ming Di, Emperor　17
明治维新 Meiji Reformation　234
明智光秀 Mitsuhide, Akechi　80
摩洛哥 Morocco　3, 4, 134, 135, 139, 140, 238, 239, 249
沫饽、乳花 froth　45
莫纳拉康德茶园 Monarakande tea estate
莫萨科里茶园 Mousakellie tea estate
莫斯科 Moscow　4, 114, 116, 117, 119, 121, 127, 131, 132, 133
　　西特罗夫市集 Khitrov Market　127
　　行商 Guild　119, 186
木村蒹葭堂 Kenkadō, Kimura　88
木栅铁观音茶 Mucha Tieguanyin tea
穆莱·哈桑 Hassan, Moulay　139

N

拿破仑 Napoleon　119, 167, 220
　　大陆封锁时期 Continental System　220
那哈科迪亚茶园 Nahakettia tea estate　202
纳尔逊（海军上将）Nelson, Admiral　165, 166
奶 milk　3, 4, 8, 22, 23, 63, 97, 98, 103, 104, 106, 109, 112, 115, 116, 118, 132, 135, 137, 138, 140, 149, 154, 156, 164, 168, 171, 178, 180, 187, 216, 218, 220, 221, 223, 229, 230, 231, 238, 263
　　马奶 Horse　3, 4, 23, 103, 132

奶茶 Milk tea　4, 97, 98, 116, 154, 229, 230, 231, 263
　　丝袜奶茶 Simat naaicha　231
奈良 Nara　73, 77, 78
　　称名寺 Shomoji Temple　77
　　多闻山城 Tamonzan Castle　78
南朝 Southern dynasty　20
南坊宗启 Sōkei, Nambo　80
南京条约 Nanking, Treaty of　176, 212
南浦绍明 Jōmyō, Nampo　69
嫩芽茶 PG Tips　211, 222, 255, 260
尼布楚条约 Nerchinsk, Treaty of　116
尼尔森（茶园主）Nelson（planter）　196
尼可拉斯·德克斯 Dirx, Nikolas　149
倪瓒 Ni Zan　98
鸟居清广 Koyohiro, Torii　79
浓茶 koicha　83, 84, 85, 121, 135, 140, 141, 218, 220
诺尔·斯特里特费尔德 Streatfeild, Noel　227
女王御用瓷 Queen's ware

O

欧阳伦 Ouyang Lun　60
欧洲（人）Europe/Europeans　3, 54, 69, 95, 111, 134, 142, 143, 145, 150, 152, 154, 164, 165, 175, 194, 197, 204

P

帕拉斯号 Pallas　186
帕米尔高原 Pamir mountains　4, 24, 132, 137
裴休 Fei Xiu　36
佩德罗·特谢拉 Teixerra, Pedro　143
佩尔·卡姆 Kalm, Pehr　160, 178
佩里将军 Perry, Commodore　187
澎湖列岛海战 Pescadores, battle of the　147
膨风茶 Pengfeng Cha　235
膨风茶 Bragger's Tea　235
皮埃尔·普密特 Pomet, Pierre　156
皮丁上尉 Pidding, Captain　192
皮亚特科夫·莫尔恰诺夫公司 Piatkov & Molchanov

索 引

285

Co. 127
啤酒（including jiu）beer 146, 153
品茶师 tea-tasters 41, 125, 204, 208, 209, 210, 227, 231
平户 Hirado 67, 144, 145
葡萄酒 wine 103, 109, 122, 159, 185
葡萄牙（人）Portugal/Portugese 142, 143, 150, 153, 163
璞鼎查 Pottinger, Henry 175
普鲁士蓝 Prussian Blue dye 168
普希金 Pushkin, Alexander 114, 124

Q

七年战争 Seven Years War 162
契丹 Khitans 42, 50, 53, 56, 57
契尔伯格 Kilburger 116
契诃夫 Chekhov 122
恰克图条约 Kyakhta, Treaty of 118
千利休 Rikyū, Sen 3, 75, 76, 77, 78, 79, 81, 82, 83, 85, 86, 87, 149, 233
乾隆 Qianlong 97, 98, 170
乔里豪特公司 Jorehaut Company 200
乔纳森·邓肯 Duncan, Johathan 227
乔纳斯·汉韦 Hanway, Jonas 157, 159
乔塞亚·威基伍德 Wedgwood, Josiah 157, 171, 211
乔治·奥托·特里维廉 Trevelyan, Sir George Otto 178
乔治·奥威尔 Orwell, George 229, 238
乔治·华盛顿 Washington, George 178, 185
乔治·罗姆尼 Romney, George 165
乔治·佩因特 Painter, George 225
乔治三世 George III 170
巧克力 chocolate 7, 109, 146, 164, 261
切辛豪斯 Tschirnhaus 153
清茶 ja dongma 90, 97, 99, 106, 111, 220
清朝 Qing dynasty 53, 98, 99, 109, 132, 147, 175, 204
清明节 Qingming Festival 36

R

任瞻 Ren Zhan 19
日本 Japan 2, 3, 4, 5, 6, 21, 27, 31, 37, 44, 64, 65, 66, 67, 68, 69, 70, 71, 72, 73, 74, 75, 76, 77, 78, 79, 80, 81, 82, 83, 85, 86, 87, 88, 89, 90, 116, 126, 144, 145, 147, 149, 150, 160, 176, 187, 204, 221, 225, 232, 233, 234
荣西禅师 Myōan Eisai 67, 68
瑞典 Sweden 5, 11, 14, 116, 118, 160, 161, 162, 163, 178, 247, 265, 266, 267
瑞秋·罗素夫人 Russell, Lady Rachel 154

S

撒马尔罕 Samarqand 4, 131, 132, 134
萨布利耶夫人 Sablière, Madame de la 154
萨克森王奥古斯都二世 Augustus II of Saxony 153
萨缪尔·鲍 Ball, Samuel 95
萨缪尔·霍夫曼斯特 Hoffmeister, Samuel 224
萨缪尔·罗杰斯 Rogers, Samuel 165
萨缪尔·佩皮斯 Pepys, Samuel 146
萨缪尔·肖 Shaw, Samuel 185, 186
萨缪尔·约翰逊 Johnson, Samuel 158, 159
塞夫·塞勒比 Seyfi, Çelebī 132
塞弗尔瓷厂 Sèvres factory 171
塞穆尔·戴维逊 Davidson, Samuel 196
三吊车船坞行 Three Crane Wharf Ltd. 208
沙哈鲁 Shah Rukh 131
沙特阿拉伯 Saudi Arabia 12
厦门 Amoy 95, 176, 248
山本德翁 Tokujun, Tamamoto 89
山茶 camellias 10, 11, 16, 32, 58, 63, 89, 90, 160, 161, 167, 236, 261
山崎之战 Yamazaki, battle of 80
山上宗二 Sōji Yamanoue 85
上海 Shanghai 176, 186, 207, 212, 213, 247, 253, 255

少林寺 Shaolin Temple   21
施琅 Shi Lang   147
史密斯 Smith, A. V.   232
室町幕府时代 Muromachi period   71
手前 temae   5, 82, 234
蜀国 Shu prefecture   14
双份佛手柑伯爵茶 Double Bergamot Earl Grey   237
水沙连山 Shuishalian Mountains   147
税 tax   3, 7, 20, 25, 35, 36, 37, 46, 48, 62, 86, 104, 113, 122, 131, 146, 156, 163, 166, 167, 179, 180, 181, 182, 183, 186, 194
丝绸之路 Silk Road   4, 62, 132
斯大林 Stalin, Joseph   229
斯捷潘·聂维耶罗夫 Nevierov, Stepan   116
斯里兰卡 Sri Lanka   3, 5, 6, 12, 197
松萝 Songluo   90, 92, 93, 95, 148, 151
松萝茶 Singlo tea   93, 151
松屋久正 Hisamasa, Matsuya   77
松永久秀 Hisahide, Matsunaga   78, 79
松赞干布 Srong-tsan Gampo   25, 103
宋朝 Song dynasty   20, 37, 41, 43, 44, 45, 46, 47, 48, 52, 54, 58, 65, 71, 100
　　北宋 Nothern   42, 46, 48, 176
　　南宋 Southern   43, 50, 51, 52, 59
宋祁 Song Qi   57
苏东坡 Su Dongpo   49
苏菲教派 Sufis   2, 8, 133
苏莱曼 Suleyman   40
苏门答腊 Sumatra   38, 172
苏伊士运河 Suez Canal   5, 126, 141
苏廙 Su Yi   37
苏辙 Su Zhe   57
绥利加号 Serica   214, 215
隋朝 Sui dynasty   23
索南嘉措 Sonam Gyatso   105

T

塔克拉玛干沙漠 Taklamakan Desert   4, 1, 62, 137

太平号 Taeping   209, 213, 214, 215
太平天国运动 Taiping Rebellion   212
太清号 Taitsing   214, 215
太宗 Tai Zong, Emperor   25, 26, 46, 56
泰舒茶 Tazo tea   237
昙济 Tan Ji   20
汤普逊 Thompson, A. A.   227
唐朝 Tang dynasty   3, 23, 24, 25, 26, 27, 28, 29, 31, 32, 35, 36, 40, 47, 102, 118
唐纳德·雷德 Reid, Donald   197
唐寅 Tang Yin   100, 101
糖 sugar   7, 8, 94, 109, 110, 114, 127, 133, 135, 137, 138, 140, 141, 145, 148, 153, 161, 167, 168, 177, 180, 187, 210, 212, 216, 220, 221, 223, 229, 230, 231, 237, 239, 263
陶谷 Tao Gu   44
陶弘景 Tao Hongjing   20
特勒戈特南庄园 Tregothanan Estate   238
藤四郎烧 Tōshiro-yaki   69
提尔曼·华特方 Walterfang, Tilman   38
天台宗 Tiantai Sect   27
田昌 Tian Chang   48
帖木尔 Tamerlane   131
桐院 Paulownia, house of   85
童贯 Dong Guan   50
头骨茶 skull bone tea   46
土耳其 Turkey   4, 6, 128, 132, 136, 141, 143, 231, 250
托克拉伊实验茶场 Tocklai Experimental Station   230
托马斯·哈金森总督，托马斯和爱利莎·哈金森 Hutchinson, governor Thomas; Thomas and Elisha
托马斯·加韦 Garway, Thomas   146
托马斯·里奇威 Ridgway, Thomas   219
托马斯·立顿 Lipton, Thomas   202
立顿茶 Tea   203, 221
托马斯·罗格斯少校 Rogers, Major Thomas   200

索　引

287

托马斯·肖特 Short, Thomas   145
陀思妥耶夫斯基 Dostoevsky, Fyodor   122
拓跋氏 Tabgatch   3, 21, 22, 56

W

瓦西里·S. 康定斯基 Kandinsky, Vasili Silverstrovich   124
瓦西里·斯塔尔科夫 Starkov, Vasili   116
瓦西里·图缅别茨 Tumenets, Vasili   115
王安石 Wang Anshi   49
王褒 Wang Bao   15, 16, 256
王播 Wang Bo   36
王草堂 Wang Caotang   93
王导 Wang Dao   19
王戎 Wang Rong   19
王肃 Wang Su   22, 23
王熙凤 Wang Xifeng   99
王涯 Wang Ya   36
王圆箓 Wang Yuanlu   6
王祯 Wang Zhen   52
王子尚 Wang Zishang   20
威基伍德工艺 Wedgwoodarbeit   172
威廉·巴特拉姆 Bartram, William   5
威廉·查顿 Jardine, Dr. William   173
威廉·福克斯·塔尔博特 Talbot, William Fox   218
威廉·格莱斯顿 Gladstone, William   173
威廉·古柏 Cowper, William   170
威廉·伦普里尔 Lemprière, William   135
威廉·潘 Penn, William   177
威廉·皮特 Pitt, William   166
威廉·琼斯 Jones, William   166
威士忌 whiskey   236, 237
威斯特·里奇威 Ridgeway, Sir West   199
韦曜 Wei Yao   18, 19
维多利亚女王 Victoria, Queen   235
伪茶 smouch   167
魏 Wei   17, 19, 20, 22
    北魏 Northern   20, 22
文成公主 Wencheng, Princess   26, 103

文宗 Wen Zong   36
闻龙 Wen Long   90
沃尔特·阿姆斯特朗·格拉汉姆 Graham, Walter Armstrong   13
沃威克伯爵 Warwick, Earl of   165
乌德里 Oudry, Monsieur   4
乌龙茶 Oolong tea   4, 8, 12, 93, 94, 95, 234, 235, 236, 237, 264
乌兹别克斯坦 Uzbekistan   131
吴理真 Wu Lizhen   16
吴三桂 Wu Sangui   64
吴廷华 Wu Tinghua   147
吴振棫 Wu Zhenyu   97
吴自牧 Wu Zimu   48, 52
五代 Five Dynasties   39, 42, 56
武士 samurais   5, 68, 70, 149
武野绍鸥 Jōō, Takeno   74, 75, 77, 78
武夷茶 Bohea tea   95, 96, 148, 168, 170, 176, 177, 186, 212, 213
武夷山 Wuyi Mountains   92, 93, 95, 118, 151, 207
武则天 Wu Zetian, Empress   26
武者小路（千家）Mushanokōjisenke   233
勿里洞沉船 Belitung shipwreck   37
物合 monoawase   70, 71

X

西奥多·路德维希 Ludwig, Theodore   73
西藏 Tibet/Tibetans   3, 27, 101, 102, 103, 105, 106, 107, 109, 110, 111, 113, 132, 250
    青藏高原 Tibetan Plateau   25
西德尼·明兹 Mintz, Sidney   216
西迪·穆罕默德·本·阿卜杜拉 Abdellah, Sidi Mohamed ben   135
西晋 Western Jin dynasty   19
西蒙·鲍利 Paulli, Simon   149
西蒙·捷任涅夫 Dezhnev, Semyon   115
希特勒 Hitler, Adolf   227
锡兰 Ceylon   3, 5, 2, 96, 189, 195, 197, 198, 199, 200, 201, 202, 203, 211, 219, 221, 227,

229, 238, 263
熙春茶 Hyson tea 155
喜马拉雅山 Himalayas 11, 12, 14, 190, 193
下诺夫哥罗德 Nizhny Novgorod 114, 120, 125, 126
下午茶 afternoon tea 177, 216, 217, 218, 222
厦门 Amoy 95, 176, 248
香港 Hong Kong 175, 176, 206, 212, 219, 231
香料 spices 4, 7, 30, 40, 78, 133, 142, 144, 148, 150, 230, 249, 263
小约翰·萨姆纳 Sumner, John Jr 221
小种 Souchong tea 95, 96, 186, 192, 200, 201, 264
晓堂崔凡述 Hyodan Choi Beom-Sul 233
孝文帝 Xiao Wendi, Emperor 22
新阿姆斯特丹 New Amsterdam 146, 177
休·怀特 White, Hugh 180
徐侨 Xu Qiao 63
许次纾 Xu Cishu 97
玄宗 Xuan Zong, Emperor 28
雪峰禅师 Xuefeng, Master 39
血十字号 Fiery Cross 214, 215
驯鹿号 Reindeer 206

Y

鸦片 opium 5, 126, 132, 151, 159, 160, 163, 164, 172, 173, 174, 175, 176, 205, 206, 207
 鸦片馆 dens 174
 鸦片快剪船 clippers 205, 206
 鸦片战争 Wars 5, 126, 159, 160, 164, 175, 176, 207
鸭长明 Kamo no Chōmei 66, 68
雅各布·E. 波拉克 Pollak, Jacob E. 136
雅各布·科内利松·凡·内克 Neck, Jacob Corneliszoon van 144
雅各布森 Jacobson J. I. L. L. 204
雅州 Yazhou 63, 108, 109, 110

亚当·奥莱里亚 Olearius, Adam 133
亚历山大·伯恩斯 Burnes, Alexander 136
亚历山大·杜马斯 Dumas, Alexander 120
亚历山大·豪尔 Hall, Alexander 206
亚瑟·格雷 Gray, Arthur 156
亚瑟·撒得勒 Sadler, Arthur 84
亚瑟·瓦利 Waley, Arthur 174
亚洲 Asia 3, 136, 163, 164, 234, 251
 东亚 East 28, 243, 261
 南亚 South 3, 1, 9, 12, 40, 189, 246, 251, 252, 257, 258, 259, 260, 261
 西亚 Western 129, 220
 中亚 Central 3, 4, 8, 28, 54, 62, 100, 109, 111, 126, 132, 133, 136, 137, 142, 250
烟草 tobacco 3, 119, 132, 139, 219, 229, 261
盐 salt 3, 4, 14, 15, 24, 31, 32, 33, 36, 44, 49, 52, 99, 106, 109, 112, 133, 137, 178, 239
杨贵妃 Yang Guifei 28, 29
杨一清 Yang Yiqing 62, 63
姚元之 Yao Yuanzhi 119
耶稣会传教士 Jesuit missionaries 6, 11, 78, 197
也门 Yemen 2, 8, 133, 141
叶尔马克·季莫费耶维奇 Timofeyevich, Yermak 115
叶罗费·帕夫洛维奇·哈巴罗夫 Khabarov, Erofei Pavlovich 116
一期一会 ichigō ichie 74, 75
一休宗纯 Sōjun, Ikkyu 73
伊波利托·德西德里 Desideri, Ippolito 107
伊尔库茨克 Irkutsk 115, 120, 127
伊凡·彼得罗夫 Petrov, Ivan 115
伊凡·佩特林 Petlin, Ivan 115
伊凡大帝 Ivan the Terrible 114
伊格布 Igbo 5
伊拉克 Iraq 12, 52
伊朗（人）Iran/Iranians 140

伊萨克·琼斯 Jones, Isaac　184
伊萨克·伊斯雷利 D'Israeli, Issac　169
伊莎贝拉·比顿 Beeton, Isabella　218
伊斯法罕 Isfahan　133, 134, 136
伊斯坦布尔 Istanbul　8, 133
伊万·利西岑 Lisitsyn, Ivan　121
伊万诺夫公司 Ivanov Co.　126
仪式 rituals　5, 6, 7, 68, 82, 125, 133, 139, 212, 260
　茶盛 Ochamori ritual　70
　灯花节 Flower Festival（Tibet）　112
　清明节 Qingming Festival　36
　田乐 dengaku　71
怡和洋行 Jardine & Matheson Co.　206
宜兴 Yixing　35, 90, 95, 134, 152
以茶市马 tea and horse trade
义律 Elliot, Charles　175
义政 Yoshimasa　72, 73
易茶制度 tea exchange system　62
意大利 Italy　8, 107, 143, 247, 249
印度 India　1, 3, 4, 5, 6, 9, 10, 11, 12, 13, 17, 21, 25, 33, 38, 40, 44, 95, 96, 103, 109, 110, 111, 131, 132, 133, 134, 135, 136, 137, 138, 140, 142, 143, 144, 145, 147, 149, 150, 151, 152, 153, 155, 156, 159, 160, 161, 162, 163, 166, 173, 182, 183, 184, 185, 188, 189, 190, 191, 192, 193, 194, 195, 196, 197, 198, 199, 200, 201, 204, 205, 206, 207, 210, 211, 212, 213, 215, 219, 221, 227, 229, 230, 232, 249, 251, 258, 263
印度茶叶协会 Indian Tea Association　204
英国 Great Britain　2, 3, 4, 5, 6, 13, 95, 96, 106, 111, 119, 121, 126, 128, 132, 134, 135, 136, 137, 138, 142, 143, 145, 146, 148, 150, 151, 152, 153, 154, 155, 156, 157, 159, 161, 162, 163, 164, 166, 167, 168, 169, 170, 171, 172, 173, 175, 178, 179, 180, 181, 182, 183, 184, 185, 188, 189, 190, 193, 194, 195, 197, 200, 201, 202, 205, 206, 207, 208, 209, 211, 212, 213, 215, 216, 219, 221, 222, 224, 227, 228, 229, 230, 233, 238, 239, 247, 248, 249, 261
英国航海法 Navigation Laws, British
英式早茶 English breakfast tea　185
英宗 Ying Zong, Emperor　61
鹰隼号 *Falcon*　206, 212
应仁之乱 Ōnin war　71
永乐 Yongle　61, 92
有机茶 Organic tea　237
釉 celadon　31, 45, 46, 47, 78, 83, 84, 91, 92, 98, 152, 172, 264
宇治 Uji　67, 71, 78, 89
雨林认证茶 rainforest certified tea　237
玉露 gyokuro　6, 89
元朝 Yuan dynasty　59, 91, 103, 104, 105, 109, 130, 250
元昭 Bai saō　86, 88
袁高 Yuan Gao　35
袁枚 Yuan Mei　94
袁玉麟 Yuan Yulin　174
源氏家族 Minamoto clan　66
远东 Far East　5, 134, 143, 144, 149, 150, 156, 159, 162, 163, 164, 175, 186, 190, 203, 205
约翰·奥文顿 Ovington, John　134
约翰·弗格森 Ferguson, John　197, 198
约翰·弗里德里克·伯特格 Böttger, Johann Frederick　153
约翰·戈德芬奇 Goldfinch, John　180
约翰·格林 Green, John　186
约翰·汉考克 Hancock, John　181, 183
约翰·霍尼曼 Horniman, John　218
约翰·霍兹曼 Holtzman, Jon　228
约翰·卡塞尔 Cassel, John　219
约翰·纽豪夫 Nieuhoff, Johann　154
约翰·史聂彻 Schnitscher, Johann　118
约翰·坦波利号 *John Temperley*　207
约翰·卫斯理 Wesley, John　157, 159
约翰·亚当斯 Adams, John　1
约瑟夫·班克斯 Banks, Sir Joseph　172, 190

约瑟夫·沃伦 Warren, Joseph　183
越南 Vietnam　10, 25, 43, 52, 249
越窑 Yue kilns　31, 46, 91

Z

糌粑 *tsmapa*　106, 107, 111
扎布迪尔·波伊斯顿 Boylston, Zabdiel　177
詹姆士·博斯韦尔 Boswell, James　158, 159
詹姆士·戈登 Gordon, James　191
詹姆士·库克 Cook, James　3
詹姆斯·泰勒 Taylor, James　197, 198, 200
战国 Warring States period　15
张大复 Zhang Dafu　93
张洎 Zhang Ji　46
张世卿 Zhang Shiqing　47
张又新 Zhang Youxin　37
章达村 Brag mda'　111
章宗 Zhang Zong　51
爪哇 Java　2, 52, 144, 145, 150, 197, 204
赵成 Zhao Cheng　60
赵汝适 Zhao Rukuò　52
赵州 Zhao Zhou　25
正亲町天皇 Ōgimachi, Emperor　85

郑成功 Zheng Chenggong　147
郑和 Zheng He　92, 142
织田信长 Nobunaga, Oda　79, 80
植物园 botanical gardens　1, 160, 172, 191, 198, 204, 227, 267
　爱丁堡 Edinburgh　227
　德班 Durban　227
　加尔各答 Calcutta　163, 172, 191, 192, 193, 205, 206
　茂物 Buitenzorg　204
　佩拉德尼亚 Peradeniya　198
忠诚号 *Trouw*　147
朱泚之乱 Zhu Ci Rebellion　36
朱元璋 Zhu Yuanzhang　59, 60
珠茶 Imperial tea　6, 151, 239
珠兰茶 Zhulan tea　126
诸蒙维尔湖战役 Jumonville Glen, Battle of
专卖、榷茶 monopoly　3
　川茶 Sichuan tea　57, 58
走私、私卖 smuggling　48, 61, 150, 156, 162, 163, 166, 167, 172, 178, 186
足利将军 Ashikaga shogunate　71
最澄 Saicho　27, 28, 64, 67, 68

译后记

2016年新春来临之际,收到生活·读书·新知三联书店张荷老师的邮件,告以《茶的真实历史》简体中文版已经列入出版计划,即将付梓。这个消息,对于原书作者梅维恒、郝也麟两先生和本人来说,都是新年的第一份好消息。

2011年初春,译者开始《茶史》的翻译,在随后的近两年时间里,译者的经历仿佛满载了茶叶从福州罗星塔码头前往伦敦的快剪船一样,时而顺风顺水,时而暗礁恶浪。总体来说,航行一段后回头看风景更美的时候更多一些。在翻译中,一直面对着作者广博的学识,需要查阅大量资料、耗费很多心力的挑战;当然也时时刻刻享受着翻译一本好书的乐趣。这一段翻译旅程,是学习之旅、发现和突破之旅,还是欣赏和悦读之旅。

译稿完成后,承汉语大词典出版社徐文堪教授审校全文并赐序;原书作者梅维恒教授和郝也麟先生审读了译稿,拨冗赐序,并亲自裁定了中文版的书名;中国工程院院士、中国农业科学院陈宗懋教授也在百忙之中为拙译赐写大序。

本书出版颇费周折。原书作者一直十分关心《茶的真实历史》

简体版能在茶的故乡早日出版；徐文堪教授也专门写信给译者，就该书的出版提出了很多宝贵建议；生活·读书·新知三联书店的张荷老师、张惟老师工作繁忙，一直努力推动该书早日和读者见面。

另外，本书翻译过程中，中国社会科学院许华研究员、北京外国语大学周俏肖女士也提供了很多帮助。

对于翻译出版过程中师尊与朋友给予的鼓励与支持，译者在此致以诚挚谢意。

而今，这本小书已经成为一杯香茗，送到了读者诸君的手上。如果，读者感到这杯茶中还有一些涩味，这是由于译者烘焙沏泡的功夫有限，其中责任自然由译者承担。当然，译者最大的心愿是，读者看完这本小书后，能更多地体会其中的回味和余甘。

高文海
2016 年 2 月

新知文库

01 《证据：历史上最具争议的法医学案例》[美]科林·埃文斯 著　毕小青 译
02 《香料传奇：一部由诱惑衍生的历史》[澳]杰克·特纳 著　周子平 译
03 《查理曼大帝的桌布：一部开胃的宴会史》[英]尼科拉·弗莱彻 著　李响 译
04 《改变西方世界的26个字母》[英]约翰·曼 著　江正文 译
05 《破解古埃及：一场激烈的智力竞争》[英]莱斯利·罗伊·亚京斯 著　黄中宪 译
06 《狗智慧：它们在想什么》[加]斯坦利·科伦 著　江天帆、马云霏 译
07 《狗故事：人类历史上狗的爪印》[加]斯坦利·科伦 著　江天帆 译
08 《血液的故事》[美]比尔·海斯 著　郎可华 译　张铁梅 校
09 《君主制的历史》[美]布伦达·拉尔夫·刘易斯 著　荣予、方力维 译
10 《人类基因的历史地图》[美]史蒂夫·奥尔森 著　霍达文 译
11 《隐疾：名人与人格障碍》[德]博尔温·班德洛 著　麦湛雄 译
12 《逼近的瘟疫》[美]劳里·加勒特 著　杨岐鸣、杨宁 译
13 《颜色的故事》[英]维多利亚·芬利 著　姚芸竹 译
14 《我不是杀人犯》[法]弗雷德里克·肖索依 著　孟晖 译
15 《说谎：揭穿商业、政治与婚姻中的骗局》[美]保罗·埃克曼 著　邓伯宸 译　徐国强 校
16 《蛛丝马迹：犯罪现场专家讲述的故事》[美]康妮·弗莱彻 著　毕小青 译
17 《战争的果实：军事冲突如何加速科技创新》[美]迈克尔·怀特 著　卢欣渝 译
18 《最早发现北美洲的中国移民》[加]保罗·夏亚松 著　暴永宁 译
19 《私密的神话：梦之解析》[英]安东尼·史蒂文斯 著　薛绚 译
20 《生物武器：从国家赞助的研制计划到当代生物恐怖活动》[美]珍妮·吉耶曼 著　周子平 译
21 《疯狂实验史》[瑞士]雷托·U.施奈德 著　许阳 译
22 《智商测试：一段闪光的历史，一个失色的点子》[美]斯蒂芬·默多克 著　卢欣渝 译
23 《第三帝国的艺术博物馆：希特勒与"林茨特别任务"》[德]哈恩斯-克里斯蒂安·罗尔 著　孙书柱、刘英兰 译
24 《茶：嗜好、开拓与帝国》[英]罗伊·莫克塞姆 著　毕小青 译
25 《路西法效应：好人是如何变成恶魔的》[美]菲利普·津巴多 著　孙佩妏、陈雅馨 译
26 《阿司匹林传奇》[英]迪尔米德·杰弗里斯 著　暴永宁、王惠 译

27	《美味欺诈：食品造假与打假的历史》[英]比·威尔逊 著　周继岚 译
28	《英国人的言行潜规则》[英]凯特·福克斯 著　姚芸竹 译
29	《战争的文化》[以]马丁·范克勒韦尔德 著　李阳 译
30	《大背叛：科学中的欺诈》[美]霍勒斯·弗里兰·贾德森 著　张铁梅、徐国强 译
31	《多重宇宙：一个世界太少了？》[德]托比阿斯·胡阿特、马克斯·劳讷 著　车云 译
32	《现代医学的偶然发现》[美]默顿·迈耶斯 著　周子平 译
33	《咖啡机中的间谍：个人隐私的终结》[英]吉隆·奥哈拉、奈杰尔·沙德博尔特 著　毕小青 译
34	《洞穴奇案》[美]彼得·萨伯 著　陈福勇、张世泰 译
35	《权力的餐桌：从古希腊宴会到爱丽舍宫》[法]让-马克·阿尔贝 著　刘可有、刘惠杰 译
36	《致命元素：毒药的历史》[英]约翰·埃姆斯利 著　毕小青 译
37	《神祇、陵墓与学者：考古学传奇》[德]C.W.策拉姆 著　张芸、孟薇 译
38	《谋杀手段：用刑侦科学破解致命罪案》[德]马克·贝内克 著　李响 译
39	《为什么不杀光？种族大屠杀的反思》[美]丹尼尔·希罗、克拉克·麦考利 著　薛绚 译
40	《伊索尔德的魔汤：春药的文化史》[德]克劳迪娅·米勒-埃贝林、克里斯蒂安·拉奇 著　王泰智、沈惠珠 译
41	《错引耶稣：〈圣经〉传抄、更改的内幕》[美]巴特·埃尔曼 著　黄恩邻 译
42	《百变小红帽：一则童话中的性、道德及演变》[美]凯瑟琳·奥兰丝汀 著　杨淑智 译
43	《穆斯林发现欧洲：天下大国的视野转换》[英]伯纳德·刘易斯 著　李中文 译
44	《烟火撩人：香烟的历史》[法]迪迪埃·努里松 著　陈睿、李欣 译
45	《菜单中的秘密：爱丽舍宫的飨宴》[日]西川惠 著　尤可欣 译
46	《气候创造历史》[瑞士]许靖华 著　甘锡安 译
47	《特权：哈佛与统治阶层的教育》[美]罗斯·格雷戈里·多塞特 著　珍栎 译
48	《死亡晚餐派对：真实医学探案故事集》[美]乔纳森·埃德罗 著　江孟蓉 译
49	《重返人类演化现场》[美]奇普·沃尔特 著　蔡承志 译
50	《破窗效应：失序世界的关键影响力》[美]乔治·凯林、凯瑟琳·科尔斯 著　陈智文 译
51	《违童之愿：冷战时期美国儿童医学实验秘史》[美]艾伦·M.霍恩布鲁姆、朱迪斯·L.纽曼、格雷戈里·J.多贝尔 著　丁立松 译
52	《活着有多久：关于死亡的科学和哲学》[加]理查德·贝利沃、丹尼斯·金格拉斯 著　白紫阳 译
53	《疯狂实验史Ⅱ》[瑞士]雷托·U.施奈德 著　郭鑫、姚敏多 译

54	《猿形毕露：从猩猩看人类的权力、暴力、爱与性》[美]弗朗斯·德瓦尔 著　陈信宏 译
55	《正常的另一面：美貌、信任与养育的生物学》[美]乔丹·斯莫勒 著　郑嬿 译
56	《奇妙的尘埃》[美]汉娜·霍姆斯 著　陈芝仪 译
57	《卡路里与束身衣：跨越两千年的节食史》[英]路易丝·福克斯克罗夫特 著　王以勤 译
58	《哈希的故事：世界上最具暴利的毒品业内幕》[英]温斯利·克拉克森 著　珍栎 译
59	《黑色盛宴：嗜血动物的奇异生活》[美]比尔·舒特 著　帕特里曼·J.温 绘图　赵越 译
60	《城市的故事》[美]约翰·里德 著　郝笑丛 译
61	《树荫的温柔：亘古人类激情之源》[法]阿兰·科尔班 著　苜蓿 译
62	《水果猎人：关于自然、冒险、商业与痴迷的故事》[加]亚当·李斯·格尔纳 著　于是 译
63	《囚徒、情人与间谍：古今隐形墨水的故事》[美]克里斯蒂·马克拉奇斯 著　张哲、师小涵 译
64	《欧洲王室另类史》[美]迈克尔·法夸尔 著　康怡 译
65	《致命药瘾：让人沉迷的食品和药物》[美]辛西娅·库恩等 著　林慧珍、关莹 译
66	《拉丁文帝国》[法]弗朗索瓦·瓦克 著　陈绮文 译
67	《欲望之石：权力、谎言与爱情交织的钻石梦》[美]汤姆·佐尔纳 著　麦慧芬 译
68	《女人的起源》[英]伊莲·摩根 著　刘筠 译
69	《蒙娜丽莎传奇：新发现破解终极谜团》[美]让-皮埃尔·伊斯鲍茨、克里斯托弗·希斯·布朗 著　陈薇薇 译
70	《无人读过的书：哥白尼〈天体运行论〉追寻记》[美]欧文·金格里奇 著　王今、徐国强 译
71	《人类时代：被我们改变的世界》[美]黛安娜·阿克曼 著　伍秋玉、澄影、王丹 译
72	《大气：万物的起源》[英]加布里埃尔·沃克 著　蔡承志 译
73	《碳时代：文明与毁灭》[美]埃里克·罗斯顿 著　吴妍仪 译
74	《一念之差：关于风险的故事与数字》[英]迈克尔·布拉斯兰德、戴维·施皮格哈尔特 著　威治 译
75	《脂肪：文化与物质性》[美]克里斯托弗·E.福思、艾莉森·利奇 编著　李黎、丁立松 译
76	《笑的科学：解开笑与幽默背后的大脑谜团》[美]斯科特·威姆斯 著　刘书维 译
77	《黑丝路：从里海到伦敦的石油溯源之旅》[英]詹姆斯·马里奥特、米卡·米尼奥-帕卢埃洛 著　黄煜文 译
78	《通向世界尽头：跨西伯利亚大铁路的故事》[英]克里斯蒂安·沃尔玛 著　李阳 译
79	《生命的关键决定：从医生做主到患者赋权》[美]彼得·于贝尔 著　张琼懿 译
80	《艺术侦探：找寻失踪艺术瑰宝的故事》[英]菲利普·莫尔德 著　李欣 译

81 《共病时代：动物疾病与人类健康的惊人联系》[美]芭芭拉·纳特森－霍洛威茨、凯瑟琳·鲍尔斯 著　陈筱婉 译

82 《巴黎浪漫吗？——关于法国人的传闻与真相》[英]皮乌·玛丽·伊特韦尔 著　李阳 译

83 《时尚与恋物主义：紧身褡、束腰术及其他体形塑造法》[美]戴维·孔兹 著　珍栎 译

84 《上穷碧落：热气球的故事》[英]理查德·霍姆斯 著　暴永宁 译

85 《贵族：历史与传承》[法]埃里克·芒雄－里高 著　彭禄娴 译

86 《纸影寻踪：旷世发明的传奇之旅》[英]亚历山大·门罗 著　史先涛 译

87 《吃的大冒险：烹饪猎人笔记》[美]罗布·沃乐什 著　薛绚 译

88 《南极洲：一片神秘的大陆》[英]加布里埃尔·沃克 著　蒋功艳、岳玉庆 译

89 《民间传说与日本人的心灵》[日]河合隼雄 著　范作申 译

90 《象牙维京人：刘易斯棋中的北欧历史与神话》[美]南希·玛丽·布朗 著　赵越 译

91 《食物的心机：过敏的历史》[英]马修·史密斯 著　伊玉岩 译

92 《当世界又老又穷：全球老龄化大冲击》[美]泰德·菲什曼 著　黄煜文 译

93 《神话与日本人的心灵》[日]河合隼雄 著　王华 译

94 《度量世界：探索绝对度量衡体系的历史》[美]罗伯特·P. 克里斯 著　卢欣渝 译

95 《绿色宝藏：英国皇家植物园史话》[英]凯茜·威利斯、卡罗琳·弗里 著　珍栎 译

96 《牛顿与伪币制造者：科学巨匠鲜为人知的侦探生涯》[美]托马斯·利文森 著　周子平 译

97 《音乐如何可能？》[法]弗朗西斯·沃尔夫 著　白紫阳 译

98 《改变世界的七种花》[英]詹妮弗·波特 著　赵丽洁、刘佳 译

99 《伦敦的崛起：五个人重塑一座城》[英]利奥·霍利斯 著　宋美莹 译

100 《来自中国的礼物：大熊猫与人类相遇的一百年》[英]亨利·尼科尔斯 著　黄建强 译

101 《筷子：饮食与文化》[美]王晴佳 著　汪精玲 译

102 《天生恶魔？：纽伦堡审判与罗夏墨迹测验》[美]乔尔·迪姆斯代尔 著　史先涛 译

103 《告别伊甸园：多偶制怎样改变了我们的生活》[美]戴维·巴拉什 著　吴宝沛 译

104 《第一口：饮食习惯的真相》[英]比·威尔逊 著　唐海娇 译

105 《蜂房：蜜蜂与人类的故事》[英]比·威尔逊 著　暴永宁 译

106 《过敏大流行：微生物的消失与免疫系统的永恒之战》[美]莫伊塞斯·贝拉斯克斯－曼诺夫 著　李黎、丁立松 译

107 《饭局的起源：我们为什么喜欢分享食物》[英]马丁·琼斯 著　陈雪香 译　方辉 审校

108 《金钱的智慧》[法]帕斯卡尔·布吕克内 著　张叶、陈雪乔 译　张新木 校

109 《杀人执照：情报机构的暗杀行动》[德]埃格蒙特·科赫 著　张芸、孔令逊 译

110 《圣安布罗焦的修女们:一个真实的故事》[德]胡贝特·沃尔夫 著 徐逸群 译

111 《细菌》[德]汉诺·夏里修斯 里夏德·弗里贝 著 许嫚红 译

112 《千丝万缕:头发的隐秘生活》[英]爱玛·塔罗 著 郑嬿 译

113 《香水史诗》[法]伊丽莎白·德·费多 著 彭禄娴 译

114 《微生物改变命运:人类超级有机体的健康革命》[美]罗德尼·迪塔特 著 李秦川 译

115 《离开荒野:狗猫牛马的驯养史》[美]加文·艾林格 著 赵越 译

116 《不生不熟:发酵食物的文明史》[法]玛丽-克莱尔·弗雷德里克 著 冷碧莹 译

117 《好奇年代:英国科学浪漫史》[英]理查德·霍姆斯 著 暴永宁 译

118 《极度深寒:地球最冷地域的极限冒险》[英]雷纳夫·法恩斯 著 蒋功艳、岳玉庆 译

119 《时尚的精髓:法国路易十四时代的优雅品位及奢侈生活》[美]琼·德让 著 杨冀 译

120 《地狱与良伴:西班牙内战及其造就的世界》[美]理查德·罗兹 著 李阳 译

121 《骗局:历史上的骗子、赝品和诡计》[美]迈克尔·法夸尔 著 康怡 译

122 《丛林:澳大利亚内陆文明之旅》[澳]唐·沃森 著 李景艳 译

123 《书的大历史:六千年的演化与变迁》[英]基思·休斯敦 著 伊玉岩、邵慧敏 译

124 《战疫:传染病能否根除?》[美]南希·丽思·斯特潘 著 郭骏、赵谊 译

125 《伦敦的石头:十二座建筑名城》[英]利奥·霍利斯 著 罗隽、何晓昕、鲍捷 译

126 《自愈之路:开创癌症免疫疗法的科学家们》[美]尼尔·卡纳万 著 贾颐 译

127 《智能简史》[韩]李大烈 著 张之昊 译

128 《家的起源:西方居所五百年》[英]朱迪丝·弗兰德斯 著 珍栎 译

129 《深解地球》[英]马丁·拉德威克 著 史先涛 译

130 《丘吉尔的原子弹:一部科学、战争与政治的秘史》[英]格雷厄姆·法米罗 著 刘晓 译

131 《亲历纳粹:见证战争的孩子们》[英]尼古拉斯·斯塔加特 著 卢欣渝 译

132 《尼罗河:穿越埃及古今的旅程》[英]托比·威尔金森 著 罗静 译

133 《大侦探:福尔摩斯的惊人崛起和不朽生命》[美]扎克·邓达斯 著 肖洁茹 译

134 《世界新奇迹:在20座建筑中穿越历史》[德]贝恩德·英玛尔·古特贝勒特 著 孟薇、张芸 译

135 《毛奇家族:一部战争史》[德]奥拉夫·耶森 著 蔡玳燕、孟薇、张芸 译

136 《万有感官:听觉塑造心智》[美]塞思·霍罗威茨 著 蒋雨蒙 译 葛鉴桥 审校

137 《教堂音乐的历史》[德]约翰·欣里希·克劳森 著 王泰智 译

138 《世界七大奇迹:西方现代意象的流变》[英]约翰·罗谟、伊丽莎白·罗谟 著 徐剑梅 译

139 《茶的真实历史》[美]梅维恒、[瑞典]郝也麟 著 高文海 译 徐文堪 校译